"十三五"
国家重点出版物出版规划项目

国之重器出版工程
制造强国建设

空间机器人系列

U0240344

空间机器人
智能感知技术

Intellisense Technology of Space Robots

苏建华 杨明浩 王鹏 编著

人民邮电出版社
北京

图书在版编目（ＣＩＰ）数据

空间机器人智能感知技术 / 苏建华，杨明浩，王鹏
编著. -- 北京：人民邮电出版社，2020.12
（国之重器出版工程·空间机器人系列）
ISBN 978-7-115-55135-1

Ⅰ．①空… Ⅱ．①苏… ②杨… ③王… Ⅲ．①空间机
器人－智能机器人－感知－研究 Ⅳ．①TP242.4

中国版本图书馆CIP数据核字（2020）第230751号

内 容 提 要

本书是基于作者在机器人感知技术方向的研究成果，并结合国内外在空间机器人感知领域的最新应用编写而成的。主要内容包括视觉感知技术基础、触觉/力觉感知技术基础、智能视觉感知方法与技术、机器人触觉/力觉智能感知方法与技术、多通道信息融合的人机对话技术、月面巡视器视觉定位技术、空间非合作目标视觉感知技术等。本书从理论、算法与应用等方面对智能感知技术的研究进行了深入浅出的介绍，对空间机器人智能感知技术的研究和应用前沿进行了分析，并提出了未来的发展方向。

本书可作为高等院校相关专业高年级本科生和研究生的教材，也可供从事空间机器人技术研究及应用的研发人员及工程技术人员参考。

◆ 编　　著　苏建华　杨明浩　王　鹏
　责任编辑　刘盛平
　责任印制　杨林杰

◆ 人民邮电出版社出版发行　北京市丰台区成寿寺路 11 号
　邮编　100164　电子邮件　315@ptpress.com.cn
　网址　https://www.ptpress.com.cn
　固安县铭成印刷有限公司印刷

◆ 开本：720×1000　1/16
　印张：16　　　　　　　　　2020 年 12 月第 1 版
　字数：296 千字　　　　　　2020 年 12 月河北第 1 次印刷

定价：110.00 元

读者服务热线：(010)81055552　印装质量热线：(010)81055316
反盗版热线：(010)81055315

《国之重器出版工程》
编辑委员会

专家委员会委员（按姓氏笔画排列）：

于　全　中国工程院院士

王　越　中国科学院院士、中国工程院院士

王小谟　中国工程院院士

王少萍　"长江学者奖励计划"特聘教授

王建民　清华大学软件学院院长

王哲荣　中国工程院院士

尤肖虎　"长江学者奖励计划"特聘教授

邓玉林　国际宇航科学院院士

邓宗全　中国工程院院士

甘晓华　中国工程院院士

叶培建　人民科学家、中国科学院院士

朱英富　中国工程院院士

朵英贤　中国工程院院士

邬贺铨　中国工程院院士

刘大响　中国工程院院士

刘辛军　"长江学者奖励计划"特聘教授

刘怡昕　中国工程院院士

刘韵洁　中国工程院院士

孙逢春　中国工程院院士

苏东林　中国工程院院士

苏彦庆　"长江学者奖励计划"特聘教授

苏哲子　中国工程院院士

李寿平　国际宇航科学院院士

李伯虎　中国工程院院士

李应红　中国科学院院士

李春明　中国兵器工业集团首席专家

李莹辉　国际宇航科学院院士

李得天　国际宇航科学院院士

李新亚　国家制造强国建设战略咨询委员会委员、
　　　　中国机械工业联合会副会长

杨绍卿　中国工程院院士

杨德森　中国工程院院士

吴伟仁　中国工程院院士

宋爱国　国家杰出青年科学基金获得者

张　彦　国际电气电子工程师协会会士、英国工程
　　　　技术协会会士

张宏科　北京交通大学下一代互联网互联设备国家
　　　　工程实验室主任

陆　军　中国工程院院士

陆建勋　中国工程院院士

陆燕荪　国家制造强国建设战略咨询委员会委员、
　　　　原机械工业部副部长

陈　谋　国家杰出青年科学基金获得者

陈一坚　中国工程院院士

陈懋章　中国工程院院士

金东寒　中国工程院院士

周立伟　中国工程院院士

郑纬民	中国工程院院士
郑建华	中国工程院院士
屈贤明	国家制造强国建设战略咨询委员会委员、工业和信息化部智能制造专家咨询委员会副主任
项昌乐	中国工程院院士
赵沁平	中国工程院院士
郝　跃	中国科学院院士
柳百成	中国工程院院士
段海滨	"长江学者奖励计划"特聘教授
侯增广	国家杰出青年科学基金获得者
闻雪友	中国工程院院士
姜会林	中国工程院院士
徐德民	中国工程院院士
唐长红	中国工程院院士
黄　维	中国科学院院士
黄卫东	"长江学者奖励计划"特聘教授
黄先祥	中国工程院院士
康　锐	"长江学者奖励计划"特聘教授
董景辰	工业和信息化部智能制造专家咨询委员会委员
焦宗夏	"长江学者奖励计划"特聘教授
谭春林	航天系统开发总师

前　言

　　对环境和目标的准确感知是机器人完成任务的前提条件。就像人通过眼睛、皮肤、鼻子等器官全面、充分地感知环境一样，我们也期望机器人也能够尽可能地获得丰富的信息以便理解环境，这样才能做出正确的动作。生物学家对人的感知机制和机理的不断探索，启发了机器人领域的研究人员研制出不同种类的传感器，让机器人具备采集各种各样信息的能力，并推动研究人员提出各类方法和算法，最终提升机器人对信息的智能理解和处理能力。目前，虽然在机器人的智能感知领域已经取得了一些成果，但距离人们对机器人感知的期望还有很长的路要走。

　　在国家自然科学基金重大研究计划、北京市自然科学基金、军委装备发展部预研基金等项目支持下，本书作者系统地进行了机器人感知方法和技术、机器学习方法和机器人技术等领域的研究。本书基于作者在机器人感知技术方向的长期研究成果，并结合国内外在空间机器人感知领域的最新应用，从机器人的视觉感知、触觉/力觉感知、主要的智能感知处理方法以及空间机器人智能感知应用等几个方面进行介绍。本书内容来源于作者及领域内其他研究人员发表在国际/国内期刊和会议上的论文，相关的成果已应用到了工业、国防、航天等领域。

　　全书共分为 7 章。第 1 章和第 2 章属于基础篇。其中，第 1 章介绍了视觉感知的基本原理，第 2 章介绍了触觉/力觉感知的基本原理。第 3 章到第 5 章是技术篇。其中，第 3 章介绍了典型的智能视觉感知方法与技术，第 4 章介绍了典型的机器人触觉/力觉智能感知方法与技术，第 5 章介绍了多通道信息融合的人机对话技术。第 6 章和第 7 章是应用篇。其中，第 6 章讲述了月面巡视器视觉定位技术，第 7 章讲述了空间非合作目标视觉感知技术。

　　本书既可为机器人领域的在读研究生和工程技术人员学习基于计算机的

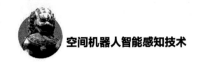
视觉、触觉/力觉处理的理论、技术和相关应用奠定基础，也可对从事空间机器人智能感知技术研发的工程人员提供借鉴参考。

由于作者水平有限，书中不足之处敬请广大读者批评指正，便于作者在后续的工作中不断完善！

作者
2020 年 5 月

目 录

第 1 章
视觉感知技术基础

人类通过眼睛探测物体的颜色、形状和空间关系，理解外部环境，这个过程通常被称为视觉感知。通过模拟人类视觉功能，机器人获得外部图像信息并加以处理，从而具备了一些像人那样通过视觉观察和理解世界的能力。视觉可以为机器人的动作控制提供反馈，可以辅助机器人检测障碍物以及识别环境，可以辅助机器人检测、识别、估计物体的位置和姿态（简称"位姿"），因而视觉感知对于机器人的自主作业而言是一种不可或缺的能力。本章将从视觉传感器、视觉成像基本原理、视觉系统标定和典型的视觉测量方法等几个方面对机器人领域常用的视觉感知技术的基本原理做一个简要介绍。

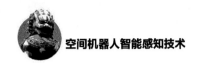

|1.1 视觉传感器与视觉系统|

随着视觉传感器及计算机技术的飞速发展，机器视觉在三维测量、三维物体重建、物体识别、机器导航、视觉监控、工业检测、生物医学等诸多领域[1-3]得到了越来越广泛的应用。

1.1.1 视觉传感器的定义及分类

视觉传感器在传统意义上来讲就是相机，相机是一种利用光学成像原理形成影像并记录影像的设备。按照此定义来说，视觉传感器仅仅是一个用来摄影的工具。后来随着科学的进步，人们在相机里面又加上了集成化的算法，也就是处理单元，就变成了人们常说的智能相机，但从传统意义上来说，智能相机已经不算是视觉传感器了，把智能相机看作是一个视觉系统更为科学。

视觉传感器的种类繁多且特点鲜明。下面我们从不同的角度对视觉传感器进行分类。

1. 传统视觉传感器的分类

按照成像的基本原理以及工作维数不同，传统视觉传感器有线阵相机和面阵相机两种。

线阵相机的像素以一条线排列，每次得到的图像呈现一条线，虽然也是二维图像，但是长度很长，可以达到几千像素，但是宽度却只有几个像素。使用这种相机通常有两种情况：一是被检测视野为细长的带状，如在滚筒上检测故障；二是需要很宽的视野和很高的精准度时。线阵相机的优点就是可以做很多一维像元数，而且总像元数也比面阵相机少，像元尺寸比较灵活，帧幅数高，特别适用于一维动态目标的测量。

　　面阵相机的像素排列为一个相对四四方方的面状，一次可以获取整幅二维图像。面阵相机可以方便读取更多的信息，包括测量面积、形状、尺寸、位置，甚至温度。这种相机可以快速准确地获取二维图像信息，而且是非常直观的测量图像，但缺点是具备太多的像元总数，而且每行的像元数都比线阵少，帧幅率也受到了限制。简单来说，线阵相机与面阵相机的不同主要是感光元件的工作原理不同，二者的比较如表 1.1 所示。

表 1.1　线阵相机与面阵相机

	线阵相机	面阵相机
实物图		
感光元件		
特点	线阵相机也称为扫描相机，传感器由一行或多行感光芯片构成，拍照时需要通过机械运动才能得到想要的图像	普通面阵相机以及日常用的数码相机芯片都是面阵长方形的，所以拍照得到的是一张方形的图片
分辨率	1k, 2k, 4k, 8k, 12k, 16k…	640×480, 1024×768, 1280×960, 1600×1200…

　　前面提到，传统的视觉传感器就是相机，相机的种类有 CCD 相机、CMOS 相机、双目相机、全景相机、3D 相机等。这些相机的种类和前文所说的线阵相机和面阵相机并不冲突。例如，比较常见的 CCD 相机，它既有线阵 CCD 相机也有面阵 CCD 相机。之所以在这里提到这些相机，是想要读者了解一些现在常用的摄影工具的特点及用途。下面就简单介绍一下这些相机。

（1）CCD 相机

20 世纪 70 年代，贝尔实验室成功研制出一种基于电耦合器件（charge-coupled device，CCD）的传感器，可以说 CCD 是一种采用大规模集成电路工艺制作的半导体光电元件，CCD 相机就是应用了这种光电元件的相机。CCD 相机具有分辨率高、噪声小、能耗低、体积小等优良特性，在工业中很快得到广泛应用。

（2）CMOS 相机

CMOS 相机的感光元件是互补金属氧化物半导体（complementary metal oxide semiconductor，CMOS），它本是计算机系统内的一种重要芯片，保存了系统引导的最基本资料，和 CCD 一样同为在相机中可记录光线变化的半导体。CMOS 相机摄影时不需要复杂的处理过程，可直接将图像半导体产生的电子转变成电压信号，因此成像速度非常快。

（3）双目相机

双目相机用两部相机来对物体进行定位，如图 1.1 所示。对物体上一个特征点，用两部固定于不同位置的相机来拍摄，可分别获得该点在两部相机像平面上的坐标。只要知道两部相机精确的相对位置，就可用几何的方法得到该特征点在一部固定相机的坐标系中的坐标，即确定了特征点的位置。在双目定位过程中，两部相机在同一平面上，并且光轴互相平行，就像是人的两只眼睛一样，所以叫双目相机。双目相机常用于收集深度数据。

（4）全景相机

全景相机（见图 1.2）是相机光轴在垂直航线方向上从一侧到另一侧扫描时做广角摄影的相机，可达到 360° 无死角拍摄，常用于虚拟现实。

图 1.1　双目相机

图 1.2　全景相机

（5）3D 相机

3D 相机又称为深度相机，顾名思义，就是通过该相机能检测出拍摄空间的景深距离，这也是其与普通摄像头的最大区别。普通的彩色相机拍摄到的图片能看到相机视角内的所有物体并记录下来，但是其所记录的数据不包含这些物体距离相机的距离。通过图像的语义分析可以判断哪些物体离我们比较远，哪些比较近，但是并没有确切的数据。而 3D 相机则恰恰解决了该问题，通过 3D 相机获取到的数据，我们能准确知道图像中每个点离摄像头距离，这样加上该点在 2D 图像中的坐标，就能获取图像中每个点的三维空间坐标。通过三维坐标就能还原真实场景，实现场景建模等应用。

2．从成像特点上分类

按照成像的颜色不同，视觉传感器又可以分为彩色相机、黑白相机、红外相机等。

我们使用的相机，不论是以 CMOS 还是 CCD 作为感光元件，都只能采集到黑白的图像，想让相机能拍摄出彩色的图像，最常见的方法有下面两种：

（1）单色相机结合特定颜色滤镜合成彩色；

（2）采用拜耳透镜阵列一次性合成彩色。

彩色相机，又称为 OSC（One Shot Color）相机，它一次曝光就获得彩色照片。为了实现这样的功能，相机厂商在感光元件上集成一个拜耳透镜阵列，即在一个 2×2 的像素矩阵内，让 2 个像素采集绿光，1 个采集蓝光，1 个采集红光，随后进行插值运算，就可以生成彩色图像了，这一步骤一般在相机内部直接进行，市场上的数码相机都是按照这样的方法来让我们可以所拍即所得。

红外相机就是感光部分可以接收红外辐射传递的信号。所谓红外线，就是在光谱中，可见光的红光以外的部分，具有光的特征，却不为人的目光所见，所以叫红外线。人眼看不到，但是红外相机却可以捕捉到这些光线，所以即便是在光照条件不好的情况下，红外相机也能拍到目标物。

3．广义上的视觉传感器

我们认为传统意义上的视觉传感器是相机，但是从广义上来说，即采集目标物的信息的角度上来说，激光雷达也算是一种视觉传感器，激光雷达所采集的点云数据包含了丰富的目标物信息，如三维坐标、颜色、激光反射强度等。

1.1.2　视觉系统

如图 1.3 所示，视觉系统一般由光源系统、视觉传感器、图像采集系统、图像处理系统以及控制系统等模块组成。光源为视觉系统提供足够的照度，镜

头将被测场景中的目标成像到视觉传感器即摄像器件的像平面上，并转变为全电视信号。图像采集系统负责将全电视信号转变为数字图像，即把每一点的亮度转变为灰度级数据，并存储为一幅或多幅图像。图像处理系统负责对图像进行处理、分析、判断和识别，最终给出测量结果。

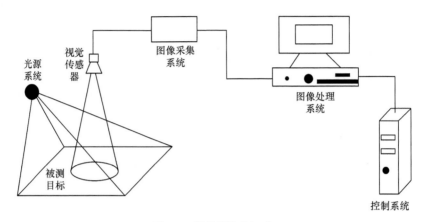

图 1.3　视觉系统的组成

控制系统作为整个视觉系统的核心，它不仅要控制整个系统的各个模块的正常运行，还承担着视觉系统最后结果的运算和输出。

|1.2　视觉成像基本原理|

传统的视觉成像模型是中心透视投影模型，这种模型在数学上是三维空间到二维平面的中心投影，由一个 3×4 的投影矩阵 M 来描述，它是一种退化的射影变换。针孔成像模型假设物体表面的反射光或者发射光都经过一个"针孔"而投影在像平面上。该"针孔"称为光心 C，或投影中心。物点 P、光心 C 和对应像点 p 均在一条直线上，即满足光的直线传播条件。图 1.4 所示为针孔成像模型原理，也就是中心透视投影模型成像原理。针孔成像模型主要由光心、像平面和光轴组成。其中，光心到像平面的像距 v 称为焦距 f，物距 u 等于光心到物体的距离。

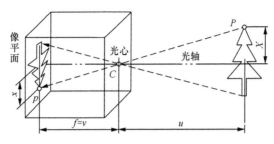

图 1.4　针孔成像模型原理

根据中心透视投影模型的成像过程，物点 P 到光轴的距离 X 与对应像点 p 到光轴的距离 x 之间满足几何光学中相似三角形的线性关系，即

$$\frac{X}{u} = \frac{x}{f} \qquad (1.1)$$

在机器视觉应用中，空间物体表面某点的三维几何坐标与其在图像中对应点的坐标存在一定的关系，通过建立相机成像的几何模型便可确定这一关系，这些几何模型参数就是相机参数[4]。为此，先要建立图 1.5 所示的相机常用坐标系，该坐标系包括了相机坐标系、图像坐标系、像素坐标系和世界坐标系（图中未画出）。

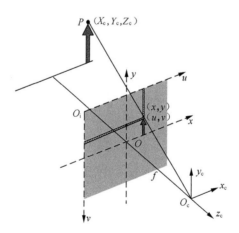

图 1.5　相机常用坐标系及成像

相机坐标系 $O_c x_c y_c z_c$ 的原点即为相机光心，z_c 轴与相机光轴重合，且取摄像方向为正向，x_c 轴、y_c 轴与图像坐标系的 x 轴，y 轴平行。为了描述像素点在图像中的坐标位置，以成像平面的左上角顶点 O_i 为原点建立像素坐标系，u 轴和 v 轴分别平行于图像坐标系的 x 轴和 y 轴。每幅图像的存储形式是 $m \times n$ 的数

组序列，m 行 n 列的图像中的每一个元素即像素，像素的坐标 (u,v) 表示该像点在像平面的行数和列数。像素坐标系就是以像素为单位的图像坐标系。世界坐标系又称为全局坐标系，是任意定义的三维空间坐标系，通常是将被测物体和相机作为一个整体来考虑的坐标系。空间点 P 的位置通常用其在世界坐标系中的坐标 (X,Y,Z) 来描述。

1. 相机坐标系与世界坐标系的相对位置姿态关系

两个坐标系之间的相对关系可以分解成一次绕坐标原点的旋转和一次平移。旋转可以有多种表达方式，如欧拉角、旋转向量、四元数等。下面采用欧拉角来表示坐标系的旋转。设物点 $P(X,Y,Z)$ 在相机坐标系中的坐标为 (X_c,Y_c,Z_c)，则可以用旋转矩阵和平移向量描述 (X_c,Y_c,Z_c) 与 (X,Y,Z) 之间的关系：

$$
\begin{bmatrix} X_c \\ Y_c \\ Z_c \end{bmatrix} = \boldsymbol{R} \begin{bmatrix} X \\ Y \\ Z \end{bmatrix} + \boldsymbol{T} = \begin{bmatrix} r_0 & r_1 & r_2 \\ r_3 & r_4 & r_5 \\ r_6 & r_7 & r_8 \end{bmatrix} \begin{bmatrix} X \\ Y \\ Z \end{bmatrix} + \begin{bmatrix} T_x \\ T_y \\ T_z \end{bmatrix} \tag{1.2}
$$

式（1.2）可改写为：

$$
\begin{bmatrix} X_c \\ Y_c \\ Z_c \\ 1 \end{bmatrix} = \begin{bmatrix} \boldsymbol{R} & \boldsymbol{T} \\ \boldsymbol{0} & 1 \end{bmatrix} \begin{bmatrix} X \\ Y \\ Z \\ 1 \end{bmatrix} \tag{1.3}
$$

式中，$\boldsymbol{R}$ 称为旋转矩阵，它是一个 3×3 的单位正交阵，其中的元素 $r_0 \sim r_8$ 是旋转角 $(\alpha_x,\alpha_y,\alpha_z)$ 的三角函数组合，旋转角 $(\alpha_x,\alpha_y,\alpha_z)$ 定义为将世界坐标系变换到与相机坐标系姿态一致而分别绕三个坐标轴转过的欧拉角。$\boldsymbol{T}=(T_x,T_y,T_z)$ 称为平移向量，是世界坐标系原点 O_w 在相机坐标系中的坐标，也就是将世界坐标系原点 O_w 移至相机坐标系原点的平移量。经过旋转和平移，使得世界坐标系与相机坐标系重合，如图 1.6 所示。

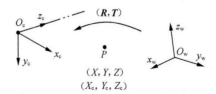

图 1.6　用旋转和平移描述世界坐标系与相机坐标系的关系

设世界坐标系绕 x_w 轴旋转 α_x 得到的旋转矩阵为 $\boldsymbol{R}_x$，绕 y_w 轴旋转 α_y 得到的

旋转矩阵为 $\boldsymbol{R}_y$，绕 z_w 轴旋转 α_z 得到的旋转矩阵为 $\boldsymbol{R}_z$。根据坐标变换关系，$\boldsymbol{R}_x$、$\boldsymbol{R}_y$、$\boldsymbol{R}_z$ 分别为：

$$\boldsymbol{R}_x = \begin{bmatrix} 1 & 0 & 0 \\ 0 & \cos\alpha_x & -\sin\alpha_x \\ 0 & \sin\alpha_x & \cos\alpha_x \end{bmatrix}$$

$$\boldsymbol{R}_y = \begin{bmatrix} \cos\alpha_y & 0 & -\sin\alpha_y \\ 0 & 1 & 0 \\ \sin\alpha_y & 0 & \cos\alpha_y \end{bmatrix} \qquad (1.4)$$

$$\boldsymbol{R}_z = \begin{bmatrix} \cos\alpha_z & -\sin\alpha_z & 0 \\ \sin\alpha_z & \cos\alpha_z & 0 \\ 0 & 0 & 1 \end{bmatrix}$$

对于相对关系确定的两个坐标系，它们之间旋转矩阵 $\boldsymbol{R}$ 和平移向量 $\boldsymbol{T}$ 各元素的数值也是确定的。但如果规定世界坐标系按不同的旋转顺序依次绕各坐标轴旋转，会得到不同的旋转角数值和旋转矩阵表达形式。例如，在摄影测量中常用的让世界坐标系先绕 y_w 轴转 α_y，再绕当前的 x_w 轴转 α_x，最后绕当前的 z_w 轴转 α_z，则旋转矩阵 $\boldsymbol{R}$ 为：

$$\boldsymbol{R} = \boldsymbol{R}_z \boldsymbol{R}_x \boldsymbol{R}_y \qquad (1.5)$$

容易验证，旋转矩阵 $\boldsymbol{R}$ 是一个单位正交矩阵。交换式（1.5）中的 $\boldsymbol{R}_x$、$\boldsymbol{R}_y$、$\boldsymbol{R}_z$ 的顺序，可以得到不同旋转顺序下旋转矩阵 $\boldsymbol{R}$ 的表达式。

2．相机坐标系与图像坐标系的关系

如图 1.7 所示，相机坐标系与图像坐标系的关系可根据中心透视投影模型的基本关系式（1.1）推导可得，像点 P 的图像坐标 (x,y) 与物点 P 的相机坐标系坐标 (X_c,Y_c,Z_c) 的关系为：

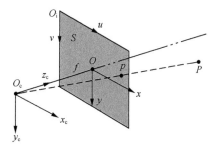

图 1.7　相机坐标系与图像坐标系的关系

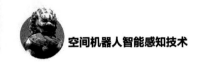

$$\begin{cases} x = f \dfrac{X_c}{Z_c} \\[2mm] y = f \dfrac{Y_c}{Z_c} \end{cases} \tag{1.6}$$

式中，f 为焦距，式（1.6）写成齐次坐标形式为：

$$Z_c \begin{bmatrix} x \\ y \\ 1 \end{bmatrix} = \begin{bmatrix} f & 0 & 0 & 0 \\ 0 & f & 0 & 0 \\ 0 & 0 & 1 & 0 \end{bmatrix} \begin{bmatrix} X_c \\ Y_c \\ Z_c \\ 1 \end{bmatrix} \tag{1.7}$$

3．像素坐标系与图像坐标系的关系

假设图像中心的像素坐标为 (u_0, v_0)，相机中的感光器件每个像素在 x 与 y 方向上的物理尺寸是 d_x、d_y，那么，图像坐标系的坐标 (x, y) 与像素坐标系的坐标 (u, v) 之间的关系可以表示为：

$$\begin{cases} u = \dfrac{x}{d_x} + u_0 \\[2mm] v = \dfrac{y}{d_y} + v_0 \end{cases} \tag{1.8}$$

写成矩阵形式为：

$$\begin{bmatrix} u \\ v \end{bmatrix} = \begin{bmatrix} \dfrac{1}{d_x} & 0 \\[2mm] 0 & \dfrac{1}{d_y} \end{bmatrix} \begin{bmatrix} x \\ y \end{bmatrix} + \begin{bmatrix} u_0 \\ v_0 \end{bmatrix} \tag{1.9}$$

改写成齐次坐标形式为：

$$\begin{bmatrix} u \\ v \\ 1 \end{bmatrix} = \begin{bmatrix} \dfrac{1}{d_x} & 0 & 0 \\[2mm] 0 & \dfrac{1}{d_y} & 0 \\[2mm] 0 & 0 & 0 \end{bmatrix} \begin{bmatrix} x \\ y \\ 0 \end{bmatrix} + \begin{bmatrix} u_0 \\ v_0 \\ 1 \end{bmatrix} = \begin{bmatrix} \dfrac{1}{d_x} & 0 & u_0 \\[2mm] 0 & \dfrac{1}{d_y} & v_0 \\[2mm] 0 & 0 & 1 \end{bmatrix} \begin{bmatrix} x \\ y \\ 1 \end{bmatrix} \tag{1.10}$$

上述介绍的是图像坐标系和像素坐标系均为直角坐标系的情况，但是大多数情况下，像素坐标系两坐标轴的夹角为 θ ，那么

$$\begin{cases} u = \dfrac{x}{d_x} - \dfrac{y \cot \theta}{d_x} + u_0 \\ v = \dfrac{y}{d_y \sin \theta} + v_0 \end{cases} \tag{1.11}$$

改写成齐次坐标形式为：

$$\begin{bmatrix} u \\ v \\ 1 \end{bmatrix} = \begin{bmatrix} \dfrac{1}{d_x} & -\dfrac{\cot \theta}{d_x} & 0 \\ 0 & \dfrac{1}{d_y \sin \theta} & 0 \\ 0 & 0 & 0 \end{bmatrix} \begin{bmatrix} x \\ y \\ 0 \end{bmatrix} + \begin{bmatrix} u_0 \\ v_0 \\ 1 \end{bmatrix} = \begin{bmatrix} \dfrac{1}{d_x} & -\dfrac{\cot \theta}{d_x} & u_0 \\ 0 & \dfrac{1}{d_y \sin \theta} & v_0 \\ 0 & 0 & 1 \end{bmatrix} \begin{bmatrix} x \\ y \\ 1 \end{bmatrix} \tag{1.12}$$

4．像素坐标系与世界坐标系的关系

通过前面几个步骤，得到各个坐标系之间的转换关系，就可以进一步得出像素坐标系与世界坐标系的变换关系为：

$$Z_c \begin{bmatrix} u \\ v \\ 1 \end{bmatrix} = \begin{bmatrix} \dfrac{1}{d_x} & -\dfrac{\cot \theta}{d_x} & u_0 \\ 0 & \dfrac{1}{d_y \sin \theta} & v_0 \\ 0 & 0 & 1 \end{bmatrix} \begin{bmatrix} f & 0 & 0 & 0 \\ 0 & f & 0 & 0 \\ 0 & 0 & 1 & 0 \end{bmatrix} \begin{bmatrix} \boldsymbol{R} & \boldsymbol{T} \\ \boldsymbol{0} & 1 \end{bmatrix} \begin{bmatrix} X \\ Y \\ Z \\ 1 \end{bmatrix}$$

$$\tag{1.13}$$

$$= \begin{bmatrix} \dfrac{f}{d_x} & -\dfrac{f \cot \theta}{d_x} & u_0 & 0 \\ 0 & \dfrac{f}{d_y \sin \theta} & v_0 & 0 \\ 0 & 0 & 1 & 0 \end{bmatrix} \begin{bmatrix} \boldsymbol{R} & \boldsymbol{T} \\ \boldsymbol{0} & 1 \end{bmatrix} \begin{bmatrix} X \\ Y \\ Z \\ 1 \end{bmatrix}$$

定义一个 3×4 阶矩阵 $\boldsymbol{M}$ ：

$$\boldsymbol{M} = \begin{bmatrix} f_x & f_x \cot \theta & u_0 & 0 \\ 0 & \dfrac{f_y}{\sin \theta} & v_0 & 0 \\ 0 & 0 & 1 & 0 \end{bmatrix} \begin{bmatrix} \boldsymbol{R} & \boldsymbol{T} \\ \boldsymbol{0} & 1 \end{bmatrix} \tag{1.14}$$

$f_x = f/d_x$，$f_y = f/d_y$ 分别称为 x 轴和 y 轴上的归一化焦距。(u_0, v_0) 和归一化焦距 (f_x, f_y) 是相机的内参数，描述的是相机本身的特性；而平移向量 $\boldsymbol{T}$ 和旋转角、旋转矩阵 $\boldsymbol{R}$ 是相机的外参数，描述的是相机坐标系与世界坐标系的相对位置、姿态关系。构成 $\boldsymbol{M}$ 矩阵的第一个矩阵由相机内参数组成，称为内参数矩阵，第二个矩阵由相机外参数组成，称为外参数矩阵。则中心透视投影成像关系可用矩阵 $\boldsymbol{M}$ 来描述：

$$Z_c \begin{bmatrix} u \\ v \\ 1 \end{bmatrix} = \boldsymbol{M} \begin{bmatrix} X \\ Y \\ Z \\ 1 \end{bmatrix} \tag{1.15}$$

矩阵 $\boldsymbol{M}$ 描述了空间点到像素点的中心透视投影关系，称为投影矩阵。将矩阵 $\boldsymbol{M}$ 展开，就可以得到投影矩阵各元素为：

$$\boldsymbol{M} = \begin{bmatrix} m_0 & m_1 & m_2 & m_3 \\ m_4 & m_5 & m_6 & m_7 \\ m_8 & m_9 & m_{10} & m_{11} \end{bmatrix} \tag{1.16}$$

由于 Z_c 是物点 P 到图像中心 C 的距离在光轴方向上的投影，因而 $Z_c \neq 0$。将式（1.15）展开，得到用投影矩阵各元素描述的共线方程为：

$$\begin{cases} u = \dfrac{m_0 X + m_1 Y + m_2 Z + m_3}{m_8 X + m_9 Y + m_{10} Z + m_{11}} \\[3mm] v = \dfrac{m_4 X + m_5 Y + m_6 Z + m_7}{m_8 X + m_9 Y + m_{10} Z + m_{11}} \end{cases} \tag{1.17}$$

中心透视投影模型中的共线方程和投影矩阵是摄像测量学中最基本、最重要的关系。几乎所有摄像测量的理论方法都是从这点出发，并以此为基础。

值得一提的是，中心透视投影模型是线性成像关系。但实际上，由于镜头设计非常复杂，并且加工水平有限，故实际的成像系统不可能严格地满足上述的线性关系，会存在图像畸变。造成的图像畸变可以分为两类：径向畸变和切向畸变。只有对图像进行校正求得畸变参数后才能进行下一步的解算。

1.3 视觉系统标定

在机器人系统中，视觉系统的标定是一个非常重要的环节，视觉系统标定结果的稳定性直接影响了机器人视觉系统定位的稳定性和精度。视觉系统的标定方法分为相机标定和机器人手眼标定。相机标定是为了求出相机的实际参数并消除由镜头带来的图像畸变；机器人手眼标定是为了求出机器人与相机之间的位置关系，即机器人基坐标系与相机坐标系之间的位置关系。相机标定是机器人手眼标定的基础，一般来说，只有进行了准确的相机标定，才能获得准确的机器人手眼关系。

1.3.1 相机标定

在 1.2 节中，我们已经建立了相机成像的几何模型，得到了投影矩阵 M。投影矩阵 M 由相机的内参数矩阵和外参数矩阵构成。内参数主要包括相机固有的内部几何与光学参数，如主点坐标（图像中心坐标）、焦距、比例因子和镜头畸变等；外部参数反映相机坐标系相对于某一世界坐标系的三维位置、姿态关系，如旋转矩阵及平移向量。在大多数条件下，这些参数必须通过实验与计算才能得到，这个求解参数的过程就称为相机标定。

相机标定技术的研究起源于图像测量学，虽然因不同应用侧重点不同而有所区别，但所使用的计算方法基本相同。鉴于相机标定技术在理论和实践中的重要意义，很多学者对其进行了广泛的研究，并基于不同的出发点和思路取得了一系列成果。

每个镜头的畸变是不同的，通过相机标定可以校正这种由镜头引起的畸变。另外，利用一些已知的条件，可以从经过标定的相机采集的图像中恢复目标物体在世界坐标系中的位置。本节先详细介绍最基本的标定方法——基于标定板的视觉系统标定方法，再对相机标定的现状进行一定的总结。

1. 基于标定板的视觉系统标定方法

目前，基于标定板的视觉系统标定方法是应用最为广泛的一种。Zhang 等人[5]将三维标定块简化为二维棋盘格标定板（见图 1.8），大大降低了标定物的加工要求，同时也不损失其标定精度。下面我们将对基于标定板的相机标定方法进行介绍。

图 1.8 二维棋盘格标定板

上节得到的相机模型（1.13）可以改写得到下面的等式：

$$
Z_{\mathrm{c}}\begin{bmatrix} u \\ v \\ 1 \end{bmatrix} = \begin{bmatrix} \dfrac{f}{d_x} & -\dfrac{f\cot\theta}{d_x} & u_0 \\ 0 & \dfrac{f}{d_y\sin\theta} & v_0 \\ 0 & 0 & 1 \end{bmatrix} \begin{bmatrix} \boldsymbol{R} & \boldsymbol{T} \end{bmatrix} \begin{bmatrix} X \\ Y \\ Z \\ 1 \end{bmatrix}
\tag{1.18}
$$

将内参数矩阵由矩阵 $\boldsymbol{K}$ 描述，令

$$
\boldsymbol{K} = \begin{bmatrix} \dfrac{f}{d_x} & -\dfrac{f\cot\theta}{d_x} & u_0 \\ 0 & \dfrac{f}{d_y\sin\theta} & v_0 \\ 0 & 0 & 1 \end{bmatrix} = \begin{bmatrix} \alpha & \gamma & u_0 \\ 0 & \beta & v_0 \\ 0 & 0 & 1 \end{bmatrix}
\tag{1.19}
$$

则相机模型改写为：

$$
Z_{\mathrm{c}}\begin{bmatrix} u \\ v \\ 1 \end{bmatrix} = \boldsymbol{K}\begin{bmatrix} \boldsymbol{R} & \boldsymbol{T} \end{bmatrix} \begin{bmatrix} X \\ Y \\ Z \\ 1 \end{bmatrix}
\tag{1.20}
$$

假设世界坐标系平面与标定模板所在的平面重合，即 $Z = 0$。则式（1.20）可变为以下形式：

$$Z_c \begin{bmatrix} u \\ v \\ 1 \end{bmatrix} = \boldsymbol{K} \begin{bmatrix} \boldsymbol{R}_1 & \boldsymbol{R}_2 & \boldsymbol{R}_3 & \boldsymbol{T} \end{bmatrix} \begin{bmatrix} X \\ Y \\ 0 \\ 1 \end{bmatrix} = \boldsymbol{K} \begin{bmatrix} \boldsymbol{R}_1 & \boldsymbol{R}_2 & \boldsymbol{T} \end{bmatrix} \begin{bmatrix} X \\ Y \\ 1 \end{bmatrix} \tag{1.21}$$

式中，$\boldsymbol{R}_i (i=1,2,3)$ 表示旋转矩阵 $\boldsymbol{R}$ 的第 i 列向量。定义单应性矩阵 $\boldsymbol{H}$ ：

$$\boldsymbol{H} = \boldsymbol{K} \begin{bmatrix} \boldsymbol{R}_1 & \boldsymbol{R}_2 & \boldsymbol{T} \end{bmatrix} = \begin{bmatrix} h_{11} & h_{12} & h_{13} \\ h_{21} & h_{22} & h_{23} \\ h_{31} & h_{32} & 1 \end{bmatrix} \tag{1.22}$$

则利用下面的约束条件可求解内参数矩阵 $\boldsymbol{K}$ ：

$$\begin{bmatrix} \boldsymbol{h}_1 & \boldsymbol{h}_2 & \boldsymbol{h}_3 \end{bmatrix} = \lambda \boldsymbol{K} \begin{bmatrix} \boldsymbol{R}_1 & \boldsymbol{R}_2 & \boldsymbol{T} \end{bmatrix} \tag{1.23}$$

式中，λ 是任意标量。

由于 $\boldsymbol{R}$ 为单位正交矩阵，所以具有以下性质：

$$\boldsymbol{R}_1^{\mathrm{T}} \boldsymbol{R}_2 = 0 \tag{1.24}$$

$$\boldsymbol{R}_1^{\mathrm{T}} \boldsymbol{R}_1 = \boldsymbol{R}_2^{\mathrm{T}} \boldsymbol{R}_2 = 1 \tag{1.25}$$

利用式（1.23）、式（1.24）和式（1.25）可以得到：

$$\boldsymbol{h}_1^{\mathrm{T}} \boldsymbol{K}^{-\mathrm{T}} \boldsymbol{K}^{-1} \boldsymbol{h}_2 = 0 \tag{1.26}$$

$$\boldsymbol{h}_1^{\mathrm{T}} \boldsymbol{K}^{-\mathrm{T}} \boldsymbol{K}^{-1} \boldsymbol{h}_1 = \boldsymbol{h}_2^{\mathrm{T}} \boldsymbol{K}^{-\mathrm{T}} \boldsymbol{K}^{-1} \boldsymbol{h}_2 \tag{1.27}$$

$\boldsymbol{h}_1$ 和 $\boldsymbol{h}_2$ 是通过求解单应性矩阵 $\boldsymbol{H}$ 求出的，所以未知量只有矩阵 $\boldsymbol{K}$ ，拍摄三张不同的标定平面的照片就可以得到 3 个不同的单应性矩阵 $\boldsymbol{H}$ ，在两个约束条件下可以产生 6 个方程，即可求解矩阵 $\boldsymbol{K}$ 中的 5 个未知量。

定义对称矩阵 $\boldsymbol{B}$ ：

$$\boldsymbol{B} = \boldsymbol{K}^{-\mathrm{T}} \boldsymbol{K}^{-1} = \begin{bmatrix} B_{11} & B_{12} & B_{13} \\ B_{21} & B_{22} & B_{23} \\ B_{13} & B_{23} & B_{33} \end{bmatrix}$$

$$= \begin{bmatrix} \dfrac{1}{\alpha^2} & -\dfrac{\gamma}{\alpha^2 \beta} & \dfrac{v_0 \gamma - u_0 \beta}{\alpha^2 \beta} \\[3mm] -\dfrac{\gamma}{\alpha^2 \beta} & \dfrac{\gamma^2}{\alpha^2 \beta^2} + \dfrac{1}{\beta^2} & -\dfrac{\gamma(v_0 \gamma - u_0 \beta)}{\alpha^2 \beta^2} - \dfrac{v_0}{\beta^2} \\[3mm] \dfrac{v_0 \gamma - u_0 \beta}{\alpha^2 \beta} & -\dfrac{\gamma(v_0 \gamma - u_0 \beta)}{\alpha^2 \beta^2} - \dfrac{v_0}{\beta^2} & \dfrac{(v_0 \gamma - u_0 \beta)^2}{\alpha^2 \beta^2} + \dfrac{v_0^2}{\beta^2} + 1 \end{bmatrix} \tag{1.28}$$

利用内参数矩阵可以求解外参数矩阵：

$$\begin{cases} \boldsymbol{R}_1 = \lambda \boldsymbol{K}^{-1} \boldsymbol{h}_1 \\ \boldsymbol{R}_2 = \lambda \boldsymbol{K}^{-1} \boldsymbol{h}_2 \\ \boldsymbol{R}_2 = \boldsymbol{R}_1 \times \boldsymbol{R}_2 \\ \boldsymbol{T} = \lambda \boldsymbol{K}^{-1} \boldsymbol{h}_3 \\ \lambda = \dfrac{1}{\left\| \boldsymbol{K}^{-1} \boldsymbol{h}_1 \right\|} = \dfrac{1}{\left\| \boldsymbol{K}^{-1} \boldsymbol{h}_2 \right\|} \end{cases} \qquad (1.29)$$

2．相机标定研究现状总结

由于不同的应用背景对相机标定技术提出了不同的要求，使得相机标定技术从多角度出发，发展出了一系列不同思路的算法。例如，在视觉系统中，如果系统的任务只是对物体进行识别，那么物体本身各特征点间的相对位置精度就比这个物体相对某个参考坐标系的绝对位置重要得多；如果系统的任务是物体的定位，那么物体相对某个参考坐标系的相对位置就变得尤为重要。

根据是否需要标定物可以将相机标定的方法分为传统相机标定法、自标定法以及基于主动视觉的标定法[6]。这种分类方法也对应着不同的应用场合的要求。例如，传统相机标定法主要用于标定精度要求高、要求标定现场可放置参照物的场合；自标定法比较灵活但标定精度有限；基于主动视觉的标定法要求相机能够做某些精确的运动。这种分类方法也是目前使用最为广泛的分类方法。

（1）传统相机标定法

传统相机标定法是指利用一个几何参数精确已知的标定物作为空间参照物，将参照物上的已知点坐标与该点在图像上的坐标建立对应关系即相机模型，再通过优化算法计算出相机模型参数的过程。

传统相机标定法根据算法思路的不同又可以分为利用最优化算法的标定法、利用变换矩阵的标定法、分步标定法、张正友标定法等。

① 利用最优化算法的标定法

这种标定方法是摄影测量学中的传统方法。Faig 在文献[7]中提出的方法是这一类方法的典型代表。该方法利用针孔相机模型的共面约束条件，将相机成像过程中的各种因素考虑进来，合理细致地设计出一个复杂的相机模型。对于每一幅图像，Faig 都利用了至少 17 个参数来描述与其对应的三维物体空间的约束关系，这使得这一方法的计算量非常之大，但同时也能取得很高的精度。

同属这一类标定方法的还有直接线性变换法（direct linear transformation DLT），它是对摄像测量学中的传统方法的一种简化。直接线性变换法[8]最早于 1971 年由 Abdel-Aziz 和 Karara 提出。这种方法给出了一组基本的线性约束方程来表示相机坐标系与三维物体空间坐标系的线性变换关系，因此，只需求解线性方程便可求得相机模型的参数，这是直接线性变换法最大的吸引力。由于直接线性变换法没有考虑成像过程中的非线性畸变问题，使得这种方法的标定精度有限。但是正是因为以上特点，使得直接线性变换法更符合计算机视觉应用问题的要求。

② 利用变换矩阵的标定法

假设相机模型为针孔模型且不考虑相机镜头的非线性畸变，将相机透视变换矩阵中的元素作为未知数，通过给定的一组三维控制点和对应的图像点就可以线性求解出透视变换矩阵中的各个元素。这一类标定方法的运算速度快，从而能够实现相机参数的实时计算，缺点是精度不高，且在图像含有噪声的情况下求得的参数值不一定准确。另外，值得一提的是利用变换矩阵的标定法与直接线性变换法本质上是相同的，且透视变换矩阵与直接线性变换矩阵之间只差一个比例因子。

③ 分步标定法

所谓分步标定法是先利用直接线性变换法或透视变换矩阵法求解相机参数，然后再用所求得的参数作为初始值并将畸变因素考虑进来，利用最优化算法进一步推算相机参数[9-10]。此方法将相机的标定过程分步进行，因而叫作分步标定法。这种方法克服传统方法中若初始值给定不适合则很难得到正确的结果，以及直接线性变换法或透视变换矩阵法未考虑非线性畸变而精度不高的缺点。

④ 张正友标定法

张正友标定法[5,11]首先要绘制一个具有精确定位点阵的模板，然后相机从三个或三个以上不同方位获得模板图像，最后通过确定图像和模板上的点的匹配，计算出图像和模板之间的单应性矩阵，并线性解出相机内参数。这种标定方法既具有较好的鲁棒性，成本低廉，又不需昂贵的精致标定块，标定的精度还比自标定要高，是一种适合应用的简便灵活的标定方法。但是由于该方法假定模板图像上的直线经透视投影后仍为直线，所以不适合广角镜畸变比较大的情况。

⑤ 其他传统相机标定法

除了以上提到的经典传统相机标定法外，目前还有许多新发展起来的，更具针对性的传统相机标定法。例如，在张正友标定法的基础上，Meng 等人[12]提出了一种基于圆点的平面型相机标定法，该方法只需相机从三个不同方位拍摄一个含有若干条直径的圆的图像，即可线性求解出全部相机内参数。这种方法的原理比较简单，摆脱了匹配问题，也无需知道任何物理度量。整个标定过

程可以自动进行，适合于非视觉专业人员使用。Wu 等人[13]提出了平行圆标定法，该方法从平行圆的最小个数出发，计算圆环点图像，该方法简单不需要任何匹配也不需要计算圆心，应用场合广泛，不仅可应用于平面的情形，还可应用于基于转盘的重构。

传统相机标定法的优点是可以使用任意的相机模型，标定精度也比较高；缺点是标定过程复杂，计算量大，无法实现实时标定，且需要放置精密加工的标定参照物。基于以上特点，传统相机标定法适用于标定精度要求高，相机参数不经常发生变化的场合，而对无法放置标定块、要求实时标定等的场合则不适用。

（2）自标定法

自标定法（self-calibration）是无需放置标定参照物，仅利用相机在运动过程中周围环境图像与图像之间对应点的关系直接对相机进行标定的方法[14]。相机自标定是 20 世纪 90 年代中后期，随着计算机视觉领域的兴起而迅速发展起来的重要研究方向之一。自标定法中相机采用的都是针孔模型。目前已有的自标定法大致可分为直接求解 Kruppa 方程的自标定法、分层逐步自标定法、基于绝对二次曲面的自标定法及可变内参数相机的自标定法等。

① 直接求解 Kruppa 方程的自标定法

Faugeras、Luong、Maybank 等人[14-15]提出的自标定法是一种直接求解 Kruppa 方程的方法。这种方法利用绝对二次曲线和极线几何变换的概念推导出 Kruppa 方程。基于 Kruppa 方程的方法无需对图像序列做射影重建，只需在两两图像间建立方程即可，这使得这种方法在某些很难将所有图像统一到一个一致的射影框架的场合比下面将提到的分层逐步法更具优势。但同时，由于推导 Kruppa 方程过程中隐含消掉了无穷远平面的 3 个未知数，故此方法无法保证无穷远平面在所有图像对确定的射影空间里的一致性，从而稳定性较差。

② 分层逐步自标定法

分层逐步自标定法[16-17]在近几年已成为自标定研究中的热点，并在实际应用中逐渐取代了直接求解 Kruppa 方程的方法。分层逐步自标定法首先要求对图像序列做射影重建，再通过绝对二次曲线（面）施加约束，定出仿射参数（即无穷远平面方程）和相机内参数。分层逐步自标定法的特点是在射影标定的基础上，以某一幅图像为基准做射影对齐，从而将未知数数量缩减，再通过非线性优化算法同时解出所有未知数。不足之处在于非线性优化算法的初值只能通过预估得到，而不能保证其收敛性。由于射影重建时都是以某参考图像为基准，所以参考图像的选取不同得到的标定结果也不同，这不满足一般情形下噪声均匀分布的假设。

③ 基于绝对二次曲面的自标定法

Triggs[18]最早将绝对二次曲面的概念引入到自标定的研究中来，这种标定方法与基于求解 Kruppa 方程的方法在本质上是一致的，都是利用了绝对二次曲线在欧氏变换下的不变性，但在输入多幅图像并能得到一致射影重建的情形下，前者较后者更具有优势。与此相比，基于求解 Kruppa 方程的方法是在两两图像之间建立方程，在列方程过程中已将支持绝对二次曲线的无穷远平面参数消去，所以当输入更多的图像对时，不能保证该无穷远平面的一致性。

④ 可变内参数相机的自标定法

以上讨论的自标定方法都是针对固定内参数相机的，而现在很多场合都需要使用可变内参数的相机，如可缩放焦距等。因此，学者们开始提出可变内参数下自标定的概念。Pollefeys 等人[19]给出了一种变焦距下自标定的方法，该方法通过控制相机保持焦距不变做一次纯平移的仿射标定，计算出初始焦距后再利用模约束在焦距变化时进行标定。Hartley 等人[20]首先利用射影重建中的前后性和穷举法大大简化了可变内参数标定过程。Heyden 等人[21]将可变内参数下自标定的条件进一步减弱，并证明了在相机任意一个内参数不变的条件下，即可实现可变内参数下的自标定。Pollefeys 等人[22]在 Heyden 等人的基础上进一步解决了可变内参数下的自标定问题，并给出了一种比较实用的基于优化的自标定方法。

自标定由于仅需要建立图像对应点，所以标定方法灵活性强，应用范围广。自标定法最大的不足是鲁棒性差，这主要是由于自标定法不论以何种形式出现均是基于绝对二次曲线或绝对二次曲面的方法，需要求解多元非线性方程。自标定法的主要应用于精度要求不高的场合，如通信、虚拟现实等领域。

（3）基于主动视觉的标定方法

基于主动视觉的标定方法是指在已知相机的某些运动信息（如平移或纯旋转运动等）下标定相机的方法。

① 基于相机纯旋转的标定

Hartley[23]提出了通过控制相机绕光心做纯旋转运动来标定相机的标定算法，可以线性求解相机的所有 5 个内参数。该方法的主要不足是要求相机做绕光心的纯旋转运动。由于在实际标定过程中人们事先并不知道相机光心的具体位置，所以在实际应用中很难做到控制相机做绕光心的旋转运动。不过，Hartley通过实验表明，如果相机的平移量不大且场景较远时，该标定方法仍可以取得满意的标定结果。

② 基于三正交平移运动的标定

Ma[24]提出的基于三正交平移运动的标定方法是目前论述较为详细的基于主动视觉的标定方法。该方法的主要优点是可以线性求解相机的内参数，主要

不足有：（a）相机做三正交运动需要高精度的平台才能实现；（b）只有当模型参数 $s=0$ 时才成立；（c）由于 x，y，z 系数矩阵的条件数一般很大，所以该方法对噪声相对比较敏感。关于相机正交运动标定相机的原理在其他文献中也有介绍[25-26]。

③ 基于无穷远平面单应矩阵的标定方法

吴福朝等人[27-28]提出相机仅做一次平移运动和一次任意运动，则在该运动组下无穷远平面对应的单应矩阵就可以线性唯一求解；当控制相机做一次平移运动和两次任意运动时，只要两次任意运动的旋转轴不相互平行，则相机就可以线性标定。

基于无穷远平面单应矩阵的标定方法可以说是到目前为止对设备要求最低、理论非常完整的一种基于主动视觉的相机标定方法。该方法的唯一不足是在标定过程中把不同运动组看作是相互独立，而不是一个整体来考虑。这在实际应用中可能会产生对局部噪声敏感的现象。

基于主动视觉的标定方法的主要优点是在标定过程中知道了一些相机的运动信息，所以一般来说，相机的模型可以线性求解，因而算法的鲁棒性比较高。目前，基于主动视觉的标定方法的研究焦点是在尽量减少对相机运动限制的同时仍能线性求解相机的模型参数。

从以上可看出，相机标定已经发展出了如此之多的方法，但随着计算机视觉的飞速发展，其应用范围也在不断扩大，人们对标定方法提出了运算更快、精度更高、使用更灵活的要求。因此，学者们还在不断地探索新的、更适用于当前应用背景的标定方法。目前，相机标定正越来越多与新兴技术相结合，甚至出现了免标定相机。相信随着相机标定的深入研究，机器视觉将在更多的领域得到更灵活的应用。

1.3.2 机器人手眼标定

对相机内外参数标定完成后，为实现通过图像对机器人进行控制，还需要知道机器人末端执行器与相机的相对位姿，即相机坐标系与机器人坐标系之间的关系。这种关系的标定称为机器人手眼标定[29]。机器人的手眼关系分两种情况：一种是相机与机器人末端相对固定，称为眼在手上（eye-in-hand），如图1.9（a）所示；另一种是相机和机器人的基坐标系相对固定，称为眼在手旁（eye-to-hand），如图 1.9（b）所示。对于相机固定在机器人末端的系统，手眼标定求取的是相机坐标系相对于机器人末端坐标系的关系。对于相机和机器人基坐标系相对固定的系统，手眼标定求取的是相机坐标系相对于机器人基坐标系的关系。眼在手上和眼在手旁的标定原理是相同的，所以本节仅对眼在手上系统的标定进行介绍。

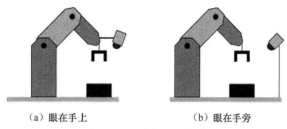

（a）眼在手上　　　　　　　（b）眼在手旁

图 1.9　机器人手眼关系

1．手眼标定基本原理

对于眼在手上的系统，机器人坐标系、相机坐标系和目标坐标系之间的关系如图 1.10 所示。

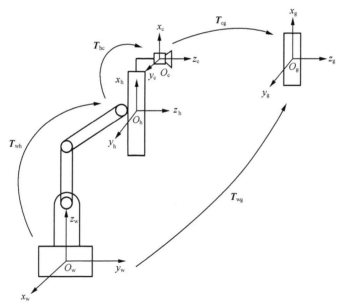

图 1.10　机器人坐标系、相机坐标系和目标坐标系间的关系

在图 1.10 中，世界坐标系与机器人基坐标系重合，表示为 $O_w x_w y_w z_w$，$O_h x_h y_h z_h$ 为机器人末端执行器坐标系，$O_c x_c y_c z_c$ 为相机坐标系，$O_g x_g y_g z_g$ 为目标坐标系。矩阵 T_{wh} 表示基坐标系到执行器末端坐标系的变换，T_{hc} 表示执行器末端执行器坐标系到相机坐标系的变换，即所求手眼关系矩阵。T_{cg} 表示相机坐标系到目标坐标系的变换，T_{wg} 表示基坐标系到目标坐标系的变换。

由坐标系之间的变换关系可知：

$$T_{\mathrm{wg}} = T_{\mathrm{wh}}T_{\mathrm{hc}}T_{\mathrm{cg}} \tag{1.30}$$

式中，T_{cg} 可由相机外参数标定求得；T_{wh} 可由机器人控制器读取获得。

在目标固定的情况下，T_{wg} 和 T_{hc} 是固定不变的。改变机器人末端执行器的位姿，标定每一个位姿状态下相机相对于目标的外参数 T_{cg}。$T_{\mathrm{wh}i}$ 表示第 i 次运动时基坐标系到执行器坐标系间的变换，$T_{\mathrm{cg}i}$ 表示第 i 次运动时相机相对于目标的外参数，则：

$$T_{\mathrm{wh}i}T_{\mathrm{hc}}T_{\mathrm{cg}i} = T_{\mathrm{wh}(i-1)}T_{\mathrm{hc}}T_{\mathrm{cg}(i-1)} \tag{1.31}$$

根据上式进行变量代换、通用旋转变换等，即可通过两次及以上的机器人运动求出手眼关系矩阵 T_{hc}。

对于眼在手上系统，其相机内参数及手眼关系是固定不变的，都需要采集标定板的图像，因此，我们可以用同一组图片对内参数及手眼矩阵同时进行标定以提高效率。为提高精度，我们控制机器人在不同方向上运动多次（一般不少于 9 次），分别采集标定板在多个相对位姿下的图片进行标定，其标定流程如图 1.11 所示。

2．手眼标定技术发展现状

手眼标定的目的是估计相机坐标系和机器人坐标系之间的齐次变换矩阵。该问题可以用公式 $AX = XB$ 表示。式中，A 和 B 分别表示机器人和相机的位姿，X 是相机坐标系和机器人坐标系之间的齐次变换矩阵[30-31]。

另外，从机器人基坐标系到世界坐标系的齐次变换的估计，可以作为"机器人-世界-手-眼（robot-world-hand-eye，RWHE）标定"问题解决方案的副产品，该问题可以用公式 $AX = ZB$ 表示。在该公式中，X 是机器人基坐标系到世界坐标系的齐次变换矩阵，Z 是工具坐标系到相机坐标系的齐次变换矩阵。

（1）分步法手眼标定

最早的手眼标定方法是分别求出旋转矩阵和平移向量，故又称这种方法为分步法（separable solution）。

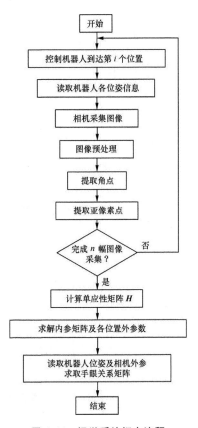

图 1.11　视觉系统标定流程

1989 年，Shiu 等人[31]提出了一种求解公式 $AX = XB$ 的封闭形式方法，按照旋转和平移的顺序，分别估计机器人末端到相机的旋转矩阵和平移向量。这种方法的缺点是对于每一帧新加入的图像，线性系统的误差都会加倍。1989 年，Tsai 等人[32]使用了相同的观点去解决手眼标定问题，但是该方法在不考虑图像和机器人位姿数量的情况下通过控制未知误差数量，提升了标定数量。1994 年，Zhuang 等人[33]采用四元数表示法求解了机器人从手到眼和从机器人基坐标系到世界坐标系的旋转变换，然后用线性最小二乘法计算平移分量。2001 年，Hirsh 等人[34]提出了在迭代过程中交替求解 X 和 Z 的可分离方法。该方法假设其中一个未知数在当时是伪已知的，并通过分布误差估计另一个未知数的最佳可能值。在第一种情况下，假设 Z 是系统已知的，X 通过公式 $X = ZB_n A^{-1}$ 求出。同样，通过上一步求出的 X 可以对 Z 进行估计。这个过程一直持续到系统达到终止迭代估计的条件为止。2008 年，Liang 等人[35]通过对相对位姿的线性分解，提出了一种闭式解。该方法实现起来相对简单，但对测量数据中噪声的鲁棒性不强，并且在精度方面要求很高。2013 年，Shah[36]在 Li 等人[37]提出的方法的基础上进行改进，提出了一种新的分步标定方法。Shah 提出使用克罗内克积（Kronecker product）解决手眼标定问题。该方法首先为未知的 X 求取旋转矩阵，然后计算平移向量。克罗内克积是估计该问题最优变换的一种有效方法。然而，得到的旋转矩阵可能不遵循正交性。为了解决这一问题，Shah 利用奇异值分解（SVD）得到了标准正交旋转矩阵的最佳近似值。Shah 和 Li 等人的工作的最大不同是，Li 等人的方法在标准正交近似之前，没有更新旋转变换的最优位姿，这增加了结果中可能出现的错误。与此相反，Shah 提出的方法基于旋转矩阵 R_x 和 R_z 的最新近似值，对平移向量进行了重新计算。

上述研究表明，分步法有一个较为明显的缺陷：位置误差过大。由于旋转和平移是按上述顺序独立计算的，因此旋转误差会传播到位置估计上。一般地，基于分步法的手眼标定，在旋转上具有较高的精度，在位置上的精度较差。

（2）同步法手眼标定

同步法手眼标定是指同时计算出旋转和平移。1991 年，Chen[38]提出旋转和平移是相互依存的量，因此不应分步单独加以估计。因此，基于螺旋理论，他提出了一种同时计算旋转量和平移量的手眼标定方法。在这项工作中，Chen 估计了一个刚性转换，将相机的螺旋轴与机器人的螺旋轴对齐。1995 年，Horaud 等人[39]提出了一种基于非线性最小二乘法的手眼标定方法。利用代价函数约束优化方法求解正交旋转矩阵，该优化方法求解了大量以矩阵形式表示旋转的参数。仿真结果表明，非线性迭代方法在精度方面优于线性和封闭形式的求解。此后，许多研究选择了非线性代价函数最小化方法，因为这种方法更能容忍测

量值中的非线性误差。2005 年，Shi 等人[40]提出了使用四元数表示旋转，以加速求取迭代优化方法的解。2006 年，Strobl 等人[41]提出了一种基于非线性优化的手眼标定自适应技术。该方法在代价函数最小化步骤中调整了分配给旋转和平移误差的权重。2011 年，Zhao[42] 在旋转矩阵和四元数形式中引入克罗内克积，提出凸损失函数。该研究认为，在不指定初始点的情况下，通过线性优化可以得到全局解。这是使用基于 L2 优化的一个优势。2016 年，Heller 等人[43]提出了一种利用分支定界法（branch and bound，BnB）解决手眼标定问题的方法。该方法使用无穷范数，求出极值约束下的代价函数的最小值，并求出全局最优解。2017 年，Tabb 和 Yousef[44]从迭代优化的角度处理手眼标定问题，比较了各种目标函数的性能。该方法以 $AX = ZB$ 范式为研究对象，使用非线性优化器分别求解分步法和同步法的旋转和平移问题。

|1.4 视觉测量方法|

视觉测量方法是一门建立在计算机视觉、数字图像处理分析、光学测量、传统的摄影测量学以及数学中的矩阵分析、张量分析与拓扑学等学科的研究基础上的新兴交叉学科。根据安装的视觉成像设备台数的不同，视觉测量方法可以分为单目视觉测量方法、双目立体视觉测量方法和多目视觉（全方位视觉）测量方法。下面主要介绍单目视觉测量方法和双目立体视觉测量方法。

1.4.1 单目视觉测量方法

单目视觉测量方法就是仅利用一台视觉成像设备采集图像，对目标的几何尺寸、目标在空间的位置、姿态等信息进行测量的方法。单目视觉不仅无需解决双目视觉中的两相机间的最优距离（基线长度）和特征点匹配的问题，也不会像全方位视觉那样产生很大的畸变，在相机安装、视场调整、相机参数标定等方面也都比双目视觉有优势，更重要的是，在不少应用场合，由于受安装平台、场地等实际因素的限制，无法利用双目视觉开展测量工作，单目视觉也就成了唯一的选择。在计算机视觉研究领域，如何在单目视觉条件下解决实际存在的目标三维位置与姿态的求解问题已成为一个重要的研究方向。

张小虎等人[45]提出了一种基于直线特征的位姿估计算法。该方法引入了共面方程误差，在三维空间场景中从距离方面规划了目标函数，使用不同的优化策略来确定最佳的旋转与平移。张子淼等人[46]对基于特征点的单目视觉测量方法进行了研究，设计实现了一种基于五个特征点的中心透视投影模型的单目视觉位姿测量方法。该方法使用不共面的先验特征点，根据五个特征点在相机坐标系与世界坐标系下的相对位置关系相同来计算五个特征点在相机坐标系下的坐标，从而求解得到目标的转动角度。于起峰等人[47]充分利用空间特殊形状目标的几何先验知识，提出了一种从单站经纬仪等光测设备获取的图像来确定火箭等空间目标三维姿态的新方法，避免了多站图像的立体匹配。祝世平等人[48]利用单目视觉方法提出了确定待测目标相对于相机光心的聚焦位置的方法，设计了一种新的能量谱-熵函数图像聚焦锋利性测度评价函数以及一种新的单目视觉测量方法——将单目视觉测量方法中的离焦法模型和聚焦法模型融合起来形成新的测量模型，进行聚焦位置的测量。实验结果验证了算法的可行性、稳定性和可靠性。汪卫红等人[49]设计实现了在机器人上安装单台相机，形成一种视觉伺服系统对待测物体三维位置的估计方法。该方法将运动深度的恢复和散焦恢复深度这两种技术结合起来以满足测量的实时要求。对于距离较远的待测运动物体，运用空间射影几何中的 Plucker 表示法求解得到待测物体三维位置的估计。对于距离较近的待测运动物体，运用多层前馈型神经网络算法来恢复得到待测物体的三维位置，并使用提出的远近距离的判据准则在两种方法中进行切换。实验结果表明，待测物体的三维位置估计的精度得到一定的提高。Pentland 等人[50]提出了从散焦图像恢复物体深度的方法，该方法沿光轴方向移动相机拍摄两幅图像，根据所拍摄目标图像的模糊程度计算目标景物距相机的距离。但该方法只适用于深度变化显著的情况。权铁汉等人[51]介绍了网格法测量的基本原理，并用仿真实验对网格法进行了检验，最后还用皮革材料进行了拉伸实验。网格法对镜头误差进行了修正，让变形前后的网格点得到了自动匹配，从而完成了大变形的自动高精度测量。郏继贵等人[52]以经典的双目立体视觉测量模型为基础，设计实现了一种适用于测量空间点的三维位置的单目视觉测量方法。该方法使用加装的两组对称的反射镜进行光学成像，将单台相机镜像为左右对称的一对虚拟相机，在单台相机的像平面上采集到同一待测目标存在视差的两幅图像，进而恢复待测目标的三维信息。推导了单台相机测量空间点的三维位置的基本原理，建立了单台相机的测量模型，克服了双目测量系统的成本高、切换采集左右相机的图像使得检测速度减慢等缺陷，为空间点的三维位置信息的高精度测量提供了经济、快捷、高效的测量途径。实验结果表明，该方法可实现相对约 0.8% 的测量精度。

1．基于几何相似的二维平面单目视觉测量方法

在实际的科研和工程中，许多待测目标都分布在同一物平面内，测量目标的几何参数及其运动、变化都在同一平面内，属于二维测量。如图 1.12 所示，如果被测目标所在的物平面与相机光轴垂直，并与像平面平行，根据中心透视投影关系，目标及其所成的像满足相似三角形关系，且只相差一个缩放倍数。因此，只需在像平面上提取所需待测目标的几何参数，再乘以实际的缩放倍数，就可求解待测目标的真实几何参数。

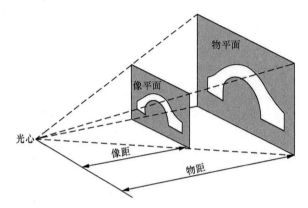

图 1.12　单目视觉平面测量基本原理

该方法只是二维平面测量，主要测量物体的二维几何位置、尺寸、形状、变形测量、位移和速度等。其基本原理是利用单幅图像进行目标几何参数测量，或利用不同时刻在同一角度拍摄的图像，测量图像目标的变化和运动参数。

在二维平面测量中，放大倍率的确定至关重要。如果物平面内能够提供某个方向上某对象的已知尺寸，则可以得到目标在物平面该方向上的几何位置或运动参数与目标成像之间的比例关系，完成测量。最常用、简单的方法是在测量物面上放置带有绝对尺度量的标尺或参照物，构造前述的已知尺寸，同幅图或事后拍照此标尺或参照物，得到此平面测量放大倍率。

2．基于几何光学的单目视觉测量方法

几何光学是光学学科中以光线为基础，研究光的传播和成像规律的一个重要的实用性分支学科。在几何光学中，把组成物体的物点看成是几何点，把它所发出的光束看作是无数几何光线的集合，光线的方向代表光能的传播方向。在此假设下，根据光线的传播规律，研究物体被透镜或其他光学元件成像的过程。

根据几何光学的基本原理可得图 1.13 所示的理想薄凸透镜的成像光路。

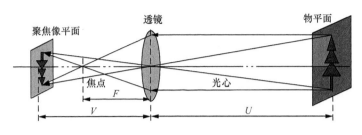

图 1.13　薄凸透镜成像光路

如图 1.13 所示，物平面到透镜中心的距离为物距 U ，成像清晰的像平面到透镜中心的距离为像距 V ，透镜焦距为 F ，根据成像规律可得：

$$\frac{1}{U}+\frac{1}{V}=\frac{1}{F} \tag{1.32}$$

由式（1.32）分析可知，中心透视投影成像模型的焦距 f 与薄凸透镜成像模型中的焦距 F 是不同的，中心透视投影成像模型中的焦距实际上是像平面到光心的距离。只有当物距 U 远大于像距 V 时，才可以用像距来近似焦距。实际的相机都是用透镜组组成镜头，设计非常复杂，既能通过大光圈透过大量的光线并聚集光线，又能尽可能地满足中心透视投影成像模型的成像关系。

基于几何光学的单目视觉测量方法主要利用图 1.13 所示的透镜成像模型规律，利用待测目标与聚焦像平面之间的关系求解待测目标相对于相机的距离，即待测目标点的深度信息的方法。它可以分为聚焦法和离焦法。

聚焦法要求相机在焦距可调的情况下，对待测目标进行拍照，并使得待测点处于聚焦像平面上，使得待测目标成像最为清晰，再通过透镜成像公式（1.32），即可求得待测目标相对于相机的空间直线距离，再结合共线方程式，可求解待测目标的三维位置。该方法要求相机的焦距是可以连续变化的，因而相机镜头等硬件设备复杂而昂贵、实际应用时的处理速度慢。相机镜头如果偏离聚焦位置就会带来测量误差，因而实时寻找精确的聚焦位置是该方法的关键。

相对于聚焦法而言，离焦法则不要求相机的像平面相对于待测目标处于成像清晰的聚焦位置，而是根据事先已标定好的离焦模型计算待测目标点相对于相机的直线距离，再进行后续的计算。离焦法不需要待测目标位于精确的聚焦位置，因而没有降低测量效率的问题，但离焦模型在测量前的准确标定是该方法的主要难点。

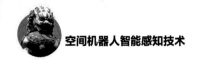

3．基于几何形状约束的单目视觉测量方法

对于待测目标的表面具有圆面、圆柱等特定形体，或者待测目标上具有事先绘制好的螺旋线等特定形体的标记，或者待测目标上事先设置了已知特定分布形式的合作标志，则可以根据空间射影几何等相应知识，根据特定形体的结构特性，充分利用待测目标在几何形状上的约束条件，只需要单台相机拍摄的单帧图像即可计算待测目标相对于相机的位置、姿态等参数。

对于火箭、导弹、航天返回舱等目标，在测量相机与待测目标之间的观测距离远远大于待测目标的几何形状尺寸时，可以近似采用平行投影模型，并利用目标几何形状已知的约束条件来求解待测目标的姿态信息。

目前基于几何形状约束的单目视觉测量方法的研究主要针对的是圆面和圆柱。测量圆面和圆柱姿态角的主要方法有圆柱体长宽比法、圆柱体四区域轮廓螺旋线法、圆柱体单目面-面交会法等。

（1）圆柱体长宽比法

任意空间姿态的圆柱体目标在相机坐标系的 $O_c x_c y_c$ 平面上作平行投影，则成像结果可以分为三种：当圆柱体目标的轴线与 $O_c x_c y_c$ 平面垂直时，投影成像为圆；当圆柱体目标轴线与 $O_c x_c y_c$ 平面平行时，投影成像为矩形；当圆柱体目标轴线与 $O_c x_c y_c$ 平面既不垂直也不平行时，投影成像为两端为椭圆弧线的矩形体。在图 1.14 所示的圆柱体投影成像图中，圆柱体轴线为 n，n' 为 n 在 $O_c x_c y_c$ 平面上的投影，则 n 和 n' 的夹角 φ 即为空间圆柱体与像平面 $O_c x_c y_c$ 的离面夹角，n' 与 x_c 轴的夹角 ω 即为面内方位角。

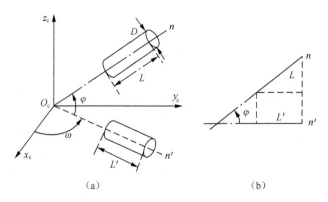

（a）　　　　　　　　　　（b）

图 1.14　圆柱体投影成像

圆柱体目标的长度 L 投影后变为 L'，由简单的几何关系可求得离面夹角 φ 为 L'/L 的反余弦函数。若已知圆柱体目标的实际直径 D，D_i 和 L_i 分别为成像平

面上目标的直径和矩形长度，则可求得：

$$\varphi = \arccos\frac{L'}{L} = \arccos\frac{L_i D/D_i}{L} = \arccos\frac{L_i/D_i}{L/D} \qquad （1.33）$$

从式（1.33）可知该方法只需知道实际圆柱体目标的长宽比 L/D 和成像平面上矩形的长宽比 L_i/D_i 即可求得离面夹角 φ 的值。

（2）圆柱体四区域轮廓螺旋线法

圆柱体为轴对称体形，如果其外轮廓上没有设置能反映其滚转运动的标志特征，就无法获取其滚转角信息。圆柱体四区域轮廓螺旋线法将在待测圆柱体目标的表面绘制图 1.15（a）所示的黑白相间的四个区域组成的轮廓螺旋线特征标志，图 1.15（b）所示为绘制的轮廓螺旋线的展开图像。滚转角为图 1.15（a）所示的中轴线与投影线方向所成的平面和中轴线与螺旋线起始母线所组成的平面之间的夹角。

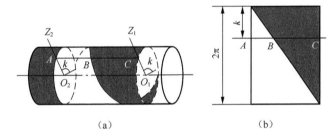

（a）   （b）

图 1.15　四区域轮廓螺旋线法测圆柱体滚转角

如图 1.15 所示，首先提取待测目标圆柱体的两条边界线和四个黑白相间区域边界的轮廓线，然后利用两条边界线来确定图像目标的中轴线，最后确定目标中轴线与四区域轮廓螺旋线边缘的三个交点 A、B、C 的位置。由此可以得到圆柱体目标螺旋线标志起始位置相对于过相机光心和目标中轴线的平面的滚转角 k 为：

$$k = 2\pi\overline{AB}\big/\overline{AC} \qquad （1.34）$$

目标相对于其他平面的滚转角可以通过目标中轴线的姿态角和相机系统光轴的姿态角进行转换得到。

（3）圆柱体单目面-面交会法

由摄影测量学易知，面-面交会需要两台相机，而对于圆柱体待测目标而言，在中心透视投影模型下，只需要单帧图像就可以提取其两条母线，并进行面-面交会求解待测目标的姿态角。

图 1.16 所示为单帧图像面-面交会测量圆柱体目标姿态角。根据透视投影成像关系及立体几何知识分析可得，根据成像平面上直线 l_1、l_2 和光心 C 计算平面 P_1 和 P_2 的法向量 n_1 和 n_2，则即可确定交线 L' 的向量为：

$$n = n_1 \times n_2 \tag{1.35}$$

交线 L' 的法向量转化到相机坐标系下的俯仰角和偏航角即为该圆柱体的姿态角。

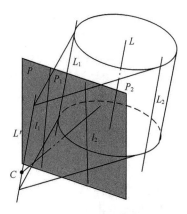

图 1.16　单帧图像面-面交会测量圆柱体目标姿态角

4．激光测距仪辅助测量法

激光测距仪是最常见的测量两点之间距离的仪器。激光测距仪辅助测量法首先通过增加激光测距仪、光电经纬测角仪等辅助设备得到相机与目标的相对距离信息，再对目标位置进行求解。庄严等人[53]研究分析了结构化的室内环境中自主移动机器人的同时定位和地图构建问题。基于激光和视觉传感器模型的不同，庄严等人分别使用加权的最小二乘拟合法和非局部最大抑制法提取二维水平方向上的环境特征和垂直物体的边缘。针对自主移动机器人在缺少已知地图的室内环境中的自主导航任务，庄严等人还提出了同时进行扩展 Kalman 滤波定位和重建具有不确定性描述的二维几何地图的具体方法。

由共线方程可知：通过单台相机拍摄的单幅图像只能列出两个方程式（1.17），而目标的三维位置含有 X、Y、Z 三个未知数，故无法求解目标的三维位置。激光测距仪辅助测量法将激光测距仪与相机组合在一起，用相机拍摄的单幅图像确定待测目标过光心的射线相对于光轴的两个方向或角度值，用激光测距仪获取待测目标与其之间的距离信息，再转化为待测目标在相机坐标系下的深度信息，最后统一解算即可求得待测目标点的三维坐标。

图 1.17 所示为激光测距仪辅助测量法原理。由于激光测距仪中心 D 与相机光心 C 不重合，因此要事先标定出激光测距仪中心 D 在相机坐标系 $O_c x_c y_c z_c$ 中的坐标 $D(X_d, Y_d, Z_d)$。激光测距仪测量得到的激光测距仪中心 D 与待测目标 P 之间的距离 DP，而事先标定出的相机光心 C 和激光测距仪中心 D 之间的距离为 CD，可计算出待测目标 P 距离相机光心的深度信息 CP。由待测目标 P 在成像平面上的成像点 $p(x, y)$ 根据共线方程式可列出两个方程，再结合激光测距仪得到的一个距离条件方程，联合解方程组就可以算出待测目标 P 的三维位置 $P(X, Y, Z)$。

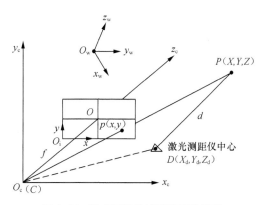

图 1.17 激光测距仪辅助测量法原理

激光测距仪中心 D 相对于相机光心 C 是固定的，所以测量时只要保证测距仪绕点 D 旋转而对待测目标点进行测量，即可实现对多点的测量。

5. 基于结构光的测量方法

结构光测量技术是一种近二三十年来快速发展起来的主动式表面连续三维测量技术。该方法主要用激光投射器作为光源投射点、线、面等可控制的结构光到待测目标表面形成特征点，由 CCD 相机拍摄图像，得到特征点的投射角，再根据标定出的空间方向、位置参数，利用三角测量原理等算法即可获取可控结构光所携带的待测目标的三维信息。基于结构光的测量方法具有非接触连续表面测量、检测速度快、数据量大等优点，在汽车等待测目标表面三维重建、逆向工程等工业上获得了广泛的运用，国内外都已经有了很多工程化的商品。

周平等人[54]设计实现了利用线激光、单台相机、中心透视投影模型与激光面约束模型的线激光单目视觉测量方法。该方法使用三维位置信息已知的标准阶梯块作为激光面约束的标定模块；利用计算机实时控制的摄像头对待测物体进行扫描，连续拍摄得到序列图像，实时提取线激光上的像点坐标，通过建立

的基于中心透视投影和激光面约束的数学模型将二维坐标转化为三维坐标，再以点云的形式重建出待测物体，实现了三维自动测量。杨萍等人[55]设计实现了一种利用结构光进行三维视觉测量的曲面重建方法。该方法首先通过三维移动平台上的固定标准靶面对相机进行标定，并通过光平面的若干空间已知点的坐标来对光平面进行标定，然后通过单台 CCD 相机拍摄待测物体获得图像，利用调制过的结构光，根据变形的投影条纹来分析求解物体的三维信息，即对调制过的光栅条纹进行分析解码，最后通过事先已标定好的测量系统求解曲面物体的三维数据，即可实现对三维曲面的重建。

图 1.18 所示为基于结构光的单目视觉测量方法，激光投射器产生的光束投射到待测目标表面，经过其表面散射后，用 CCD 相机接收，激光点在相机成像平面上的位置将反映待测目标表面在其法线方向上的变化，即形成点结构光测量；激光投射器产生的激光经过柱面镜可变为线结构光，投射到待测目标表面而形成激光带，用 CCD 相机接收散射光，激光带在成像平面上的位置反映了待测目标表面的轮廓，即形成线结构光测量；连续使用线结构光对待测目标表面进行扫描，或者将激光扩束后投射到光栅上形成多个光平面，投射到待测目标表面而形成多条激光带，即可测量待测目标的三维信息，形成面结构光测量。

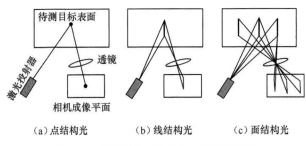

（a）点结构光　　　　（b）线结构光　　　　（c）面结构光

图 1.18　基于结构光的单目视觉测量方法

下面详细介绍线结构光三维视觉检测模型中的三角测量模型的原理。

图 1.19 所示为结构光三角测量模型的几何关系，$O_c x_c y_c z_c$ 坐标系为摄像机坐标系，$O_1 xy$ 坐标系为图像像素坐标系，$O_1 x_1 y_1 z_1$ 坐标系为光平面坐标系，且与世界坐标系重合。则 $O_1 x_1 y_1 z_1$ 坐标系下的光平面方程为：

$$z_1 = 0 \tag{1.36}$$

对于光平面中点 P 在 $O_1 x_1 y_1 z_1$ 坐标系中坐标为 $(x_1, y_1, 0)$，点 P 在图像中的投影像素点为 $P'(x, y)$，由相机成像模型中世界坐标系（光平面坐标系）与相机坐标系关系，可得：

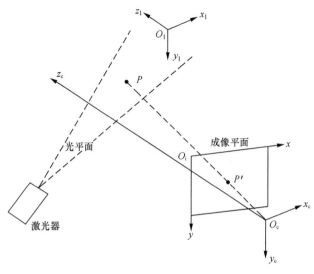

图 1.19 结构光三角测量模型几何关系

$$s\begin{bmatrix} x \\ y \\ 1 \end{bmatrix} = \begin{bmatrix} \phi_x & 0 & x_0 & 0 \\ 0 & \phi_y & y_0 & 0 \\ 0 & 0 & 1 & 0 \end{bmatrix} \begin{bmatrix} r_{11} & r_{12} & r_{13} & t_x \\ r_{21} & r_{22} & r_{23} & t_y \\ r_{31} & r_{32} & r_{33} & t_z \\ 0 & 0 & 0 & 1 \end{bmatrix} \begin{bmatrix} x_1 \\ y_1 \\ 0 \\ 1 \end{bmatrix} = \begin{bmatrix} c_1 & c_2 & c_3 \\ c_4 & c_5 & c_6 \\ c_7 & c_8 & 1 \end{bmatrix} \begin{bmatrix} x_1 \\ y_1 \\ 1 \end{bmatrix} = \boldsymbol{AP} \quad (1.37)$$

式中，矩阵 $\boldsymbol{A}$ 中有 9 个参数，其中一个比例因子为 1；s 是控制远近的比例因子。

由式（1.37）可知，如果已知矩阵 $\boldsymbol{A}$ 和图像平面中任意一点 P' 的坐标，就可以求出光平面中的对应点 P 的三维坐标。

6. 基于飞行时间法的测量方法

飞行时间（time of flight，ToF）基本原理是通过连续发射光脉冲到待测物体上，然后接受从物体反射回来的光脉冲，通过探测光脉冲往返的时间来计算被测物体与测量系统之间的距离。根据调制方法的不同，可以分为脉冲调制法和连续波调制法。

（1）脉冲调制法

脉冲调制法就是将光源发射的单个光脉冲（通常是方波）照射到被测对象上，然后传感器接收反射回来的光脉冲，通过探测光脉冲往返的时间来计算测量系统与被测对象之间的距离信息的测量方法。脉冲调制原理如图 1.20 所示，成像列阵上每一个像素都由一个光电二极管、充电电容、高频转换开关组成。该电路可以将入射光脉冲转换成电荷，分别导入 C_0 和 C_1 中。

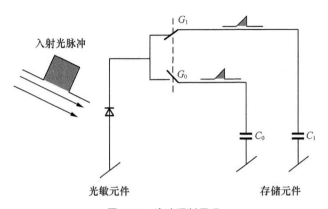

光敏元件　　　　　　　　　　　　　存储元件

图 1.20　脉冲调制原理

测量系统发射出光脉冲，两个不同窗口在各自的时间里收集电荷。在光源打开期间接收到的反射光脉冲，G_0 闭合断开 G_1，电荷 Q_0 被存入 C_0 中；在光源关闭期间收到反射光脉冲，断开 G_0 闭合 G_1，接收到的电荷 Q_1 被存入 C_1 中。脉冲调制法的电荷采集时序如图 1.21 所示。

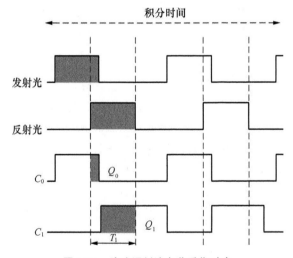

图 1.21　脉冲调制法电荷采集时序

设 T_1 为光脉冲持续时间，c 为已知的光速，那么距离 d 的计算公式如下：

$$d = \frac{cT_1}{2} \times \frac{Q_1}{Q_0 + Q_1} \qquad (1.38)$$

（2）连续波调制法

在实际工程中，更常用的是采用连续波调制，通过光源不断发射调制过的红外激光，光束经过被测物体反射后被测量系统吸收，通过计算发射信号和接收信号之间存在的相位差，来间接地计算光的飞行时间差[56-57]。连续波调制法原理如图 1.22 所示。

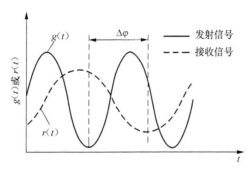

图 1.22　连续波调制法原理

假设发射的光信号是通过调制后的正弦信号，发射信号 $g(t)$ 可表示为：

$$g(t) = \alpha\left[1 + \sin(\omega t)\right] \qquad (1.39)$$

式中，α 为光信号振幅；$\omega = \dfrac{2\pi}{T}$ 为角频率；T 为时间周期。

接收信号 $r(t)$ 可表示为：

$$r(t) = A\left[1 + \sin(\omega t - \Delta\varphi)\right] + B \qquad (1.40)$$

式中，A 是信号幅度经过传播衰减后的振幅；$\Delta\varphi$ 是发射信号和接收信号的相位差；B 是环境光引起的偏移量。

为了求得相位差 $\Delta\varphi$，需要经过四次采样。在工程上，实际就是在有效积分时间内，以与发射光相位相差 $0°$、$90°$、$180°$、$270°$ 的四个点为起点分别对光生电荷进行采样。即将 $t_1 = 0$，$t_2 = T/4$，$t_3 = T/2$，$t_4 = 3T/4$ 代入式（1.40），得到：

$$\begin{cases} R_1 = r(t_1) = A(1 - \sin\Delta\varphi) + B \\ R_2 = r(t_2) = A(1 + \cos\Delta\varphi) + B \\ R_3 = r(t_3) = A(1 + \sin\Delta\varphi) + B \\ R_4 = r(t_4) = A(1 - \cos\Delta\varphi) + B \end{cases} \qquad (1.41)$$

根据上面的四个方程可以解出：

$$\Delta\varphi = \tan^{-1}\frac{R_3 - R_1}{R_2 - R_4} \qquad (1.42)$$

$$A = \frac{\sqrt{(R_1 - R_3)^2 + (R_2 - R_4)^2}}{2} \quad (1.43)$$

$$B = \frac{R_1 + R_2 + R_3 + R_4}{4} - A \quad (1.44)$$

最终得到连续波调制的测距表达式为：

$$d = \frac{Tc}{4\pi} \times \tan^{-1} \frac{R_3 - R_1}{R_2 - R_4} \quad (1.45)$$

1.4.2 双目立体视觉测量方法

双目立体视觉是最典型的被动三维视觉测量方式。双目立体视觉测量通常由两台相机组成，当然也可以单相机从不同角度进行拍摄，目的是为了获取拍摄物体在不同角度的图像，根据两幅图像在同一像素点的空间的特征形成三角形，结合相机的内外参数，得到对象的三维信息[58-59]。按照两台相机摆放位置的不同，可以将双目立体视觉模型分为平行双目立体视觉模型和一般双目立体视觉模型。平行双目立体视觉模型是两台相机采集图像时候要保证光轴相互平行；一般双目立体视觉模型是指对两台相机在采集图像时的摆放位置不做特别要求。

1. 平行双目立体视觉模型

如图 1.23 所示，平行双目立体视觉模型中的两相机光轴平行，参数一致，两相机像平面共面同时具有相同的高度。B 为左右光轴间距，空间上的点 $P(X,Y,Z)$ 在左右相机图像平面分别为 $P_1(X_1,Y_1)$ 和 $P_m(X_m,Y_m)$。式中，$Y_1 = Y_m = y$，定义视差 $d = X_1 - X_m$。当左相机坐标系与世界坐标系重合，由相似三角形原理可得点 P 在世界坐标系中的三维坐标。

$$\begin{cases} X = \dfrac{BX_1}{d} \\ Y = \dfrac{BY_1}{d} \\ Z = \dfrac{Bf}{d} \end{cases} \quad (1.46)$$

因此，当找到空间点分别在左右相机像平面中所对应的点，根据式（1.13）即可求得该点的三维坐标。

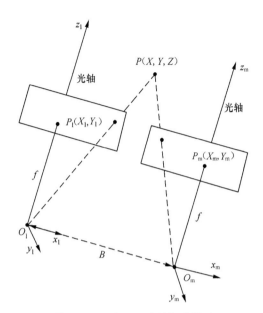

图 1.23　平行双目立体视觉模型

2．一般双目立体视觉模型

平行双目立体视觉模型需要两相机在采集图像时候保证光轴相互平行，而在实际情况中往往无法做到两个光轴绝对平行。一般双目立体视觉模型对两相机在采集图像时的摆放位置不做特别要求。一般双目立体视觉模型如图 1.24 所示。

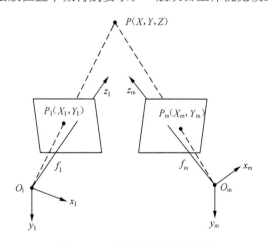

图 1.24　一般双目立体视觉模型

空间上的点 $P(X, Y, Z)$ 在左右相机图像平面分别为 $P_1(X_1, Y_1)$ 和 $P_m(X_m, Y_m)$。假设两相机均已经标定，得到两投影矩阵分别为 N_1 和 N_m。

由相机透视变换原理可得：

$$Z_{cl}\begin{bmatrix} X_1 \\ Y_1 \\ 1 \end{bmatrix} = N_1 \begin{bmatrix} X \\ Y \\ Z \\ 1 \end{bmatrix} = \begin{bmatrix} n_{11}^1 & n_{12}^1 & n_{13}^1 & n_{14}^1 \\ n_{21}^1 & n_{22}^1 & n_{23}^1 & n_{24}^1 \\ n_{31}^1 & n_{32}^1 & n_{33}^1 & n_{34}^1 \end{bmatrix} \begin{bmatrix} X \\ Y \\ Z \\ 1 \end{bmatrix} \qquad （1.47）$$

$$Z_{cm}\begin{bmatrix} X_m \\ Y_m \\ 1 \end{bmatrix} = N_m \begin{bmatrix} X \\ Y \\ Z \\ 1 \end{bmatrix} = \begin{bmatrix} n_{11}^m & n_{12}^m & n_{13}^m & n_{14}^m \\ n_{21}^m & n_{22}^m & n_{23}^m & n_{24}^m \\ n_{31}^m & n_{32}^m & n_{33}^m & n_{34}^m \end{bmatrix} \begin{bmatrix} X \\ Y \\ Z \\ 1 \end{bmatrix} \qquad （1.48）$$

消除式（1.47）和式（1.48）中 Z_{cl} 和 Z_{cm}，可得以下方程：

$$\begin{cases} \left(X_1 n_{31}^1 - n_{11}^1\right)X + \left(X_1 n_{32}^1 - n_{12}^1\right)Y + \left(X_1 n_{33}^1 - n_{13}^1\right)Z = n_{14}^1 - X_1 n_{34}^1 \\ \left(X_1 n_{31}^1 - n_{21}^1\right)X + \left(X_1 n_{32}^1 - n_{22}^1\right)Y + \left(X_1 n_{33}^1 - n_{23}^1\right)Z = n_{24}^1 - X_1 n_{34}^1 \\ \left(X_m n_{31}^m - n_{11}^m\right)X + \left(X_m n_{32}^m - n_{12}^m\right)Y + \left(X_m n_{33}^m - n_{13}^m\right)Z = n_{14}^m - X_m n_{34}^m \\ \left(X_m n_{31}^m - n_{21}^m\right)X + \left(X_m n_{32}^m - n_{22}^m\right)Y + \left(X_m n_{33}^m - n_{23}^m\right)Z = n_{24}^m - X_m n_{34}^m \end{cases} \qquad （1.49）$$

对应矩阵形式为：

$$\begin{bmatrix} X_1 n_{31}^1 - n_{11}^1 & X_1 n_{32}^1 - n_{12}^1 & X_1 n_{33}^1 - n_{13}^1 \\ X_1 n_{31}^1 - n_{21}^1 & X_1 n_{32}^1 - n_{22}^1 & X_1 n_{33}^1 - n_{23}^1 \\ X_m n_{31}^m - n_{11}^m & X_m n_{32}^m - n_{12}^m & X_m n_{33}^m - n_{13}^m \\ X_m n_{31}^m - n_{21}^m & X_m n_{32}^m - n_{22}^m & X_m n_{33}^m - n_{23}^m \end{bmatrix} \begin{bmatrix} X \\ Y \\ Z \end{bmatrix} = \begin{bmatrix} n_{14}^1 - X_1 n_{34}^1 \\ n_{24}^1 - X_1 n_{34}^1 \\ n_{14}^m - X_m n_{34}^m \\ n_{24}^m - X_m n_{34}^m \end{bmatrix} \qquad （1.50）$$

简写为：

$$KX = B \qquad （1.51）$$

式（1.51）中的 K 和 B 均为已知量，X 可由最小二乘法求解为：

$$X = \left(K^T K\right)^{-1} K^T B \qquad （1.52）$$

根据式（1.52）即可求出目标对象任意一点的三维坐标。

| 本章小结 |

本章分四节介绍了视觉感知技术的基础知识。1.1 节简单介绍了视觉传感器的定义、分类与视觉系统的组成。1.2 节对摄像测量学中基础的中心透视投影模型理论和视觉测量坐标系的转换进行了详细的阐述。1.3 节介绍视觉系统标定，详细描述了相机标定和机器人手眼标定的基本原理，并对视觉系统标定的研究发展现状进行了总结。1.4 节对常见单目视觉测量方法和双目立体视觉测量方法进行了介绍。

| 参考文献 |

[1] SWAIN M J, STRICKER M A. Promising directions in active vision[J]. International Journal of Computer Vision, 1993, 11(2): 109-126.

[2] TARR M J, BLACK M J. A computational and evolutionary perspective on the role of representation in vision[J]. CVGIP: Image Understanding, 1994, 60(1): 65-73.

[3] 段峰，王耀南，雷晓峰，等. 机器视觉技术及其应用综述[J]. 自动化博览，2002, 19(3): 59-61.

[4] 马颂德，张正友. 计算机视觉——计算理论与算法基础[M]. 北京：科学出版社，1998.

[5] ZHANG Z Y. A flexible new technique for camera calibration[J]. IEEE Transactions on Pattern Analysis and Machine Intelligence, 2000, 22(11): 1330-1334.

[6] 邱茂林，马颂德，李毅. 计算机视觉中摄像机定标综述[J]. 自动化学报，2000, 26(1): 43-55.

[7] FAIG W. Calibration of close-range photogrammetric systems: mathematical formulation[J]. Photogrammetric Engineering and Remote Sensing, 1975, 41(12): 1479-1486.

[8] ABDEL-AZIZ Y，KARARA H M，HAUCK M. Direct linear transformation from comparator coordinates into object space coordinates in close-range photogrammetry[J]. Photogrammetric Engineering and Remote Sensing, 2015, 81(2): 103-107.

[9] TSAI R Y. An efficient and accurate camera calibration technique for 3D machine vision[C]//IEEE Conference on Computer Vision and Pattern Recognition, Piscataway, USA: IEEE, 1986: 364-374.

[10] WENG J Y, COHEN P, HERNIOU M. Camera calibration with distortion models and accuracy evaluation[J]. IEEE Transactions on Pattern Analysis and Machine Intelligence, 1992, 14(10): 965-980.

[11] ZHANG Z Y. Flexible camera calibration by viewing a plane from unknown orientations[C]//The Seventh IEEE International Conference on Computer Vision,

Piscataway, USA: IEEE, 1999: 666-673.

[12] MENG X Q, HU Z Y. A new easy camera calibration technique based on circular points[J]. Pattern Recognition, 2003, 36(5): 1155-1164.

[13] WU Y H, LI X J, WU F C, et al. Coplanar circles, quasi-affine invariance and calibration[J]. Image Vision Computing, 2006, 24(4): 319-326.

[14] FAUGERAS O D, LUONG Q T, MAYBANK S J. Camera self-calibration: theory and experiments[C]// The European conference on computer vision, Heidelberg, Berlin: Springer, 1992: 321-334.

[15] MAYBANK S J, FAUGERAS O D. A theory of self-calibration of a moving camera[J]. International Journal of Computer Vision, 1992, 8(2): 123-151.

[16] HEYDEN A, ANDERS K. Euclidean reconstruction from constant intrinsic parameters[C]// The 13th International Conference on Pattern Recognition, Piscataway, USA: IEEE, 1996: 339-343.

[17] POLLEFEYS M, GOOL L V, OOSTERLINCK A. The modulus constraint: a new constraint for self-calibration [C]// The 13th International Conference on Pattern Recognition, Piscataway, USA: IEEE, 1996: 349-353.

[18] TRIGGS B. Autocalibration and the absolute quadric[C]//IEEE Computer Society Conference on Computer Vision and Pattern Recognition, Piscataway, USA: IEEE, 1997: 609-614.

[19] POLLEFEYS M, GOOL L V, PROESMANS M. Euclidean 3D reconstruction from image sequences with variable focal lengths[C]// European Conference on Computer Vision, Cambridge, UK: Springer, 1996: 31-42.

[20] HARTLEY R I, HAYMAN E D, AGAPITO L D, et al. Camera calibration and the search for infinity[C]// The Seventh IEEE International Conference on Computer Vision, Piscataway, USA: IEEE, 1999: 510-517.

[21] HEYDEN A, ASTROM K. Flexible calibration: Minimal cases for auto-calibration[C]// The Seventh IEEE International Conference on Computer Vision, Piscataway, USA: IEEE, 1999: 350-355.

[22] POLLEFEYS M, REINHARD V, GOOL L V. Self-calibration and metric reconstruction inspite of varying and unknown intrinsic camera parameters[J]. International Journal of Computer Vision, 1999, 32(1): 7-25.

[23] HARTLEY R. Self-calibration of stationary cameras[J]. International journal of computer vision, 1997, 22(1): 5-23.

[24] MA S D. A self-calibration technique for active vision systems[J]. IEEE Transactions

on Robotics and Automation, 1996, 12(1): 114-120.

[25] 雷成，吴福朝，胡占义. 一种新的基于主动视觉系统的摄像机自标定方法[J]. 计算机学报，2000, 23(11): 1130-1139.

[26] WEI G Q, HE Z Y, MA S D. Camera calibration by vanishing point and cross ratio[C]// International Conference on Acoustics, Speech, and Signal Processing, Piscataway, USA: IEEE, 1989: 1630-1633.

[27] 吴福朝，胡占义. 摄像机自标定的线性理论与算法[J]. 计算机学报，2001, 24(11): 1121-1135.

[28] 吴福朝,胡占义. 线性确定无穷远平面的单应矩阵和摄像机自标定[J]. 自动化学报，2002, 28(4): 488-496.

[29] 胡小平，左富勇，谢珂. 微装配机器人手眼标定方法研究[J]. 仪器仪表学报，2012, 3(7): 1521-1526.

[30] TSAI R Y, LENZ R K. A new technique for fully autonomous and efficient 3D robotics hand/eye calibration[J]. IEEE Transactions on Robotics and Automation, 1989, 5(3): 345-358.

[31] SHIU Y C, AHMAD S. Calibration of wrist-mounted robotic sensors by solving homogeneous transform equations of the form AX=XB[J]. IEEE Transactions on Robotics and Automation, 1989, 5(1): 16-29.

[32] TSAI R Y, LENZ R K. A new technique for fully autonomous and efficient 3D robotics hand/eye calibration[J]. IEEE Transactions on robotics automation, 1989, 5(3): 345-358.

[33] ZHUANG H Q, ROTH Z S, SUDHAKAR R. Simultaneous robot/world and tool/flange calibration by solving homogeneous transformation equations of the form AX=YB[J]. IEEE Transactions on Robotics and Automation, 1994, 10(4): 549-554.

[34] HIRSH R L, DESOUZA G N, KAK A C. An iterative approach to the hand-eye and base-world calibration problem[C]//The 2001 IEEE International Conference on Robotics and Automation, Piscataway, USA: IEEE, 2001: 2171-2176.

[35] LIANG R H, MA J F. Hand-eye calibration with a new linear decomposition algorithm[J]. Journal of Zhejiang University SCIENCE A, 2008, 9(10): 1363-1368.

[36] SHAH M. Solving the robot-world/hand-eye calibration problem using the Kronecker product[J]. Journal of Mechanisms Robotics, 2013, 5(3): 031007（1-7）.

[37] LI A, WANG L，WU D F. Simultaneous robot-world and hand-eye calibration using dual-quaternions and Kronecker product[J]. International Journal of Physical Sciences, 2010, 5(10): 1530-1536.

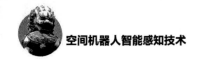
[38] CHEN H H. A screw motion approach to uniqueness analysis of head-eye geometry[C]// 1991 IEEE Computer Society Conference on Computer Vision and Pattern Recognition, Piscataway, USA: IEEE, 1991:145-151.

[39] HORAUD R, DORNAIKA F. Hand-eye calibration[J]. The International Journal of Robotics Research, 1995, 14(3): 195-210.

[40] SHI F H, WANG J H, LIU Y C. An approach to improve online hand-eye calibration[C]// Iberian Conference on Pattern Recognition and Image Analysis, Heidelberg, Berlin: Springer, 2005: 647-655.

[41] STROBL K H, HIRZINGER G. Optimal hand-eye calibration[C]// 2006 IEEE/RSJ International Conference on Intelligent Robots and Systems, Piscataway, USA: IEEE, 2006: 4647-4653.

[42] ZHAO Z J. Hand-eye calibration using convex optimization[C]// 2011 IEEE International Conference on Robotics and Automation, Piscataway, USA: IEEE, 2011: 2947-2952.

[43] HELLER J, HAVLENA M, PAJDLA T. Globally optimal hand-eye calibration using branch-and-bound[J]. IEEE Transactions on Pattern Analysis and Machine Intelligence, 2015, 38(5): 1027-1033.

[44] TABB A, YOUSEF K M A . Solving the robot-world hand-eye (s) calibration problem with iterative methods[J]. Machine Vision and Application, 2017, 28(5): 569-590.

[45] 张小虎，邸慧，周剑，等. 一种单相机对运动目标定位的新方法[J]. 国防科技大学学报，2006, 28(5): 114-118.

[46] 张子淼，王鹏，孙长库. 单目视觉位姿测量方法及数字仿真[J]. 天津大学学报，2011, 44 (5): 440-444.

[47] 于起峰，孙祥一，邱志强. 从单站光测图像确定空间目标三维姿态[J].光学技术，2002, 28(1): 77-79, 82.

[48] 祝世平，强锡富. 工件特征点三维坐标视觉测量方法综述[J]. 光学精密工程，2000, 8(2): 192-197.

[49] 汪卫红，王刚. 目标追踪位置估计的单目视觉算法[J]. 天津理工大学学报，2005, 21(3): 42-45.

[50] PENTLAND A. A new sense for depth of field[J]. IEEE Transaction on Pattern Analysis and Machine Intelligence, 1987, 9(4): 523-531.

[51] 权铁汉，陆宏伟，于起峰. 网格法及其在大变形测量中的应用[J]. 实验力学，2000, 15(1): 83-91.

[52] 邾继贵，李艳军，叶声华，等. 单摄像机虚拟立体视觉测量技术研究[J]. 光学学报，2005, 25(7): 943-948.

[53] 庄严，王伟，王珂，等. 移动机器人基于激光测距和单目视觉的室内同时定位和地图构建[J]. 自动化学报，2005, 31(6): 925-933.

[54] 周平，王从军，陈鑫. 计算机单目视觉测量系统[J]. 光电工程，2005,32(12): 90-93.

[55] 杨萍，唐亚哲. 结构光三维曲面重构[J]. 科学技术与工程, 2006, 6(19): 3057-3060.

[56] SELL J, O'CONNOR P. The xbox one system on a chip and kinect sensor[J]. IEEE Micro, 2014, 34(2): 44-53.

[57] JIMÉNEZ D, PIZARRO D, MAZO M, et al. Modeling and correction of multipath interference in time of flight cameras[J]. Image and Vision Computing, 2014, 32(1): 1-13.

[58] 雷海兵. 双目立体视觉在全针测量系统中的应用研究[D]. 长春：吉林大学，2016.

[59] 张浩鹏. 双目立体视觉及管口视觉测量系统研究[D]. 哈尔滨：哈尔滨工程大学，2009.

第 2 章

触觉/力觉感知技术基础

触觉/力觉感知是机器人获取环境信息的一种重要知觉形式，是机器人与环境直接作用的必要的交互方式之一。机器人触觉/力觉感知与视觉感知一样基本上是模拟人的感觉。触觉/力觉具有很强的感知能力，可直接检测和识别对象和环境的多种性质特征，如对象的状态或物理性质。因此，触觉/力觉感知不仅仅只是视觉感知的一种补充，它还具有视觉感知难以替代的特点。触觉感知融合视觉感知可为机器人提供更为全面和更为可靠的知觉系统。

近三十年来，触觉/力觉感知技术虽有了较大发展，但与视觉感知等机器人的其他感知技术相比，无论是感知方式，还是信息的处理技术，都存在不小差距。目前，商品化的视觉传感器已成为机器人系统不可缺少的部分，但触觉/力觉传感器尚未普遍应用到空间机器人或其他类型的机器人上，这也将促使科研人员不断努力，推动触觉/力觉传感器技术的发展和应用。

在空间机器人系统中，触觉/力觉感知主要应用在遥操作任务中。在事件驱动的操纵中，触觉/力觉信号用于检测当前操作阶段的状态（接触/不接触、滚动或滑动）。最近几年，将触觉/力觉信息用于对象探索和识别，材料分类和滑动预测的研究变得非常流行。

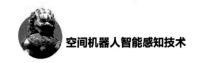

|2.1 触觉信息获取与处理|

2.1.1 触觉传感器的基本分类

触觉传感器是用于模仿人的触觉-压觉功能的传感器，按采集触觉信号的方式不同可分为压阻式触觉传感器、光电式触觉传感器、电容式触觉传感器、光纤式触觉传感器等。

1. 压阻式触觉传感器

压阻式触觉传感器是利用弹性体材料电阻率随压力大小变化而变化的特性制作的传感器。图 2.1 所示为典型的压阻式触觉传感器的工作原理，随着传感器应变层所受压力的增大，压敏导电橡胶电阻值会降低。当压敏导电橡胶两端的电压保持不变时，流经导电橡胶的电流会随着电阻值的降低而增大[1]。通过把应变层压力信号变为电信号，就可以测量出传感器表面受

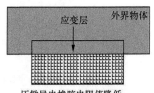

图 2.1 压阻式触觉传感器

到的压力大小。压阻式触觉传感器结构简单，噪声低，易于构建高分辨率的触觉图像，但传感器信号采集存在迟滞，导电橡胶长期使用后可能会出现不可恢

复的变形。

2．光电式触觉传感器

光电式触觉传感器通常由光源和光电探测器构成，是基于全内反射原理测量的传感器。传统的光电式触觉传感器由一系列的红外发光二极管（LED）和光检器组成，图 2.2 所示为其工作原理，当施加在光电式触觉传感器上的压力发生变化时，发光二极管射向光敏二极管的部分光线被遮挡，输出的电信号随压力增大而减小，从而实现对压力的测量[2]。

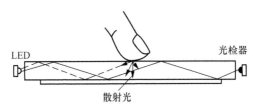

图 2.2　光电式触觉传感器

3．电容式触觉传感器

电容极板间距的改变会导致电容参数的变化，利用该特性可制作电容式触觉传感器。为最大限度地提高测量的灵敏度，电容宜使用高介电常数的电介质。采用微电子工艺可以制造由微小电容阵列构造的具有高分辨率的触觉传感器，但是单个传感器的容抗将减少。电容式触觉传感器的问题在于容易引入了杂散电容，为此需要优化电路布局和机械设计以减少杂散电容带来的影响。

4．光纤式触觉传感器

光纤光路在相位、强度和偏振等方面的传输特性，可用于接触状态、力矩和力的测量，利用这一特性，可以制作光纤式传感器。光纤的优点在于安全、体积小、质量小及抗外部电磁干扰，并可实现远距离测量。相位和偏振法测量比较复杂，应用不多。光纤式触觉传感器一般通过光强的变化对触觉过程进行测量，如通过光纤处于微弯状态时的光强衰减可以检测光纤外表面所受到的机械弯曲或扰动（几微米量级）。

随着智能机器人和虚拟现实等领域的快速发展，触觉传感器出现了全局检测、多维力检测以及微型化、智能化和网络化的趋势。体积更小、测量精度更高的触觉传感器相继研制出来,本章后面将集中介绍一些新型的触觉传感技术。

2.1.2　触觉信息处理

机器人触觉感知的原理就是通过触觉传感器与物体接触或相互作用，完成

对物体表面特征和物理性能的感知。机器人触觉感知具有以下特点：

① 触觉信息是被动式感知信息，触觉传感数据在空间上表现为二维信息。可以采用传统的信号处理技术获得压力数据的时间、空间和分布。

② 触觉信息更具多样性。除空间数据、压力分布数据外，机器人通过触觉传感器可以获取接触物的多种物理信息，如接触物的表面粗糙度、温度、硬度、材质等。因此它具有类似于人体皮肤的功能，可以实现机器人对环境更丰富的感知，以便于人机信息的交互。

1. 触觉传感信息处理

为了能够通过传感器采集得到的触觉信号计算触觉大小，需要建立从传感器信息到触觉大小之间的函数模型。常用的方法是在计算机内建立机器人触觉数据库，包括每个触觉传感器的物理位置、从每个传感器获取数据所需要的时间、从每个传感器所获取数据的特性参数、从每个传感器获取恢复误差补偿系数等。触觉传感信息的处理过程如下：

（1）数据采集卡采集到触觉传感器信号后，会将采集到的传感器数据送到计算机传感器缓存器中并对传感器缓存器中的数据进行预处理，即将传感器缓存器中的每一个传感器数据依次取出并按照时序对传感器信号进行滤波和补偿处理，同时根据传感器的时序控制信号及机器人触觉数据库中的信息，确定该数据对应的传感器的地址信息（该地址与机器人传感单元是一一对应的映射关系），所有的数据处理完毕形成传感器数据模板，该模板内容包括传感器的物理地址、数据格式和传感器的数量。

（2）对上一步处理后的数据，结合机器人触觉数据库中的特性参数和补偿系数进行数据补偿和修正。

（3）将所有经补偿和修正后的传感器数据综合成一个内在数据单元，通过概率密度公式曲线来分析传感器的特性功能，使用统计理论来定义误差探测标准，并定义间距量度标准作为探测传感器误差的标准，把所有传感数据根据地址关联性逐一进行融合，同时对传感数据进行误差补偿和错误检测。

（4）将融合处理后的触觉传感器数据用二维和三维图像显示出来，从而得到接触物的外形轮廓和接触面压力分布。

2. 触觉传感信息融合

对机器人触觉传感器不同触觉单元检出的信号进行信息融合，其目的在于消除系统噪声和随机噪声的干扰，把伪信号出现的可能性降到最低。

通常情况下，机器人触觉单元相互之间的间距很小，因此当接触物与触觉阵列接触时，会影响接触点周围的一些触点。采用从不同传感器收集到的数据，表示同一个物体的属性，结果很有可能会发生偏离，这就需要对不同传感器的采集数据进行融合处理。

多传感器的数据含有大量的不确定性，所以要找到这些传感器之间的内在联系。具体措施是可以把一些很接近的传感器数据融合在一起，如果有些传感器的值相差很大，那么就要考虑这些值的正确性，以及是否应该把它们综合在一起。

2.1.3　柔性触觉传感器技术

柔性触觉传感器从物理特性上更接近于人体皮肤的外形、触感及柔软度，使机器人能够实现柔性触觉感知。柔性基体和柔性传感元件是柔性触觉传感器区别于传统触觉传感器的主要方面。目前的柔性触觉传感器多采用聚偏二氟乙烯（PVDF）、光纤布拉格光栅（FBG）等材料作为传感器的柔性基体。

1. 聚偏二氟乙烯（PVDF）触觉传感器技术

1969 年，Kawai 发现极化后的含氟化合物聚偏二氟乙烯（PVDF）薄膜不仅具有压电能力高、频带宽、介电强度高等特性，同时还具有柔韧、极薄、质轻、韧度高等机械特点，因此可以制成多种厚度和较大面积的阵列元件，很适合做机器人的触觉传感器。

PVDF 薄膜像所有的压电材料一样具有动态特性，即所产生的电荷与所施加的机械应力变化成正比。如图 2.3 所示[2]，假设所加应力方向轴为 $n(n=1,2,3)$，相应方向上的应力为 X_n，在应力作用下，PVDF 薄膜所产生的电荷 Q 和输出电压 V_o 分别为：

$$Q = \lambda_{3n} X_n A，\quad n=1,2,3 \qquad （2.1）$$

式中，Q 为电荷；A 为导电极面积；$\lambda_{3n}(n=1,2,3)$ 为相应轴的压电系数。

$$V_o = g_{3n} X_n d，\quad n=1,2,3 \qquad （2.2）$$

式中，V_o 为输出电压；d 为薄膜厚度；$g_{3n}(n=1,2,3)$ 为相应轴的压电系数。

压电系数 λ_{3n} 和 g_{3n} 的两个下角标中前者指电压的方向，后者指力的方向。由于薄膜很薄，所以电极只能在上下表面，电荷通过薄膜的厚度方向来传输，因而电压的方向总是"3"。而力的方向可以加在任何轴向。

图 2.4 所示为压电膜的等效电路[2]，可表示成 1 个电压源同 1 个电容串联。压电膜的厚度、面积和介电常数可以确定压电膜的电容。

采用超声波原理制作的 PVDF 触觉传感器的结构呈圆球形的手指形状。四块 PVDF 薄膜片组成的声传感矩阵镶嵌在物体中心[2]。圆球表面的任意点都作为接触时的声发射源，并通过手指向内传播。从到达四个 PVDF 薄膜超声波信号的时间差别上，既可以计算出碰撞发生的精确位置，也可以同时识别出三个碰撞源发生的位置。

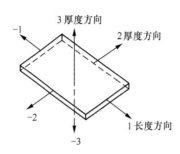

图 2.3 压电膜的轴向分类

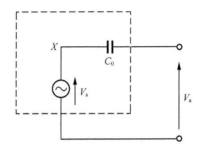

图 2.4 压电膜元件等效为简单的电压发生器

2. 光纤布拉格光栅（FBG）触觉传感器技术

近年来，随看光纤传感技术的发展，光纤布拉格光栅（FBG）由于具有体积小、结构简单、柔软、能够埋入材料内部、容易封装、可抗电磁干扰等特点被广泛应用于传感领域。许会超等人[3]采用 3×3 的 FBG 阵列作为柔性传感元件，聚二甲基硅氧烷（PDMS）材料与之构成双层柔性基体设计了一种与人类皮肤结构、柔性和触感更为相似的触觉传感器。

韩国国家技术科学院 Heo 等人[4]将 FBG 嵌入中心带有凸起结构的聚二甲基硅氧烷（PDMS）圆盘中作为传感单元，并构成 3×3 的力传感阵列，研究出一种大面积触觉传感器，传感器力分辨率为 0.05N。

Song 等人[5]将 FBG 封装于矩形聚二甲基硅氧烷（PDMS）材料中构成 3×3 FBG 阵列传感器，传感器力灵敏度为 0.03 nm/N。如图 2.5 所示，传感体含有三个相互间隔为 120° 的弹性梁，在三个梁的上表面分别粘贴 FBG，这样就可实现 z 方向力、x 方向和 y 方向力矩的三维信息检测。

图 2.5 FBG 三维腕力传感器

基于 FBG 的传感器技术以光波为载体、光纤为传输介质，利用掺杂光纤的光敏特性，通过 FBG 周期性的折射率变化引起的中心波长偏移来感知外界待测参数变化情况从而实现传感。基于 FBG 的传感原理如图 2.6 所示，它像高反射窄带光反射镜，反射其中一种波长并透射其他所有波长[6]。

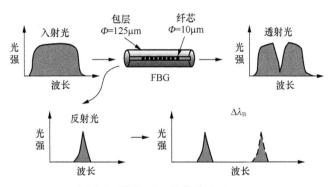

图 2.6　基于 FBG 的传感原理

　　柔性触觉传感器的设计必须考虑两个主要因素：一个是传感器的灵敏度，另一个是传感器的易损程度。柔性基体的硬度和厚度以及 FBG 的嵌入深度决定了传感器的灵敏度。FBG 在外力的作用下的拉伸形变会引起光波波长变化，当 FBG 嵌入柔性基体时，基体的厚度确定，且 FBG 在基体的嵌入深度确定时，柔性基体的硬度和传感单元的灵敏度存在一定关系：硬度越低即传感器越柔软，受到相同外力作用时传感器的形变越大，通过传感单元中 FBG 的光波波长变化越大，因此，传感单元灵敏度越高。但 FBG 在变形过大时容易断裂造成传感器损坏，故传感器测量范围较小。反之，当柔性基体的硬度较高时，受到相同的外力作用下传感器形变较小，即通过传感单元中 FBG 的光波波长变化较小，传感单元灵敏度较低，传感器触觉敏感不足。

　　FBG 基本测量的物理量是温度和应变，为实现对力/力矩信息的检测，一般是将多个 FBG 组成阵列后敷设到专门设计的弹性结构体上，这与基于传统应变片的检测方式类似，特殊情况下，也可直接将刻有 FBG 的光纤自身作为传感弹性体。当有外界力或力矩载荷作用时，弹性体或者光纤产生的应变、位移等形变信息作用于 FBG 上，引起 FBG 的栅距变化，从而光波经过 FBG 中心时，其波长会发生漂移，通过检测该波长的漂移信息就可表征所受的外界力或力矩载荷信息。由于 FBG 的传感信号为光波长，需采用专门的光纤光栅波长解调器对其进行调制/解调处理，以将其在外界载荷作用下的波长漂移信息呈现出来。

　　比利时核能研究中心的 Fernandez 等人[7]利用传统的多维力传感弹性结构，将 8 个不同波长的 FBG 分别布置在 4 个横梁的上下表面，如图 2.7 所示。当有外部载荷作用时，处于上下表面上的 1 对 FBG 发生反向波长漂移，利用其波长变化量作为测量信息，可实现对 z 方向上的力和 x 方向、y 方向上的力矩的测量。

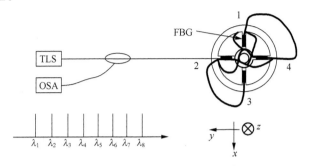

图 2.7　FBG 多维力传感结构（TLS 为可调谐激光光源，OSA 为光谱分析仪）

斯坦福大学 Park 等人[8-9]将 5 个 FBG 嵌入机械手爪的手指内部，获取机器人抓取物体的作用力实时变化情况，如图 2.8 所示。其中，4 个 FBG 均匀分布在手指内侧的圆柱内表面上。面对面分布的 2 个 FBG（S1 和 S3 一组，S2 和 S4 一组）分别组成测量单元，总共 2 组测量单元，可检测手指受到的二维方向作用力。剩余的 1 个 FBG（S5）安放在手指中心的铜管内，为 4 个光栅提供温度补偿。

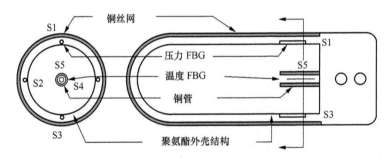

图 2.8　斯坦福大学研制的二维指尖抓取力传感器

德国慕尼黑工业大学 Mueller 等人[10-11]设计的 FBG 六维力传感器如图 2.9 所示。刻在同一根光纤上的 6 个 FBG 经拉紧后缠绕布置于传感体上的微型凹槽中，6 个 FBG 沿传感体的周向间隔 120° 分为 3 组，每组的 2 个 FBG 交叉布置。预拉紧的 FBG 具备了同时测量正应变和负应变的能力，由于 FBG 不用粘贴固定在传感体上，可避免光栅受非均匀应变作用而产生的啁啾现象。在力或力矩作用下，经过 6 个 FBG 的光波波长产生相应的漂移，利用其波长变化量作为测量信息，可完成对力或力矩的测量。

Heo 等人[12-13]提出了一种"桥型"弹性感知结构的点阵式触觉传感器，如图 2.10（a）所示。在该传感器中，FBG 穿过"桥型"结构两侧的孔后被固定，在压力作用下，传感器结构产生伸缩变形，经过结构内侧空间里的 FBG 的光波波长会发生相应变化。图 2.10（b）所示为布置了 FBG 压力传感的结构，弹性体的材料为铍铜合金。该"桥型"压力传感器与先前的嵌入式硅橡胶盘传感器相比，FBG 处于拉紧悬空状态，弹性结构变形时，FBG 受到的应变均匀，光谱未产生啁啾现象，传感质量得到进一步提高，其压力分辨率与硅橡胶盘型的相比也有大幅提高，达到了 0.001 N。该研究使用 9 个"桥型"压力传感器组成 3×3 的压力感知阵列，并将其布置于外科手术指尖用到的手套上，用于手术触觉反馈，力学测试显示其触觉测量效果良好。此后，从 2007 年开始，该研究小组在上述几种传感器基础上，还尝试了基于光纤微弯效应的压力测点技术，使压力测点变得更加密集，测点的压力分辨率为 0.05 N。

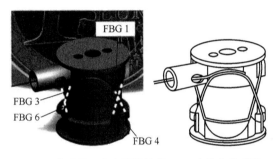

图 2.9　慕尼黑工业大学设计的 FBG 六维力传感器

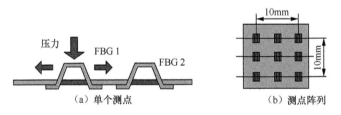

（a）单个测点　　　　　　　　（b）测点阵列

图 2.10　"桥型"FBG 压力传感器

| 2.2　力觉信息获取与处理 |

力觉传感器在机器人、航空航天、生物医学等领域得到了广泛应用，特别是在机器人领域。随着机器人的发展进入智能机器人阶段，智能机器人的"触觉"和"力觉"主要通过其配备的传感器得以实现，这些传感器的应用提高了

机器人的环境感知和适应能力。其中，多维力/力矩传感器作为测量机器人末端执行器与外部环境相互接触或抓取工件时所承受力/力矩的传感器，为机器人的力控制和运动控制提供了力感信息，从而使机器人能够完成一些复杂、精细的作业。

2.2.1 力觉传感器的基本分类

机器人力觉传感器是用来检测机器人手臂和手腕对作用对象施加的作用力大小，或是其所受反作用力大小的传感器。力/力矩传感器在机器人受约束运动（如装配工作）中，是一种重要的传感器，用于机器人力控制系统中的反馈输入。机器人力觉传感器根据其安装位置的不同，主要分为三种[14]：基座力传感器、关节力／力矩传感器、腕力/力矩传感器。

1．基座力传感器

基座力传感器安装在固定的加工平台上。当机器人末端执行器在执行装配、打磨、切削等任务时，基座力传感器可以检测出机器人施加于工件上的作用力。

基座力传感器具有刚性好，专用性强，灵敏度较高等优点，但其专用性太强，加上基座力传感器大多较笨重，使其应用范围受到限制。

2．关节力/力矩传感器

关节力/力矩传感器安装在机器人的关节上，用来测量机器人关节受到的作用力和力矩。

用关节力/力矩传感器组成的力伺服系统具有频带宽、响应速度快、抗干扰性好等优点，但力和力矩受机器人手臂自重、传动机构及摩擦力的影响大，且计算量大，故灵敏度不高。对于多关节机器人，问题变得更加复杂。

3．腕力/力矩传感器

腕力/力矩传感器是安装在机器人末端与机械手爪连接的传感器，用于测量机械手爪受到的作用力和力矩。从力的获取方式可以大致将腕力/力矩传感器分为直接输出型（无耦合型）和间接输出型（耦合型）两类。

典型的直接输出型腕力/力矩传感器是 1975 年由美国 IBM 公司设计的一种积木式结构传感器，它由八个弹性元和八个连接块组合而成，每个弹性元上粘贴四片应变片，并连接成一个应变桥，八个应变桥提供八路检测信号。根据这八路检测信号和连接块的结构常数可以计算出腕力/力矩传感器的六个独立力分量。这种积木式弹性体结构简单，组合方便，但它的体积庞大，非整体式构件会引起很大的测量滞后。

间接输出型腕力/力矩传感器有两种典型结构：一种是竖梁结构[15]，另一种是横梁结构[16]。

　　无论是竖梁型还是横梁型结构，它们的共同特点是应变桥的输出信号几乎与每一个力分量和力矩分量相关，即力信号与应变桥的输出信号之间存在耦合作用，都属于耦合型结构。

　　无耦合型传感器的弹性体间无耦合作用，被测量力由传感器的输出和结构常数直接获取。无耦合型传感器具有成本低，标定、维护简单等优点，国内外许多学者从结构改进等方面展开了研究。

2.2.2　力觉传感器标定技术

　　随着人机共融的柔性智能机器人的发展，机器人需要更精准的力觉感知。6 维力传感器能测量工具的 3 个正交力和 3 个正交力矩，为机器人的力反馈示教控制、力反馈轨迹控制、力反馈切削和抛磨等应用提供了基础。

　　在现有的机器人应用中，通常采用在腕部安装 6 维力传感器，并考虑传感器零点和负载重力的影响。

　　六维腕力传感器的力输出通道之间存在复杂的耦合关系，通常采用实验方法标定，以获得各测量方向力的耦合关系，并用一个矩阵描述，该矩阵称为耦合矩阵。六维腕力传感器有在线和离线两种基本标定方法[17]。离线标定方法是将传感器安放在标定实验台上进行精确标定，在传感器制造过程中或者在传感器使用一段时间后需要重新精确标定的情况下，一般选用离线标定方法。在线标定方法则通过让机器人抓取一个固定质量物体来实施标定。

1.　六维腕力传感器离线标定

　　假设六维腕力传感器的力耦合关系用矩阵 $\boldsymbol{R}_{6\times6}$ 描述：

$$\boldsymbol{F}_{6\times1} = \boldsymbol{R}_{6\times6} \cdot \boldsymbol{\varepsilon}_{6\times1} \tag{2.3}$$

式中，$\boldsymbol{F}_{6\times1}$ 为六维传感器测量的力信号。

$$\boldsymbol{F}_{6\times1} = \left[F_x, F_y, F_z, M_x, M_y, M_z \right]^{\mathrm{T}} \tag{2.4}$$

式中，F_x、F_y、F_z、M_x、M_y、M_z 分别为沿坐标轴 x、y、z 的力以及绕坐标轴 x、y、z 旋转的力矩。

$$\boldsymbol{\varepsilon}_{6\times1} = \left[\varepsilon_x, \varepsilon_y, \varepsilon_z, \varepsilon_{Mx}, \varepsilon_{My}, \varepsilon_{Mz} \right]^{\mathrm{T}} \tag{2.5}$$

式中，ε_x、ε_y、ε_z、ε_{Mx}、ε_{My}、ε_{Mz} 为在坐标轴 x、y、z 方向上分力以及绕坐标轴 x、y、z 分力矩作用下，六维腕力传感器的弹性体分别产生的应变量。

　　六维腕力传感器标定的目的是确定矩阵 $\boldsymbol{R}$ 中 36 个值，一般通过标定实验确定。

2．六维腕力传感器在线标定

前述方法属于静态离线标定方法，但在具体的机器人应用中，末端工具种类繁多，而且砂轮等工具有加工损耗，还有的工具，如浮动磨头，有自主调整结构的能力。此外，生产过程中的工具拆装以及环境温度的变化，均会干扰传感器系统力学参数，从而导致传感器系统性能急剧下降。故根据实际应用工况，在机器人工位转换或空闲高速运动时段实时应采集力以及工具姿态数据，在线计算传感器系统参数来标定传感器[18]。

6 维腕力传感器在传感器坐标系 s 下，质心的坐标 $^sP = \begin{bmatrix} P_x & P_y & P_z \end{bmatrix}^T$，工具质量与重量分别为 m 和 $G=mg$，传感器力的零点与力矩的零点分别为 $^sF_0 = \begin{bmatrix} f_{x0} & f_{y0} & f_{z0} \end{bmatrix}^T$ 和 $^sM_0 = \begin{bmatrix} m_{x0} & m_{y0} & m_{z0} \end{bmatrix}^T$。

机器人安装姿态 ^g_cR 可表示为机器人坐标系 c 相对于重力坐标系 g 的旋转矩阵。2 个坐标系原点重合，机器人坐标系 c 可以通过将重力坐标系 g 的 y 轴旋转角度 θ，再将 x 轴旋转角度 φ 得到。因而该姿态的独立未知变量为 θ 与 φ。

$$^g_cR = \begin{bmatrix} \cos\varphi & \sin\varphi\sin\theta & \cos\varphi\sin\theta \\ 0 & \cos\varphi & -\sin\varphi \\ -\sin\theta & \sin\varphi\cos\theta & \cos\varphi\cos\theta \end{bmatrix} \tag{2.6}$$

机器人的当前姿态为 $^c_fR_i$，表示机器人法兰盘坐标系 f 相对于机器人坐标系 c 的旋转矩阵。该参数通过读取机器人当前法兰盘坐标参数获得，下标 i 表示读取的多个姿态中第 i 个姿态编号。

在当前姿态 i 下，6 维腕力传感器的力与力矩分别为 $F_i = \begin{bmatrix} f_{xi} & f_{yi} & f_{zi} \end{bmatrix}^T$ 和 $M_i = \begin{bmatrix} m_{xi} & m_{yi} & m_{zi} \end{bmatrix}^T$。其中，传感器所受的力与力矩为读数减去零点，即：$^sF_i = F_i - ^sF_0$，$^sM_i = M_i - ^sM_0$。

传感器安装姿态 ^f_sR 可表示为传感器坐标系 s 相对于机器人法兰盘坐标系 f 的旋转矩阵。该参数可根据传感器型号尺寸及安装连接件的尺寸来确定。

在重力坐标系下，仅重力方向受力，而且过坐标原点，因此力矩为 0。

$$^gF = \begin{bmatrix} 0 & 0 & -G \end{bmatrix}^T, \quad ^gM = \begin{bmatrix} 0 & 0 & 0 \end{bmatrix}^T \tag{2.7}$$

根据机器人静力学，通过力和力矩在传感器坐标系 s、重力坐标系 g 两个坐标系的转换，可得到传感器所受力与力矩：

$$\begin{bmatrix} ^sF \\ ^sM \end{bmatrix} = \begin{bmatrix} ^s_gR & 0 \\ S(^{s,o}_gP)^s_gR & ^s_gR \end{bmatrix} \begin{bmatrix} ^gF \\ ^gM \end{bmatrix} \tag{2.8}$$

式中，

$$S\left({}_{g}^{s,o}\boldsymbol{P}\right) = \begin{bmatrix} 0 & -p_z & p_y \\ p_z & 0 & -p_x \\ -p_y & p_x & 0 \end{bmatrix} \tag{2.9}$$

根据转换矩阵的复合变换得到传感器坐标系 s 相对于重力坐标系 g 的旋转矩阵：

$$_{s}^{g}\boldsymbol{R} = {}_{c}^{g}\boldsymbol{R} \cdot {}_{f}^{c}\boldsymbol{R} \cdot {}_{s}^{f}\boldsymbol{R} \tag{2.10}$$

式中，${}_{c}^{g}\boldsymbol{R}$ 为未知变量。

由式（2.7）和式（2.8）可以得到：

$$^{s}\boldsymbol{M} = S\left({}_{g}^{s,o}\boldsymbol{P}\right) \cdot {}_{g}^{s}\boldsymbol{R} \cdot {}^{g}\boldsymbol{F} = S\left({}_{g}^{s,o}\boldsymbol{P}\right) \cdot {}^{s}\boldsymbol{F} \tag{2.11}$$

$$\begin{bmatrix} M_x \\ M_y \\ M_z \end{bmatrix} = \begin{bmatrix} 1 & 0 & 0 & 0 & f_z & -f_y \\ 0 & 1 & 0 & -f_z & 0 & f_x \\ 0 & 0 & 1 & f_y & -f_x & 0 \end{bmatrix} \begin{bmatrix} k_x \\ k_y \\ k_z \\ p_x \\ p_y \\ p_z \end{bmatrix} \tag{2.12}$$

式中，中间变量

$$k_x = {}^{s}m_{x0} + {}^{s}f_{y0} \times p_z - {}^{s}f_{z0} \times p_y$$
$$k_y = {}^{s}m_{y0} + {}^{s}f_{z0} \times p_x - {}^{s}f_{x0} \times p_z$$
$$k_z = {}^{s}m_{z0} + {}^{s}f_{x0} \times p_y - {}^{s}f_{y0} \times p_x$$

根据式（2.12）可以计算得到质心坐标 ${}^{s}\boldsymbol{P}$ 以及中间变量 k_x、k_y 与 k_z。根据式（2.8）与式（2.10）可以得到：

$$^{s}\boldsymbol{F} = {}_{g}^{s}\boldsymbol{R} \cdot {}^{g}\boldsymbol{F} = {}_{g}^{s}\boldsymbol{R}^{\mathrm{T}} \cdot {}^{g}\boldsymbol{F} = \left({}_{c}^{g}\boldsymbol{R} \cdot {}_{s}^{c}\boldsymbol{R}\right)^{\mathrm{T}} \cdot {}^{g}\boldsymbol{F} = {}_{s}^{c}\boldsymbol{R}^{\mathrm{T}} \cdot {}_{c}^{g}\boldsymbol{R}^{\mathrm{T}} \cdot {}^{g}\boldsymbol{F} \tag{2.13}$$

引入中间变量：

$$\boldsymbol{L} = \begin{bmatrix} L_x \\ L_y \\ L_z \end{bmatrix} = \begin{bmatrix} G \times \cos\varphi\sin\theta \\ -G \times \sin\varphi \\ -G \times \cos\varphi\cos\theta \end{bmatrix} \tag{2.14}$$

式（2.13）可以整理为：

$$\boldsymbol{F}_i = \begin{bmatrix} \boldsymbol{I} & {}_{s}^{c}\boldsymbol{R}_i^{\mathrm{T}} \end{bmatrix} \begin{bmatrix} f_{x0} & f_{y0} & f_{z0} & \boldsymbol{L}^{\mathrm{T}} \end{bmatrix}^{\mathrm{T}} \tag{2.15}$$

根据式（2.15）可以计算出力传感器的零点，再根据式（2.12）可以得到力矩的零点，进而计算出重力和角度为：

$$G = \sqrt{L_x^2 + L_y^2 + L_z^2} \tag{2.16}$$

$$\varphi = \arcsin(-L_y / w), \theta = \arctan(-L_x / L_z) \tag{2.17}$$

注意到式（2.15）在计算传感器力的零点时，由于安装姿态为未知量，计

算未能充分利用旋转矩阵的约束关系，并使得计算精度容易受到力噪声的影响。考虑到机器人安装后，安装姿态很少变动，因此可以利用以上基本计算方法，事先计算出较为精确的机器人安装角度 θ 与 φ，再通过式（2.13）得到：

$$F_i = \begin{bmatrix} I & D_i \end{bmatrix} \begin{bmatrix} f_{x0} & f_{y0} & f_{z0} & G \end{bmatrix}^{\mathrm{T}} \tag{2.18}$$

式中，

$$D_i = {}_s^c R_i^{\mathrm{T}} \begin{bmatrix} \cos\varphi\sin\theta \\ -\sin\varphi \\ -\cos\varphi\cos\theta \end{bmatrix} \tag{2.19}$$

进而，同样可以根据式（2.12）得到力矩的零点。

机器人运动一般由不同坐标系来控制，很难保证工具质心的匀速运动，因而会产生一定惯性冲击力，因此在计算末端受力的情况时需要扣除该惯性力。在式（2.11）获得质心的基础上，通过质心坐标的运动变化可以计算出在各个方向的加速度（$a_{px,i}$、$a_{py,i}$ 和 $a_{pz,i}$），进而修正式（2.18），实现惯性力的补偿：

$$F_i = \begin{bmatrix} I & C_i \end{bmatrix} \begin{bmatrix} f_{x0} & f_{y0} & f_{z0} & m \end{bmatrix}^{\mathrm{T}} \tag{2.20}$$

式中，

$$C_i = {}_s^c R_i^{\mathrm{T}} \begin{bmatrix} \cos\varphi\sin\theta \\ -\sin\varphi \\ -\cos\varphi\cos\theta \end{bmatrix} g - \begin{bmatrix} a_{px,i} \\ a_{py,i} \\ a_{pz,i} \end{bmatrix} \tag{2.21}$$

| 本章小结 |

本章主要介绍了触觉/力觉感知原理。首先介绍了触觉信息获取与处理的基本原理，包括触觉传感器的基本分类及其采集信号的原理、触觉信息处理的基本方法以及目前机器人领域主要用到的柔性触觉传感器技术。然后介绍了力觉信息获取的基本原理以及机器人领域常用的几类典型的力觉传感器，最后还对目前力传感器的标定技术进行了介绍。

本章的侧重点在于触觉和力觉信息的获取方式和原理。第 4 章将分析触觉/力觉信息的智能感知技术，即如何根据机器人的任务需求，从触力觉信息中识别、提取出有用的信息。

参考文献

[1] 邓刘刘，邓勇，张磊. 智能机器人用触觉传感器应用现状[J]. 现代制造工程，2018(2): 18-23.

[2] 赵冬斌，张文增，都东，等. 机器人用 PVDF 触觉传感器的国外研究现状[J]. 压电与声光，2001, 23(6): 428-432.

[3] 许会超，苗新刚，汪苏. 基于 FBG 的机器人柔性触觉传感器[J]. 机器人，2018, 40(5): 634-639, 722.

[4] HEO J S, CHUNG J H, LEE J J. Tactile sensor arrays using fiber Bragg grating sensors[J]. Sensors & Actuators A: Physical, 2006, 126(2): 312-327.

[5] SONG J, JIANG Q, HUANG Y, et al. Research on pressure tactile sensing technology based on fiber Bragg grating array[J]. Photonic Sensors, 2015, 5(3): 263-272.

[6] 郭永兴，孔建益，熊禾根，等. 基于光纤 Bragg 光栅的机器人力/力矩触觉传感技术研究进展[J]. 激光与光电子学进展，2006，53(5)：55-66.

[7] FERNANDEZ A, BERGHMANS F, BRICHARD B, et al. Multi-component force sensor based on multiplexed fibre Bragg grating strain sensors[J]. Measurement Science and Technology, 2001, 12(7): 810-813.

[8] PARK Y L, RYU S C, BLACK R J, et al. Fingertip force control with embedded fiber Bragg grating sensors[C]//2008 IEEE International Conference on Robotics and Automation. Piscataway, USA:IEEE, 2008: 3431-3436.

[9] PARK Y L, RYU S C, BLACK R J, el al. Exoskeletal force sensing end effectors with embedded optical fiber bragg grating sensors[J]. IEEE Transactions on Robotics, 2009, 25(6): 1319-1331.

[10] MUELLER M S, HOFFMANN L, BUCK T S ,el al. Realization of a fiber optic force torque sensor with six degrees of freedom[C]// International Symposium on Optomechatronic Technologies. Bellingham, WA: SPIE, 2008, 7266: 72660S(1-8).

[11] MUELLER M S, HOFFMANN L, BUCK T C ,et al. Fiber Bragg grating based force torque sensor with six degrees of freedom[J]. International Journal of Optomechatronics, 2009, 3(3): 201-214.

[12] HEO J S, LEE J J. Temperature sensor array for tactile sensation using FBG sensors[C]// 5th IEEE Conference on Sensors. Piscataway, USA:IEEE, 2006: 1464-1467.

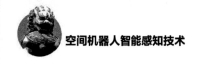
[13] HEO J S, CHUNG J H, LEE J J. Tactile sensor arrays using fiber Bragg grating sensors[J]. Sensors and Actuators: A. Physical, 2006, 126(2): 312-327.

[14] 胡建元，黄心汉. 机器人力传感器研究概况[J]. 传感器技术, 1993(4): 8-12.

[15] P. C. WASTON, S. H. PRAKE. Methods and Apparatus for Six Degrees of Freedom Force Sensing: US Patent 4094192[P]. 1978-06-13.

[16] SCHEINMAN V. Design of a computer controlled manipulator[D]. California, USA: Stanford University, 1969.

[17] 钟晓玲. 面向机器人的多维力/力矩传感器综述[J]. 传感器与微系统，2015(5): 1-4.

[18] 刘运毅，黎相成，黄约，等. 基于极大似然估计的工业机器人腕部 6 维力传感器在线标定[J]. 机器人，2019(2): 216-221.

第 3 章

智能视觉感知方法与技术

机器人视觉感知指其借助视觉传感器接收及分析图像，达到辨认物体外形、所处的空间（距离）以及目标物体在外形和空间上的改变的目的，这些信息是机器人自主完成指定任务的基础。图像中的颜色、纹理信息是机器人辨识物体的重要途径，同时图像也提供了场景中物体的空间位置信息。本书的第 1 章已经介绍了视觉测量的一些方法，即通过相机内外参数标定、立体图像间物体纹理和颜色的匹配获得目标物体的大小、远近、角度旋转等信息。本章在第 1 章的基础上接着介绍视觉感知中物体外观辨识的相关知识，主要从经典的视觉感知方法，基于机器学习、深度学习的视觉感知方法，面向少量样本学习视觉感知方法等方面进行介绍，并概述了将上述方法用于机器人抓取物体的实践。

| 3.1 经典的视觉感知方法 |

经典的视觉感知方法通常指对图像颜色、纹理、边缘信息等进行编码，并设计相应的算法来实现对目标物体的检索和定位。经典的视觉感知方法主要通过已知检测物体的外观在待检测图像中进行匹配，或模拟人类视觉对不同颜色、边缘变化的信息进行归纳来实现对目标物体的识别。本节将简要介绍视觉匹配和视觉显著性检测两种经典的视觉感知方法。

3.1.1 视觉匹配

1. 模板匹配

模板匹配是图像处理的重要方法之一，它是一种非常直观的也是非常基本的模式识别方法。模板匹配的本质是将一幅已知的图像 $t(x,y)$（该图像称为模板），到另外一幅更大的图像 $f(x,y)$ 中搜寻，通过计算模板与大图像中指定位置截取图像的相似度，确定待检测模板的位置 (i,j)，如图 3.1 所示。目前有许多种计算模型匹配度的算法，如相关法、误差法、二次匹配误差算法等[1]。

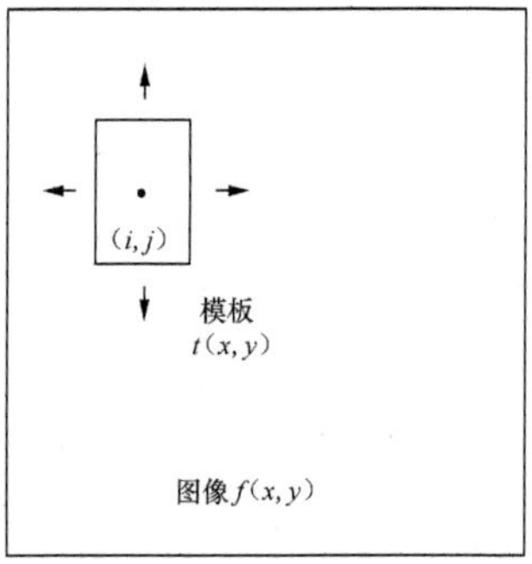

图 3.1 模板匹配操作示意

（1）相关法

以 8 位灰度图像为例，模板 $T(m,n)$ 叠放在被搜索图 $S(W,H)$ 上并平移，模板覆盖被搜索图的那块区域叫子图，$S_{ij}(i,j)$ 为子图左下角在被搜索图 S 上的坐标，搜索范围为：$1 \leqslant i \leqslant W-m$，$1 \leqslant j \leqslant H-n$。为了衡量 T 和 S_{ij} 的相似性，定义系数

$$D(i,j) = \sum_{m=1}^{M}\sum_{n=1}^{N}\left[S_{ij}(m,n) - T(m,n)\right]^2 \tag{3.1}$$

式中，M、N 为模板的宽和高。

式（3.1）归一化后，得模板匹配的相关系数：

$$R(i,j) = \frac{\sum_{m=1}^{M}\sum_{n=1}^{N}S_{ij}(m,n) \times T(m,n)}{\sqrt{\sum_{m=1}^{M}\sum_{n=1}^{N}\left[S_{ij}(m,n)\right]^2}\sqrt{\sum_{m=1}^{M}\sum_{n=1}^{N}\left[T(m,n)\right]^2}} \tag{3.2}$$

当模板和子图一样时，相关系数 $R(i,j)=1$，在被搜索图 S 中完成全部搜索后，找出 R 的最大值 $R_{\max}(i',j')$，其对应的子图 $S_{ij'}$ 即为匹配目标。可以看到，相关法需要将模板在目标区域进行全局搜索，模板越大，匹配速度越慢；模板越小，匹配速度越快。

（2）误差法

误差法即衡量 T 和 S_{ij} 的误差，其公式为：

$$E(i,j) = \sum_{m=1}^{M}\sum_{n=1}^{N}\left|S_{ij}(m,n) - T(m,n)\right| \tag{3.3}$$

式中，$E(i,j)$ 为最小值处即为匹配目标。为提高计算速度，设定误差阈值 E_0，当 $E(i,j) > E_0$ 时便停止该点的计算，继续计算下一点。

（3）二次匹配误差算法

二次匹配误差算法中的匹配分两次进行。第一次匹配是粗略匹配。取模板的隔行隔列数据，比如四分之一的模板数据，在被搜索图上进行隔行隔列扫描匹配，这样可以大幅度减少数据匹配量，提高匹配速度。

第一次匹配时取误差阈值 $E_0 = e_0 \times \dfrac{M+1}{2} \times \dfrac{N+1}{2}$。式中，$e_0$ 为各点平均的最大误差；M、N 为模板的长和宽。

在第一次匹配的基础上，再进行第二次匹配，即在第 1 次误差最小点 $(i_{\min}, j_{\min})$ 的邻域内——对角点为 $(i_{\min}-1, j_{\min}-1)$、$(i_{\min}+1, j_{\min}+1)$ 的矩形内进行搜索匹配，得到最后结果。

模板匹配算法直接简单，是后来很多算法的基础。然而，模板匹配有较大

的局限性，只允许对匹配目标进行平移操作，如果图像中的待匹配目标发生了旋转或是大小变更时，算法即失效。另外，如果原图像中要匹配的目标只有部分可见，该算法也无法完成匹配[2]。

2. 形状匹配

形状匹配就是在形状描述的基础上，依据一定的判定准则，计算两个形状的相似度或者非相似度。两个形状之间的匹配结果用一个数值表示，这一数值称为形状相似度。形状相似度越大，表示两个形状越相似。非相似度也称为形状距离。与相似度相反，形状距离越小，两个形状越相似[3]。虽然形状匹配对于形状轮廓明显的目标，具有检测好的效果，然而其与传统的模板匹配一样，在面对缩放问题和旋转问题时相对难以处理，同时对于一定程度的遮挡也难以应对[4]。

采用形状进行匹配时应综合考虑以下两个问题。

（1）形状常与目标特征相联系，如边缘、轮廓甚至拓扑结构等形状特征被认为是更高层次的图像特征。要获取目标的有关形状参数，一般应先对图像进行分割、边缘求取等，所以形状特征会受图像相关处理算法精度的影响。

（2）从不同视角和方法获取的图像目标形状可能会有很大差别，为准确进行形状匹配，应保证平移、尺度、旋转变换等的不变性。

在众多的目标形状匹配算法中，目标轮廓的使用较为广泛。轮廓是由物体的一系列边界点所形成的，在较大尺度下，轮廓能较可靠地被检测到，但边界的定位相对不准确；相反，在较小尺度下，轮廓检测的噪点增多，即边界点误检的比例增加，但物体或区域真正边界点的定位却比较准确。因此，可以结合两者的优点，即可先在较大尺度下检测出真正的边界点，然后在较小尺度下对边界点进行较精确的定位。

形状匹配方法通过构建匹配代价矩阵来度量目标匹配位置，如对于由点集表示的图像区域轮廓 P 和目标形状模板 Q： $P=\{p_i\}\left(i=1,2,\cdots,N_p\right)$ ， $Q=\{q_j\}\left(j=1,2,\cdots,N_q\right)$ 。则 P 和 Q 之间的匹配代价矩阵 $C(P,Q)$ 为：

$$C(P,Q)=\begin{bmatrix} C\left(p_1,q_1\right) & C\left(p_1,q_2\right) & \cdots & C\left(p_1,q_{N_q}\right) \\ C\left(p_2,q_1\right) & C\left(p_2,q_2\right) & \cdots & C\left(p_2,q_{N_q}\right) \\ \vdots & \vdots & & \vdots \\ C\left(p_{N_p},q_1\right) & C\left(p_{N_p},q_2\right) & \cdots & C\left(p_{N_p},q_{N_q}\right) \end{bmatrix} \tag{3.4}$$

形状之间的相似度可以转化为求 P 和 Q 之间的最小匹配代价问题，也可以转化为搜索问题，如通过模板和目标局部区域特征的匹配使得误差最小，这一类方法有动态规划[5]、遗传算法[6]等。总的说来，目标形状的描述是一个较为抽象的问题，目前还没有与人的感觉一致且被大多数人普遍接受的形状描述的确切数学定义。这是目前形状匹配在普适性上的缺陷。

3．图匹配

图匹配是指在一定最优条件下，寻找两个图顶点间的匹配关系。从算法的角度来看，一般将图匹配分为精准图匹配（exact graph matching）与非精准图匹配（inexact graph matching）。其中，精准图匹配是指图（或其一部分）之间满足严格的结构一致性，即匹配后图（或其一部分）的顶点标签、边的邻接关系及权重完全一致。非精准图匹配是指允许匹配后的图（或其一部分）存在一定的顶点标签、边的邻接关系及权重的误差，通过定义一种误差度量方式并最小化，来寻找最优的图（或其一部分）之间的对应关系。在计算机视觉应用中，由于存在物体形变、遮挡、视角变换、图像采集传输过程中的噪声等客观原因，从图像中提取的图结构之间往往不可避免地存在差异，因此在这些任务中非精准图匹配算法的应用更为普遍。

虽然目前主流的非精准图匹配算法采用的目标函数的具体形式不同，但是总的来说都属于二次组合优化问题。求取其全局最优解仍然是典型的 NP-hard 问题，具有阶乘复杂度。出于效率的考虑，我们在大部分情况下并不直接求取全局最优解，而是采用近似算法求取一个较好的局部最优解[7]。

假定已经从每一幅图像中抽取出一个权重图 $G = \left(V^G, E^G, L^G, W^G\right)$。式中，$V^G = \{1, 2, \cdots, M\}$ 是顶点的集合，即物体中各个部分或者图像中提取出的特征点集；$E^G \in V^G \times V^G$ 是边的集合即物体中各个部分或者特征点之间的邻接关系；$L^G \in R^{d_1 \times M}$ 是顶点标签的集合，用来描述每个顶点作为一个个体的外观特征，d_1 是外观描述子的维数，如果使用从每个特征点周围的小图像块中提取的 128 维 SIFT 直方图描述子作为该特征点的外观描述子，则有 $d_1 = 128$；$W^G = R^{d_W \times |E^G|}$ 是边的权重集合，用来描述顶点间的结构关系，d_W 是权重的维数，或者称为结构描述子的维数，如果同时使用距离和方向作为结构描述子，则有 $d_W = 2$。

给定两个权重图 G 和 $H = \left(V^H, E^H, L^H, W^H\right)$，规模分别为 M 和 N，图匹配就是寻找 V^G 和 V^H 之间的满足某种最优条件的对应关系，这种对应关系可以通过一个分配矩阵 $X \in \{0,1\}^{M \times N}$ 来表示，当 $X_{ia} = 1$ 意味着将 G 中顶点 i 分配给 H 中的顶点 a，$\sum_{i=1}^{M} X_{ia} = 0$ 意味着 G 中没有一个顶点与 H 中的顶点 a 相对应，$\sum_{a=1}^{N} X_{ia} = 0$ 也有类似定义。当进一步考虑一对一约束时，X 就成为一个偏置换矩阵，即

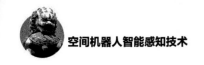

$$X \in D_0 := \left\{ X \Big| \sum_{i=1}^{M} X_{ia} \leqslant 1, \sum_{a=1}^{N} X_{ia} = 1, X_{ia} = \{0,1\}, \forall i,a \right\} \qquad (3.5)$$

当 $M = N$ 时，X 退化为一个置换矩阵。

G 和 H 的相似矩阵 A 可以按照以下形式构建：

$$A_{ia,ib} = A_{(i-1)N+a,(j-1)N+b} =$$

$$\begin{cases} S_V\left(L_i^G, L_a^H\right), & \text{当} i = j, \text{且} a = b; \\ S_E\left(W_{ij}^G, W_{ab}^H\right), & \text{当} i \neq j, a \neq b, \text{且} i、j \text{邻接}, a、b \text{邻接}; \\ 0, & \text{其他} \end{cases} \qquad (3.6)$$

式中，i、j 是 G 中的顶点；a、b 是 H 中的顶点；$S_V\left(L_i^G, L_a^H\right)$ 表示图 G 中的顶点 i 标签与图 H 中的顶点 a 标签之间的相似性度量；$S_E\left(W_{ij}^G, W_{ab}^H\right)$ 表示图 G 中的边 ij 权重与图 H 中的边 ab 权重之间的相似性度量。$S_V\left(L_i^G, L_a^H\right)$ 和 $S_E\left(W_{ij}^G, W_{ab}^H\right)$ 可以有多种灵活的定义方式，比如采用高斯核函数的形式等。

构建相似矩阵时要同时考虑图结构，仅当两个图中相应的两条边都存在，即 i、j 邻接且 a、b 邻接时才计算边 ij 与边 ab 的相似性，在这一点上，基于这样的相似矩阵的目标函数与基于邻接矩阵的目标函数也有区别。

基于偏置换矩阵 X 和相似矩阵 A，可以构建目标函数为：

$$X^* = \arg\max\left(x^T A x\right) \qquad (3.7)$$

$$\text{s.t. } x \in D_1$$

式中，x 是 X 按行抽取的复制，并同时以此更新离散域 D_1 的定义为：

$$x \in D_1 := \left\{ x \Big| \left(1_M^T \otimes I_N\right) x \leqslant 1_N, \left(I_M \otimes 1_N^T\right) x = 1_M, x_i = \{0,1\}, \forall i \right\} \qquad (3.8)$$

式中，$\otimes$ 表示矩阵间的 Kronecker 积；1_M、1_N 表示长度 M、N 全是 1 的列向量；$I_M \in \mathbf{R}^{M \times M}$、$I_N \in \mathbf{R}^{N \times N}$ 表示单位矩阵。

目标函数（3.7）的物理意义是给定分配矩阵 X 的情况，最大化对应顶点相似性度量和对应边相似性度量的加权和。

在给出优化目标函数（3.7）的算法前，首先讨论基于邻接矩阵的目标函数和相似矩阵优化函数之间的区别和联系。实际上，在某些情况下，这两种目标函数是等价的，比如在采用全连接图结构的情况下，当式（3.6）中 $S_E\left(W_{ij}^G, W_{ab}^H\right)$ 采用最小二乘方式的相似性度量时，即

$$S_E\left(W_{ij}^G, W_{ab}^H\right) = -(1-\alpha)\left\| W_{ij}^G - W_{ab}^H \right\|^2 \qquad (3.9)$$

式中，α 为权重系数。

式（3.7）与以下基于邻接矩阵的目标函数等价：

$$X^* = \arg\min\left(\left\|A_G - XA_H X^{\mathrm{T}}\right\|_{\mathrm{F}}^2\right)$$

$$\text{s.t. } x \in D_0$$

（3.10）

式（3.10）是一种广泛使用的基于邻接矩阵的目标函数，式中 $\|\cdot\|_{\mathrm{F}}^2$ 是矩阵的 Frobenius 范数，A_G 和 A_H 是分别与 G 和 H 相关联的邻接矩阵。

基于邻接矩阵的目标函数可以看成基于相似矩阵的目标函数的一个特例，与前者相比，基于相似矩阵的目标函数可以更灵活地定义相似性度量。另外，当图结构稀疏时，基于相似矩阵的目标函数往往具有更好鲁棒性的原因是它能直接计算两个图中边之间的相似性，而形如式（3.10）的基于邻接矩阵的目标函数不可避免地需要引入实际存在的边与不存在的边（权重为 0）权重间的差异性，这在某种程度上引入了附加噪声，从而降低了模型的鲁棒性。

3.1.2　视觉显著性检测

视觉显著性是人类视觉的一个重要特点，即面对一个场景时，人类会自动地对感兴趣区域进行处理而选择性地忽略不感兴趣区域，这些人们感兴趣的区域被称为显著性区域（visual saliency）。视觉显著性检测（visual saliency detection）指通过智能算法模拟人的视觉特点，提取图像中的显著区域[8]。

视觉显著性检测提取初级视觉特征，从红绿蓝黄颜色通道（RGBY）、亮度通道和纹理方位通道，在多种尺度下使用中央周边（center-surround）操作产生体现显著性度量的特征图，将这些特征图合并得到最终的显著图（saliency map）后，利用生物学中赢者取全（winner-take-all）的竞争机制得到图像中最显著的空间位置，用来决定注意位置的选取，最后采用返回抑制（inhibition of return）的方法来完成注意焦点的转移，图 3.2 所示为视觉显著性检测的标准处理流程。

显著性算法（frequency-tuned，FT）是获取不同通道显著信息的关键，其思想是利用高斯差分（difference of guassian，DoG）滤波器作为带通滤波器提取颜色、亮度及方向上的特征。DoG 公式如下：

$$\mathrm{DoG}(x,y) = \frac{1}{2\pi}\left[\frac{1}{\sigma_1^2}\mathrm{e}^{\frac{(x^2+y^2)}{2\sigma_1^2}} - \frac{1}{\sigma_2^2}\mathrm{e}^{\frac{(x^2+y^2)}{2\sigma_2^2}}\right] = G(x,y,\sigma_1) - G(x,y,\sigma_2)$$

（3.11）

式中，σ_1 和 σ_2 是高斯分布的标准差。DoG 带通滤波器的通频带宽是由 σ_1 和 σ_2 的比值决定的。多个 DoG 滤波器叠加可由滤波器的标准差 σ 的比值 ρ 表示：

$$\sum_{n=0}^{N-1}\left[G(x,y,\rho^{n+1}\sigma) - G(x,y,\rho^n\sigma)\right] = G(x,y,\rho^N\sigma) - G(x,y,\sigma)$$

（3.12）

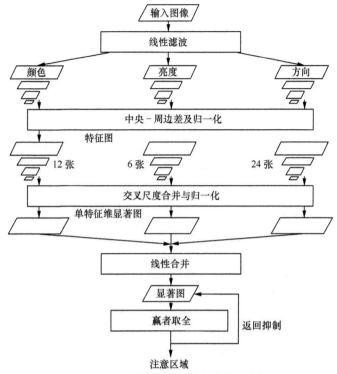

图 3.2　视觉显著性检测的标准处理流程

在计算显著图时，σ_1 和 σ_2 的取值决定带通滤波器保留图像中的频率范围。为了使 ρ 变大，令 σ_1 为无穷大，这将在截止直流频率的同时保留所有的其他频率。使用一个小的高斯核去除高频率的噪声以及纹理。其中，小的高斯核选择二项滤波器代替。这样，视觉显著值的计算公式为：

$$S_{FT}(x,y) = \left\| I_u(x,y) - I_{wh}(x,y) \right\|$$ （3.13）

式中，I_u 是图像像素的平均值；I_{wh} 是对原图像进行的高斯模糊。

式（3.13）可以分别应用于不同的颜色空间，如灰度直方图[9]，GRBY 空间[8,10]，Lab 颜色空间及 CIELAB 颜色空间[11]等，分别形成不同的视觉显著性检测效果。

视觉显著性检测模仿人类视觉特点，具有不用预先学习，利于硬件加速实现的优点。然而，视觉显著性检测方法也具有针对不同场景需要更换不同的颜色空间才能取得最佳效果的不足。因此，如何针对不同认知场景选取不同的检测算子比较依赖经验。

经典的视觉感知技术由于其策略是对图像的颜色、纹理、边缘等直观信息进行分析，因此具有相对简单，容易实现的优点，缺点在于由于需要对图像进行显示的分析，故在图像变化较大时其普适性得不到良好保障。

3.2 基于机器学习的视觉感知方法

3.2.1 集成学习

Boosting 也称为增强学习或提升法，是一种重要的集成学习技术，能够将预测精度仅比随机猜测精度略高的弱学习器增强为预测精度高的强学习器，这在直接构造强学习器非常困难的情况下，为学习算法的设计提供了一种有效的新思路和新方法。作为一种元算法框架，Boosting 几乎可以应用于所有目前流行的机器学习算法以进一步加强原算法的预测精度，应用十分广泛，产生了极大的影响[12-13]。

AdaBoost 是 Boosting 的代表，其核心思想则是针对同一个训练集训练不同的分类器（弱分类器），然后把这些分类器集合起来，构成一个更强的最终分类器（强分类器）。其算法本身是通过改变数据分布来实现的，它根据每次训练集之中每个样本的分类是否正确，以及上次的总体分类的准确率，来确定每个样本的权值[14]。所有分类器都使用同一个训练集进行训练，第一次训练用 N 个训练样本得到第一个弱分类器 C_1 和相应的权重 W_1，使用 C_1 预测数据集中样本得到分类准确度，准确度越高，权重越大。将分错的样本和其他新数据构成一个新的 N 个训练样本，通过学习得到第二个弱分类器和相应权重，以此类推。最终在达到规定的迭代次数或者预取的误差率时，强分类器就构建完成，并将弱分类器的加权投票结果作为强分类器的输出。

3.2.2 局部二值模式

局部二值模式（local binary pattern，LBP）是一种用来描述图像局部纹理特征的算子。它具有旋转不变性和灰度不变性等显著的优点[15]。

最早提出的 LBP 算子定义为在 3×3 的窗口内，以窗口中心像素为阈值，将相邻的 8 个像素的灰度值与其进行比较，若周围像素值大于中心像素值，则该像素点的位置被标记为 1，否则为 0。这样，3×3 邻域内的 8 个点经比较可产生 8 位二进制数（通常转换为十进制数即 LBP 码，共 256 种），即得到该窗口中心像素点的 LBP 值，并用这个值来反映该区域的纹理信息。

LBP 算子具有下面两种改进版本：

（1）CLBP 算子[16]：基本的 LBP 算子的最大缺陷在于它只覆盖了一个固定半径范围内的小区域，这显然不能满足不同尺寸和频率纹理的需要。为了适应不同尺度的纹理特征，并达到灰度和旋转不变性的要求，将3×3 邻域扩展到任意邻域，并用圆形邻域代替正方形邻域，改进后的 LBP 算子允许在半径为 R 的圆形邻域内有任意多个像素点，这样就得到了诸如半径为 R 的圆形区域内含有 P 个采样点的 LBP 算子。

（2）ELBP 算子[17]：在 ELBP 算子中，将椭圆形代替为圆形，ELBP 算子的计算方法是将 ELBP 算子的值与位于椭圆上且椭圆中心为当前像素本身的周围值进行比较。

3.2.3 特征点匹配方法

特征点是图像的一种重要特征，在一定程度上，特征点不会随着图像的平移、旋转、缩放、投影、仿射等变化而发生改变，所以作为一种鲁棒性较强的特征，特征点在图像领域具有很大的应用前景，如三维重建、运动跟踪、机载导航、目标识别等。常用的特征点包括 Harris 角点、Susan 角点、SIFT 角点等。Harris 角点[18]是一种常用的角点，其核心思想为：人眼对角点的识别通常是在一个局部的小区域或小窗口完成。在各个方向上移动这个特征的小窗口，如果窗口内区域的灰度发生了较大的变化，那么就认为在窗口内遇到了角点。如果这个特定的窗口在图像各个方向上移动时，窗口内图像的灰度不发生变化，那么窗口内就不存在角点；如果窗口在某一个方向移动时，窗口内图像的灰度发生了较大的变化，而在另一些方向上不发生变化，那么，窗口内的图像可能就是一条直线段。

Susan 角点算法[19]是 1997 年牛津大学的 Smith 等人提出的一种处理灰度图像的方法，它主要是用来计算图像中的角点特征，在特征的表示上，Susan 角点的鲁棒性更好。SIFT 角点是 Lowe 提出的基于 DoG 算子的特征检测描述方法，是目前图像领域应用最为普遍的特征点之一[20]。SIFT 角点算法在图像的不变特征提取方面拥有优势，但并不完美，仍然存在实时性不高、有时特征点较少、对边缘光滑的目标无法准确提取特征点等缺点。

3.2.4 方向梯度直方图

方向梯度直方图（histogram of oriented gradient，HOG）的思想主要表现为：

图像中目标的梯度或边缘的方向密度可以较好地描述目标的局部特征。图像中某点在水平方向的梯度 G_x 与垂直方向的梯度 G_y 可以表示为：

$$G_x = f(i,j+1) - f(i,j-1) \tag{3.14}$$

$$G_y = f(i+1,j) - f(i-1,j) \tag{3.15}$$

在计算数字图像梯度时采用差分法来计算：

$$\nabla f(x,y) = \sqrt{\left|\left\{\left[f(x,y)-f(x+1,y)\right]^2 + \left[f(x,y)-f(x,y+1)\right]^2\right\}\right|} \tag{3.16}$$

随后使用双过滤器在 $\left[-1,0,1\right]$、$\left[-1,0,1\right]^{\mathrm{T}}$ 两个方向上进行卷积计算得到图像梯度，引入正切角 θ：

$$\tan\theta = \frac{G_y}{G_x} \Rightarrow \theta = \tan^{-1}\left(\frac{G_y}{G_x}\right) \tag{3.17}$$

在 180° 范围内将正切角分为 n 个空间，空间跨度 $\Delta = 180/n$，则方向的记录就是正切角进入的区间。HOG 算子的整体流程如图 3.3 所示，整个目标的窗口可以分为不同大小的由 cell 区域组成的块，更大的块被看作是滑动窗口，通过滑动可以得到一些重复 cell 和一些同 cell 不同块的梯度，对这些梯度进行归一化操作逐步进行梯度计算等过程，最后组成复合的图片直方图向量。

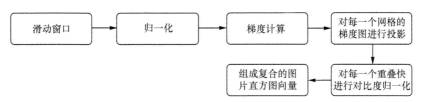

图 3.3　基于梯度滑动窗口的检测算法

由于 HOG 引入了边缘特征，所以能较好地描述局部的形状信息，通过使用向量化的位置和空间信息来抵消部分平移、旋转的影响。此外使用图像分块既可提高计算速度也有利于表征局部像素关系。但同时 HOG 也存在描述子冗长无法进行实时检测、对噪点敏感的缺点。

3.2.5　支持向量机

准确地说，支持向量机（support vector machine，SVM）不算视觉感知模型，其本质是一个分类模型。SVM 基本思想是在特征空间上找到最佳的分离超平面使得训练集上正负样本间隔最大，是用来解决二分类问题的有监督学习算

法。在引入了核函数方法之后，SVM 也可以用来解决非线性问题[21]。通常 SVM 可分为下面三类。

（1）硬间隔支持向量机（线性可分支持向量机）。当训练数据线性可分时，可通过硬间隔最大化学得一个线性可分支持向量机。

（2）软间隔支持向量机。当训练数据近似线性可分时，可通过软间隔最大化学得一个线性支持向量机。

（3）非线性支持向量机。当训练数据线性不可分时，可通过引入核函数方法以及软间隔最大化学得一个非线性支持向量机。SVM 方法是通过一个非线性映射把样本空间映射到一个高维乃至无穷维的特征空间（Hilbert 空间），使得在原来的样本空间中非线性可分的问题转化为在特征空间中的线性可分的问题。

在构造核函数后，验证其对输入空间内的任意格拉姆矩阵为半正定矩阵是比较困难的，通常的选择是使用现成的核函数，如多项式核、径向基函数核、拉普拉斯核等。

3.3 基于深度学习的视觉感知方法

深度学习是机器学习的分支，它是试图使用包含复杂结构或者由多重非线性变换构成的多个处理层对数据进行高层抽象的算法。日本学者福岛邦彦（Kunihiko Fukushima）在 1980 年提出的 Neocognitron 模型被认为是世界上最早的卷积神经网络模型之一。此模型的隐含层由 S 层（simple layer）与 C 层（complex layer）交替组合构成，两层的功能各不相同。其中，S 层的作用主要是在其感受野的范围内对图像内的目标进行特征提取，C 层则接受从 S 层中不同感受野返回的各个特征的值，此结构也为日后卷积神经网络（CNN）的发展起到了示范作用。2006 年，深度学习理论被提出以后[22]，深度卷积神经网络在视觉感知方面的能力逐渐得到广泛的关注。深度学习起源于神经网络，但现在已超越了这个框架，至今已有数种深度学习框架，如深度神经网络、卷积神经网络和深度置信网络、递归神经网络等，被应用于计算机视觉、语音识别、自然语言处理等领域，并获取了极好的效果[23-24]。深度学习的目的在于建立可以模拟人脑进行分析学习的神经网络，它模仿人脑的机制来解释数据，通过学习一种深层非线性网络结构即可实现对复杂函数的逼近，展现了良好的从大量无标注样本集中学习数据集本质特征的能力。深度学习能够获得可更好表示数据的特征，同时由于模型的层次深（通常有多层到数十层，甚至上百层的隐层节点），使得其具有好的表达能力，因此可用于大规模数据的学习。

3.3.1　经典的视觉感知网络结构

图 3.4 所示为基本的 CNN 结构框架，也是早期深度卷积神经网络用于邮政数字分类时使用的模型，该网络也称为 Lenet-CNN，其采用卷积层与池化层交替设置，这样卷积层提取出特征，再进行组合形成对图片对象描述更抽象的特征，最后将所有特征参数归一化到一维数组中形成全连接层，进行目标特征训练或检测。

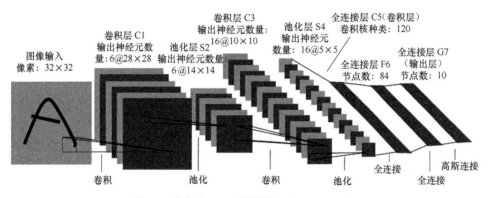

图 3.4　基本的 CNN 结构框架（Lenet-CNN）

图 3.4 所示的网络以像素为 32×32 的图像输入为例，10 类数字类判别为输出。网络接收的特征图经过卷积层特征提取步骤后将被传递进池化层进行特征的选择与过滤，池化函数将特征图中某个点的值近似替代为按一定规则计算的变量。池化层的数学模型可以表示为

$$A_k^l(i,j) = \left[\sum_{x=1}^{f} \sum_{y=1}^{f} A_k^l\left(s_0 i + x, s_0 j + y\right)^p \right]^{1/p} \tag{3.18}$$

式中，f 为过滤器大小；s_0 为步幅；p 为预先设定的参数。$p=1$ 时即为平均池化，当 P 接近无穷时则为极大池化。池化层常用极大池化和平均池化，二者通过损失某一些特征的方式来加强局部的背景或者纹理特征。

基于 Lenet-CNN 结构，后来的学者根据不同任务建立了不同的 CNN 结构，除了网络层数的变化，CNN 的结构的改进主要体现在激活函数、卷积核、池化方式、Loss 函数等不同设计和使用上面，下面简单介绍几个基于 Lenet-CNN 结构改进的经典的 CNN 结构[25]。

1. AlexNet 结构

2012 年，Krizhevsky 提出了 AlexNet 结构[26]。其最为核心的思想是：

（1）AlexNet 使用 ReLU 激活函数代替 Sigmoid，解决了在网络层次较深时候出现梯度弥散问题。

（2）使用 Dropout 算法按照一定概率将神经网络单元丢弃掉，在每次训练时候丢弃的是不同的神经元，则相当于每次都在训练不同的网络，避免了出现过拟合现象。

（3）采用具有平滑能力的局部响应归一化（local response norm，LRN）计算层，对当前层的输出结果做平滑处理，用于防止计算的过拟合。但后续更多的 CNN 的网络设计和实践者们认为 LRN 的功能基本和 Dropout 算法重合。因此，前面两点可以看作 AlexNet 最为明确的特点。

AlexNet 的另外一个标志是其采用 GPU 加速，使得深度学习的感知算法采用 GPU 加速训练和学习成为学术界和工业界的标准。

2. VGGNet 结构

2014 年，Simonyan 等学者在 AlexNet 网络结构的基础上提出了 VGGNet 结构[27]。本质上，VGGNet 属于更深层的 AlexNet，其相较于后者，主要探索了卷积神经网络的深度与其性能的关系，通过堆叠 3×3 的小卷积核和 2×2 的最大池化，使得网络可以达到更大的卷积核（如 7×7 卷积核）一样的感受野。此外，VGGNet 没有使用 LRN 结构。VGGNet 因为其结构规整，卷积核较小，被后续 CNN 网络结构设计者们广泛参考。

3. GoogLeNet 结构

2014 年，在 VGGNet 被提出的同一年，GoogLeNet（Inception）结构也被提出来[28]。AlexNet、VGGNet 等结构都是通过增大网络的深度来获得更好的训练效果，但是层数增加会带来一定的副作用，比如过拟合、梯度消失或梯度爆炸等问题。GoogLeNet 结构的提出从另一种角度更高效地利用了计算机资源，在相同计算量下能提取到更多的特征，从而提升训练效果。GoogLeNet 与 AlexNet 和 VGGNet 显著不同在于其构建了一个 Inception 的结构。Inception 的最初期版本的结构 Inception V1 是一个稀疏网络结构，但是能够产生稠密的数据，既能增加神经网络表现，又能保证计算资源的使用效率。如图 3.5（a）所示，该结构将 CNN 中常用的卷积（1×1，3×3，5×5）、池化操作（3×3）堆叠在一起（卷积、池化后的尺寸相同，将通道相加），一方面增加了网络的宽度，另一方面也增加了网络对尺度的适应性。这样，网络卷积层中的网络能够提取输入的每一个细节信息，同时 5×5 的滤波器也能够覆盖大部分接受层的输入。

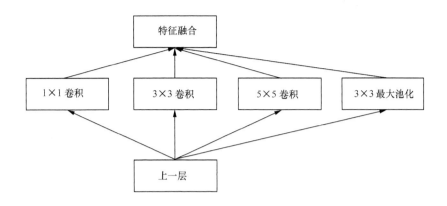

（a）原始 Inception V1 结构

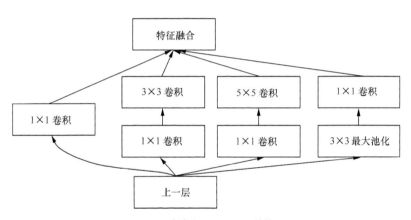

（b）改进的 Inception V1 结构

图 3.5　GoogLeNet 中的 Inception V1 结构

　　然而在 Inception 原始版本中 ［见图 3.5（a）］，所有的卷积核都在上一层的所有输出数据上进行，5×5 的卷积核所需的计算量较大。为了避免这种情况，在 Inception V1 结构的 3×3 卷积前、5×5 卷积前、3×3 最大池化后分别加上了 1×1 的卷积，以起到降低特征图厚度的作用。基于改进的 Inception V1 结构 ［见图 3.5（b）］，多个 Inception 模块串联起来就形成了 GoogLeNet。

　　一般来说，使用 1×1 的卷积可以整合各个通道的信息，同时可以对卷积核的通道数进行增加或者降低。GoogleNet 虽然有 22 层的参数，但参数量是同期 VGG16（138 million）的 1/27，以及 AlexNet（60 million）的 1/12，同时准确率却较 AlexNet 有一定提升。

4．ResNet 结构

　　卷积神经网络不断加深，也使得模型准确率不断下降，但是这种准确率下降

却不是由于过拟合现象造成的。为此，何凯明等人提出了残差网络（ResNet）[29]。

ResNet 假定某段神经网络的输入为 x，期望网络输出的结果为 $H(x)$，如果把 x 传出作为初始的结果，那么此时需要学习的目标就是 $F(x)=H(x)-x$。在图 3.6 中，通过捷径连接（曲线）的方式，把 x 传到输入作为初始结果，残差单元输出结果为 $H(x)=F(x)+x$，ReSnet 改变了网络的学习目标，不是学习完整的输出，而是学习目标值 $H(x)$ 和 x 之间的差值，训练时主要是将残差结果向 0 逼近。残差网络的主要思想是去掉相同的主体分来学习残差，突出网络中小的变化。

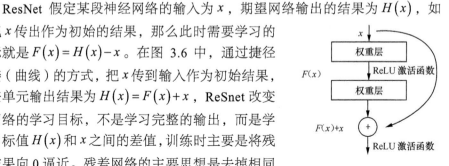

图 3.6　残差学习

ResNet 网络中残差学习通过捷径连接实现，通过捷径将输入和输出进行一个元素层面上（element-wise）的加叠，Resnet 网络中没有引入额外的参数和计算复杂度，所以这种方法不会增加网络的计算量，同时能够加快网络训练速度，减少训练时间，并且使用该结构能够解决由于网络层数过深导致的模型退化问题。ResNet 网络结构容易优化，它解决了增加网络深度带来的副作用（模型退化），可以通过增加网络的深度来提高准确率，在后来的图像分类、检测、定位等多种视觉感知任务中获得广泛应用。

5. MobileNet 结构

前述的典型网络因为网络结构深，模型大的情况在某些真实场景，如移动应用或者嵌入式应用中会存在着内存不足、计算资源相对不足的问题。另外，实际应用场景往往还要求计算低延迟（或者说响应速度要快），所以小而高效的 CNN 模型至关重要。在这一点上，目前主要有两个途径：一是将训练好的复杂模型压缩得到小模型；二是直接设计小模型并进行训练。不管如何，它们的目的都是在保持模型性能的前提下降低模型大小，同时提升模型速度。

MobileNet 结构[30]在深度可分解卷积基础上，将标准卷积分解成一个深度卷积（depthwise convolution）和一个逐点卷积（pointwise convolution），逐点卷积通常是 1×1 卷积。比如一个标准卷积为：$a \times a \times c$，式中 a 是卷积大小，c 是卷积的通道数，MobileNet 将其一分为二：一个卷积为 $a \times a \times 1$，另一个卷积核 $1 \times 1 \times c$。简单说，标准卷积同时完成了 2 维卷积计算和改变特征数量两件事，MobileNet 把这两件事分开处理。与其他流行的网络模型相比，这种分解表现出很强的性能，可以有效减少计算量，降低模型大小。图 3.7 所示说明了标准卷积的分解过程。

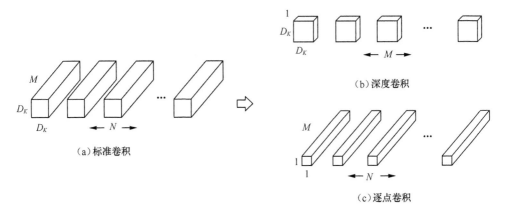

图 3.7　标准卷积分解为深度卷积和逐点卷积

最后，MobileNet 使用深度可分离的卷积来构建轻量级的深层神经网络，通过引入两个全局超参数，在延迟度和准确度之间进行有效平衡。这两个超参数允许模型构建者根据问题的约束条件，为其应用选择合适大小的模型。MobileNet 在广泛的应用场景，如物体检测、细粒度分类、人脸属性和大规模地理定位中具有有效性。

3.3.2　基于深度学习的目标感知

在视觉感知领域中，除了物体识别外，深度学习的另一个广泛应用为从图片或者视频序列中检测目标，这也是机器人甚至空间机器人视觉通道的一项基本功能。自从 2012 年开始，在 CNN 结构展示出其优秀的特征抽取能力后，基于深度卷积神经网络的目标检测在自然图像应用中取得了巨大突破。一系列具有突破性的深度学习检测算法不断出现，这些方法大大客服了传统的视觉感知技术所具有的检测单一、对目标旋转缩放的应对能力差的缺陷，使得机器人视觉感知技术获得明显突破。

1. Region-CNN（R-CNN）

R-CNN 是第一个成功将深度学习应用到目标检测上的算法[31]。其思路明确分为下面三个步骤：

（1）采用一种选择性搜索（selective search）方法[32]从图像中选出约 2000 个可能是目标的区域。

（2）对于每个可能是目标的区域（region），用类似 AlexNet 的 CNN 结构来提取特征。

（3）最后用 K 个 L-SVM 作为分类器（每个目标类一个 SVM 分类器，K 为

目标类个数），使用 AlexNet 提取出来的特征作为输出，得到每个区域属于某一类的得分。

在 R-CNN 结构模型中，由于卷积神经网络的全连接层对于输入的图像尺寸有限制，所以所有选择性搜索候选区域的图像都必须经过变形转换后才能交由卷积神经网络模型进行特征提取，但是无论采用剪切（crop）还是采用变形（warp）的方式，都无法完整保留原始图像信息。同时，由于后续 R-CNN 需要针对每个选出的候选区域取逐个进行特征提取和 SVM 分类计算，因此 R-CNN 存在着训练计算慢，训练所需空间大的问题。

2．Fast R-CNN

为了解决 R-CNN 训练速度慢、训练所需空间大的问题，R-CNN 的原作者 Girshick 对 R-CNN 做出了改进，提出了 Fast R-CNN[33-34]。针对原来 R-CNN 中存在的候选区域的图像都必须经过变形转换后才能交由卷积神经网络模型进行特征提取的缺陷，作者采用空间金字塔池化网络（spatial pyramid pooling networks，SPP-Net）思路[35]，利用卷积后的特征图与原图在空间位置上存在一定的对应关系，仅仅对整张图像进行一次卷积层特征提取，然后将候选区域在原图的位置映射到卷积层的特征图上得到该候选区域的特征，最后将得到每个候选区域的卷积层特征输入到全连接层进行后续操作。

在 SPP-Net 中，输入一幅任意尺度的待测图像，用 CNN 可以提取得到卷积层特征（例如，VGG16 最后的卷积层为 Conv5_3，得到 512 幅特征图）。然后将不同大小候选区域的坐标投影到特征图上得到对应的窗口（window），将每个窗口均匀划分为 4×4，2×2，1×1 的块，然后对每个块使用最大池化采样，这样无论窗口大小如何，经过 SPP 层之后都得到了一个固定长度为 $(4\times4+2\times2+1)\times512$ 维的特征向量，将这个特征向量作为全连接层的输入进行后续操作。这样就能保证只对图像提取一次卷积层特征，同时全连接层的输入维度固定。

3．Faster R-CNN

2015 年，在 Fast R-CNN 的基础上，Faster R-CNN 利用 RPN（region proposal network）网络来提取候选框[36]，这比选择性搜索等方法提取的候选框更少，效率更高。RPN 网络中正式提出了锚框（anchors）的概念。锚框用于计算和判断所在的候选框属于每个类别的概率和相对于真实目标的偏移量，通常每个锚框对应于输入图像预测的三种尺度（如 128、256、512），三种长宽比（如 $1:1$、$1:2$、$2:1$）的九个区域，即每个锚框可以产生九个候选框。将其输入到两个全连接层，即分类层和回归层，分别用于分类和包围框（bounding box）回归。

最后根据候选区域得分高低，选取前 300 个候选区域，作为 Faster R-CNN 的输入进行目标检测。因为 Faster R-CNN 采用 RPN 替换选择性搜索，使得其网络结构真正成为端到端的结构，同时 RPN 相对于选择性搜索机制，用时也更小。

4．YOLO 系列网络结构

前述的 R-CNN、Fast R-CNN、Faster R-CNN 属于两阶段目标检测算法。两阶段的意思是上述网络结构在后端需要分别处理候选框的回归和候选框目标类属归类问题。YOLO（you only look once）系列相关的算法将候选框的回归和候选框目标类属归类问题整合为回归问题，将两阶段目标检测算法变为一阶段目标检测算法[37]。

YOLO 系列一开始就是完全端到端的目标检测和识别结构，一次性预测多个框的位置和类别，其相对于 Faster R-CNN 具有更快的计算速度。YOLO 系列没有选择滑窗或提取候选区域的方式训练网络，而是直接选用整图训练模型。YOLO 系列利用多重 DarkNet 结构提取特征。DarkNet 吸取了 ResNet 这种跳层连接方式，在升级后的 YOLO v3，网络修改为全卷积网络，其间大量使用残差跳层连接。如 YOLO v1 和 YOLO v2 之前的工作中，一般都是使用尺寸（size）为 2×2，步长（stride）为 2 的最大池化或者平均池化进行降采样。但 YOLOv3 网络结构中，使用的是步长为 2 的卷积来进行降采样。YOLO 系列算法自 2016 年提出以来，后续发生多个版本的改进，除去其最大的一阶段目标检测算法特点外，YOLO 系列算法的改进主要在网络结构的细微调整上，比如从 YOLO v1 到 YOLO v3 的去除 Softmax 层、去掉随机失活、去掉池化改为全卷积的逐渐转变。YOLO 系列中的 YOLO v3 目前在目标的检测上得到较好的检测效果。最近，研究者和工业界在 YOLO v3 基础上，主要针对目标检测如何框得更准确[38]以及如何减少框的虚警上进行探索[39]。

5．SSD（Single Shot MultiBox Detector）

Faster R-CNN 准确率较高，漏检率较低，但速度较慢。而 YOLO 系列则相反，速度快，但准确率和漏检率比 Faster R-CNN 略低，SSD 则综合了它们的优缺点[40]。

与 YOLO 的网络结构相比，SSD 的优点在于是生成多尺度默认框（default box），SSD 生成默认框的特征图（feature map）不仅仅在于 VGG 输出的最后一层，还利用比较浅层的特征图生成默认框。所以 SSD 相对于 YOLO v1 在小目标检测上会有优势。同时，SSD 生成的多尺度默认框有更高概率贴近于真实数据（ground truth）候选框，所以找到目标的位置相对于 YOLO v1 略好。但 SSD 的候选框数量比 YOLO v1 明显更多，也比 Faster R-CNN 的约 2000 个候选框更多，所以训练和检测相对于 YOLO v1 更慢，尽管 SSD 的候选框数量较多，但

是 SSD 在候选框最后采用类别和位置统一回归的方法，不像 Faster R-CNN 那样要对类别逐一进行判断，因此其比 Faster R-CNN 要快。

|3.4 面向少量样本学习的视觉感知方法|

从前面的介绍可以看到，深度学习模型在目标检测上取得了不错的成果。然而，深度学习需要大量的数据。针对机器人或者空间机器人的应用环境，很多样本难以大量获取。因此，如何构建小样本条件下的视觉感知模型是空间机器人的一个重要工作。小样本条件下的视觉感知问题指每个类只有一张或者几张样本。下面介绍几类经典的面向少量样本学习的视觉感知方法。

3.4.1 孪生神经网络

孪生神经网络（siamese network）的主要目标和思想是采用两支对称（相同或者类似）的网络，针对输入的两张图片，判断其是否是同类还是非同类，本质是一个二分类问题。孪生神经网络的特点就在于共享权值。在早期，孪生神经网络用于实现检索功能，判断信息之间的相似性，这些信息包含图像、文字等。若两个信息之间的相似度越大，计算得到的评分就越高[41]。

孪生神经网络的网络结构如图 3.8 所示，Net 1 和 Net 2 是一组结构相同且共享权重的深度神经网络。对于使用的深度神经网络可以是 LSTM 或者 CNN 等。用卷积神经网络（CNN）计算两个子网络输出的卷积特征向量之间的距离，距离越大，相似度越大。距离的计算为：

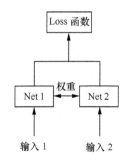

图 3.8 孪生神经网络结构图

$$D_w(x_1,x_2) = \left\| G_w(x_1) - G_w(x_2) \right\|$$ （3.19）

式中，x_1 和 x_2 是网络输入的两张尺寸大小一样的图片；w 为网络训练好的权重；$G_w(x_i)(i=1,2)$ 为图片经过网络得到的向量；$D_w(x_1,x_2)$ 为两个网络输出的向量之间的欧氏距离，用来评判两张图像之间的相似度。卷积神经网络训练时，训练样本是成对的图像或者文字等，对相似的训练样本对用标签标记为真，对不相似的样本对用标签标记为假，通过对比 Loss 函数沿梯度下降的方向不断训练，直至网络收敛，Loss 函数为：

$$L(w) = \sum_{i=0}^{P}\left[(1-y)L_G\left(E_w(x_1,x_2)^i\right) + yL_I\left(E_w(x_1,x_2)^i\right)\right]$$ （3.20）

式中，y 表示 x_1、x_2 是否是同一类；P 为总样本数量；L_G 为样本对为同类时的损失函数；L_I 为样本对为不同类时的损失函数。当样本对为相同类时，使 L_G 尽可能小，为不同类时，则使 L_I 尽可能大。

在早期孪生神经网络的基础上，SiamFC 结构在 2016 年被提出来，用于目标跟踪。SiamFC 使用全卷积网络结构，并改变了孪生神经网络的两个输入。SiamFC 通过离线训练网络，在线上跟踪时预测下一帧图像目标的位置，无需在线更新模型。SiamFC 是端到端的训练模式，在 ILSVRC15 数据集上取得了很好的跟踪效果，并且在跟踪速度方面超过了实时性要求。SiamFC 的框架如图 3.9 所示。

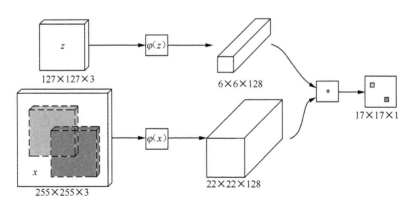

图 3.9　SiamFC 的框架

在图 3.9 中，z 为目标图像，x 是待搜索图像。x 和 z 的图像大小是不一样的，在跟踪时，z 为当前帧目标所在位置的图像，x 为下一帧待检测图像，以当前帧目标位置为中心，在下一帧图像上计算响应得分图，得分越高越有可能是目标的位置。最后通过计算得分最大的位置与步长的乘积，确定下一帧的目

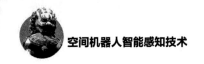

标位置。SiamFC 的相似度计算公式为：

$$f(z,x) = \varphi(z) \times \varphi(x) + b_i \qquad (3.21)$$

式中，$\varphi(z)$ 为 z 图像经过网络得到的卷积特征向量；$\varphi(x)$ 是 x 图像经过网络得到的卷积特征向量；b_i 为得分图上位置 i 的取值。

SiamFC 方法使用的是全卷积网络的结构，每一个卷积层后都有 ReLU 激活层，每一个线性层后都加 BN 层。全卷积网络不需要两个输入图像的尺寸相同，可以支持更大的图像输入。全卷积网络结果类似于特征金字塔网络结构[42]，都是自上而下的连接，并且可以直接匹配模板图像和候选图像，网络的输出就是所需要的响应图，响应图中的点的值越高，对应位置就越可能是目标位置。

SiamFC 训练时不考虑目标类别，使用判别的方法训练正负样本，其逻辑损失的定义为：

$$l(y,v) = \log\left(1 + e^{-yv}\right) \qquad (3.22)$$

式中，y 表示训练样本对的标签值，当训练样本对是正样本时为 1，反之则为 -1；v 为训练样本对的评价得分。SiamFC 在训练时计算所有候选位置的平均损失，其计算公式为：

$$L(y,v) = \frac{1}{D} \sum_{u \in D} l\big(y[u], v[u]\big) \qquad (3.23)$$

式中，D 为 SiamFC 输出的最后得分图；u 是表示得分图中的位置。SiamFC 通过计算得到当前目标在下一帧图像上的相应得分图，根据相应得分图的值确定下一帧图像上的目标的位置，在相应得分图上得分越大的位置，越有可能是目标的位置。SiamFC 是一种端到端的模式，通过离线训练，在目标跟踪领域取得了较好的效果。

3.4.2　零样本学习

零样本学习（zero-shot learning，ZSL）是针对没有训练样本的类别进行分类的问题。对于 ZSL，传统的分类方法没有办法解决，因为传统方法需要给定大量有标注的训练数据，学习出一个分类器来标注测试集中的样本[43]。

目前存在一种基于热点学习（hot learning）的改进的反向投影目标分类算法。该算法将属性空间中的类别原型投影到视觉空间中，基于反向投影的 ZSL 目标分类方法来获得类别原型在视觉空间的表达。在测试时，首先将所有的类别原型投影到视觉空间中，得到在视觉空间的表达，然后找到离测试样本最近的表达就是样本属于的类别。

在传统的利用属性学习实现零样本图像分类的研究中并没有把属性与类别做关联，后来有人因此提出了基于共享特征相对属性的零样本图像分类方法。模型将类别与属性放在同一层，通过共享的低维特征层同时学习类别分类器和属性分类器，以挖掘类别与属性之间的关系，并采用交替迭代的方式来优化参数。实验结果表明：采用多任务学习的方法来共同学习类别分类器和属性分类器，充分挖掘了类别与属性之间的关系，并得到了二者的共享特征，进而可将共享特征用于属性排序函数的学习以及零样本图像分类[44-45]。该方法在自然和人脸数据集上均取得了较好的实验结果，可以提高属性排序精度以及零样本图像分类精度。

3.4.3　迁移学习

在迁移学习中，将之前学习过的任务叫作"源任务"，其涉及的领域叫作"源领域"，准备学习的新任务叫作"目标任务"，其领域叫作"目标领域"。迁移学习就是两个不同领域之间知识的迁移，因此领域（domain）和任务（task）是迁移学习中需要非常关注的两个概念。下面给出两个概念的定义。

定义 1　领域（domain）：特征空间 X 和边缘概率密度 $P(x)$ 两部分组成领域 D，于是当存在一个确切的领域时，可以表示为 $D = \{X, P(x)\}$。式中，$x \in X$。若源领域 D_s 与目标领域 D_t 有差异，那么 $X_s \neq X_t$ 或 $P(X_s) \neq P(X_t)$，那么它们对应的领域特征空间或边缘概率分布将有所差异。

定义 2　任务（task）：任务 T 是由领域的类别空间 Y 和函数预测模型 $f(\cdot)$ 构成，即 $T = \{Y, f(\cdot)\}$。其中，函数预测模型由已有预训练样本 $\{x_i, y_i\}$，$x_i \in X$，$y_i \in Y$ 学习得到，可以通过它对任务进行预测，从统计观点来看，可以表示为条件概率分布 $f(x) = Q(y|x)$。

在深度学习中，深度神经网络在大型图像数据集上有着显著实际应用效果，目前已经有众多学者对深度 CNN 模型各层特征做了大量的研究。目前常见的基于卷积神经网络的迁移学习是在大规模数据集（如 ImageNet）上训练学习到的特征，并应用到新的目标任务上。具体做法就是在一个大型数据集上预训练一个深度 CNN 模型，然后替换这个 CNN 模型的输出层或输出层前几层的全连接层，使用新的目标任务输出维度大小，再将替换的部分网络权值随机初始化，网络模型的其他权重与预训练好的权重保持一致，然后开始在目标数据集上进行微调训练，为了避免再训练时破坏模型抽取特征能力，一般对原网络权重进行冻结处理，再次训练时权重不会被更新。

在迁移学习任务中通常有两个集合：源数据（ source data ）与目标数据（ target date ）。源数据是我们在训练前能够获取的大量数据，目标数据是我们能够获取的比较少的数据，源数据与目标数据之间具有一定的关联关系。源数据与目标数据都有标签。迁移学习是通过源数据（大量样本）训练模型，然后使用少量的目标数据在实际任务上对网络进行微调。

将新的图像经过预训练好的卷积神经网络直接送到被替换的网络层的过程可以看作是对图像进行特征抽取的过程，提取到的深度特征更加精简且表达能力更强。深度卷积神经网络具有优秀的自我学习能力，它能够完成在新目标任务上的迁移学习，因此可以使用迁移学习的方式解决某些领域样本量不够的问题。

| 3.5　视觉引导的机器人抓取技术 |

3.5.1　基于深度学习的抓取技术

机器人抓取技术是机器人领域的研究重点方向之一。早期的抓取技术侧重于在已知三维模型的物体上搜索满足形封闭和力封闭等准则的接触点。随着视觉感知技术的发展，研究人员从图像中提取物体边缘或轮廓，然后在物体的边缘或轮廓上规划满足稳定抓取条件的接触点，并引导机器人手指抓取物体。机器人抓取效率受轮廓提取的准确度、在轮廓上搜索抓取位置等的影响。近些年，随着深度学习技术的发展，利用深度神经网络（如卷积神经网）训练从图像到抓取构型的端到端策略，成为抓取领域的关注热点。基于深度神经网络的方法训练的端到端的抓取策略，其抗干扰能力好，泛化能力强，是效果较为理想的方法。

深度神经网络可以建立从图像映射到抓取，实现端到端的学习。目前基于深度学习的抓取技术主要有三类：基于滑动窗口的抓取构型检测，主要在整个图像上使用滑动分类器搜索可行的抓取构型；基于边界框的抓取构型检测，主要通过选择性搜索或者定位框提取可行的抓取构型；基于像素的抓取构型检测，主要使用全卷积神经网络模型预测每个像素的抓取构型。

全卷积神经网络的发展为直接从图像中搜索机器人的抓取构型提供了新的视角。为了降低网络的复杂度、提高抓取检测的实时性，本节讨论引入了注意力机制，基于全卷积神经网络在图像像素上检测抓取构型的结构如图 3.10 所示，右侧矩形框标识了物体上可抓取的位置区域，该位置区域中的像素具有最大的抓取性能。注意力机制专注于输入图像的显著特征，便于提高预测的准确性和网络模型的灵敏性。

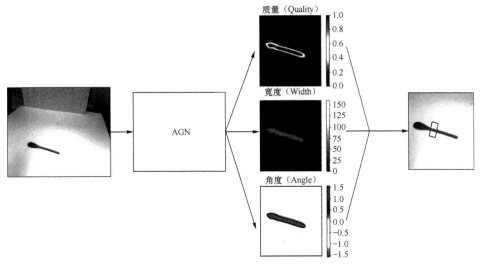

图 3.10　抓取生成图

1．抓取模型定义

实际抓取系统如图 3.11 所示，输入 RGB 图像 $g = \{p, \theta, w, q\}$。其中，$p = (x, y, z)$ 为抓取中心的直角坐标的位置；θ 是抓取绕 z 轴的旋转角度；w 是抓手；q 表示抓取性能即抓取成功的机会。根据相机的固有参数和手眼校准后，抓取 RGB 图像，g 可通过下式计算：

$$g = T_{rc}\left(T_{co}\left(\tilde{g}\right)\right) \tag{3.24}$$

式中，T_{co} 代表将图像从像素坐标转换为相机坐标；T_{rc} 是从相机坐标转换为机器人坐标。

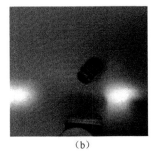

（a）　　　　　　　　　　（b）

图 3.11　实际抓取系统

使用卷积神经网络生成抓取图像 $\tilde{g} = \left\{ \tilde{p}, \tilde{\theta}, \tilde{w}, q \right\}$。其中，$\tilde{p} = (u, v)$ 是抓取像素坐标的中心点；$\tilde{\theta}$ 是旋转图像坐标中的角度；$\tilde{w}$ 是图像中抓取宽度的坐标。

2. 抓取网络结构

抓取模型预测每个像素与抓取的相关性，形成抓取地图。定义函数 F 为从图像 i 到抓取 D 的映射 $D = F(i)$，则最佳的抓取由公式 $\tilde{g}^* = \max D$ 计算出。

与传统机器人抓取方法相比，使用全卷积神经网络进行抓取检测，对输入图片的尺寸没有要求，而且可以避免重复像素块引起的存储和重复卷积计算问题，使得检测效率更高。但是如图 3.12 所示，标准的全卷积神经网络的输出结果仍然不够精确，上采样结果模糊，对图片细节信息不敏感。

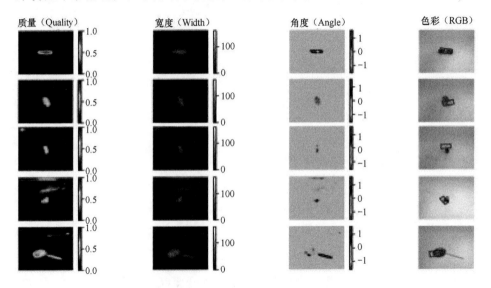

图 3.12　无注意力机制的抓取结果

解决此问题有两种方式：一种方式是使用复杂的网络结构进行特征提取，如 ResNet、VGG 等，但网络训练需要学习较多参数，耗费时间长，难以满足实时性要求；另一种方式是将注意力机制引入网络模型中，提高特征表示能力。与没有注意力机制的结果图 3.12 相比，图 3.13 明显可以看出 AGN 模型输出的三个特征图清晰而且预测准确。

AGN 的网络结构如图 3.14 所示，采用编码与解码的结构，其中编码网络是正向卷积层与最大池化构成，解码网络是反向卷积层与正向卷积层构成，并使用注意力机制。通过正向卷积层提取图像网络，捕获足够大的感知领域，并使用注意力机制去抑制反向卷积层中相应的无关背景区域层，扩大了显著性和改善网络的性能。反向卷积层用于特征复原，恢复出所需要的特征结果。

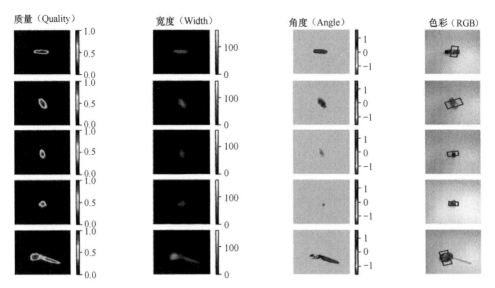

图 3.13　AGN 模型的抓取结果

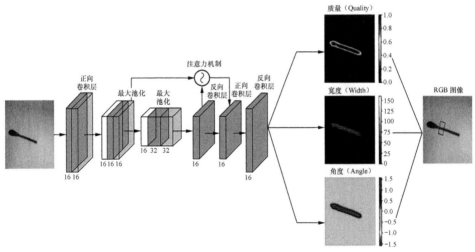

图 3.14　AGN 网络结构

3. 注意力机制

针对图 3.15 所示的注意力机制，输入特征 f 由计算的注意力系数 α 进行调控。

注意力系数 α 可通过下式计算：

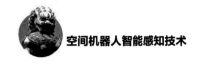
$$\alpha = \sigma_2 \left(\phi \left(\sigma_1 \left(w_g(g) + w_x(f) \right) \right) + b_\phi \right) \qquad (3.25)$$

式中，σ_1 是 ReLU 函数；σ_2 是 Sigmoid 函数；ϕ 是卷积；f 是输入特征；g 是门控信号；b_ϕ 是偏置项。

注意力机制输出 $\hat{f}$ 可以通过输入特征 f 和注意力系数 α 相乘得到：

$$\hat{f} = f * \alpha \qquad (3.26)$$

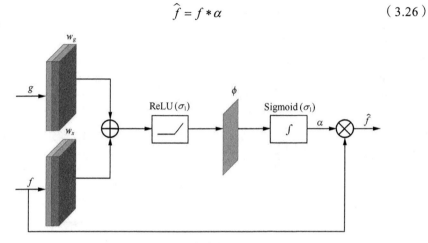

图 3.15　注意力机制

4．抓取评估

本节选用 Cornell 数据集作为实验数据集，该数据集有 885 张图片。其中包括 244 种不同种类物体，每种物体包含不同位姿的图片。数据集对每张图片标记目标物体的抓取位置，共标记 5110 个抓取矩形框和 2909 个不可用于抓取的矩形框。每张图像都标有多个抓取矩形框，适合逐像素的抓取表示。

Cornell 数据集有多个种类物体，但数据量较小。为了评估完整的抓取图，将一个图像代表一种抓取，并使用随机裁剪、缩放和旋转的方法来处理数据集去生成相关联的抓取图，使得每个 RGB 图像对应三个抓取特征图：质量图、宽度图和角度图。

（1）质量图：抓取质量 q 设置为 0 ~ 1，对的抓取表示为 1 和其他像素值为 0，在每个像素中，计算每个像素的抓取质量。质量越高，抓取的成功率越高。

（2）宽度图：计算 RGB 图像中每个像素的夹具的宽度 $\tilde{w}$，并设置宽度值为 0 ~ 150。

（3）角度图：每个抓取矩形的角度范围为 $\left[-\dfrac{\pi}{2}, \dfrac{\pi}{2} \right]$，绕 z 轴真实抓取角度

是 $\left[-\dfrac{\pi}{2},\dfrac{\pi}{2}\right]$，模型预测出图像旋转坐标的抓取角度 $\tilde{\theta}$，就可以计算出旋转角度 θ。

在 Cornell 数据集上评估抓取检测结果时，有点度量和矩形度量两个不同指标。点度量计算预测的是抓取中心点到所有真实的抓取中心点的距离，若距离小于某个阈值，则被认为成功抓取。然而，点度量并没考虑到角度，因此使用矩形度量指标，当预测的矩形框满足以下两个条件时，就被认为该抓取矩形框可用于抓取物体：

① 抓取角度与真实框的抓取角度在 30° 以内。

② 预测的抓取和真实抓取的 Jaccard 系数大于 25%，Jaccard 系数定义如下：

$$J\left(g,\hat{g}\right)=\frac{g\bigcap\hat{g}}{g\bigcup\hat{g}} \tag{3.27}$$

式中，g 是预测的抓取矩形面积；$\hat{g}$ 是标注框的抓取矩形区域。

3.5.2　基于深度强化学习的抓取技术

基于卷积神经网络的方法训练的端到端的抓取策略，其抗干扰能力好，泛化能力强，是效果较为理想的方法。然而，一个端到端的抓取策略需要网络模型对大量带有标签的数据进行长时间的训练，这种苛刻的条件在大部分情况下是不具备的，因此这种方法的普适性较差。和上述方法相比，基于深度强化学习算法的抓取策略，则利用在线采集数据的方式进行训练，训练成本低，且泛化能力强，成为了目前该领域的一个新的研究热点。本节将介绍基于值函数的DQN 算法训练抓取策略。

1．状态表示

考虑到图像信息的丰富性，我们将图像作为高维状态信息输入深度学习网络。由于需要知道目标物体的高度信息，因此输入图像为 RGB-D 格式，包括了彩色信息和深度信息。由于采集彩色图像和深度图像的传感元件存在差异性（安装的位置不同，感光元件视野不同），因此采集得到的图像尺寸不同、视野不同。图像尺寸和视野的不一致性会造成目标物体定位的失准，也就是说即便是相同的像素位置，在彩色图像中和深度图像中描述了不同的物体。因此本节采用图像对齐技术将 RGB 图像与深度图像对齐，保证两种图像拥有相同的尺寸和相同的视野。图像对齐技术本质上是把彩色相机和深度相机看成一个双目相机，通过相机的内外参数进行坐标转换，转移到同一坐标系下进行图像表示。对齐后的 RGB 图像不仅和深度图像具有相同的尺寸，且采集视野也相同。这种图像对齐的操作保证了后续对目标物体抓取的准确性。

2．动作表示

由于抓取包括"抓"和"推"两个动作，因此需要对两个动作采用不同的表示方式。对于"推"的动作，通过如下方式来设计：首先计算出目标物体的位置信息 (x,y,z)，然后将手爪闭合，移到物体的正上方，如若需要往某个方向推，则手爪往该方向的反方向平移 $2\,\mathrm{cm}$，再往下平移后往目标方向"推"一定的距离；对于"抓"的动作，使用动作 (x,y,z,r_z,θ) 来表示。同样地，x、y、z 分别表示通过坐标转换后得到的目标物体的位置信息；r_z 用来表示目标物体的姿态信息；θ 用来表示手爪的状态，通常设置为 0 或 1。为了能够计算出物体"推"的方向，或者为了能够"抓"不同姿态摆放的物体，需要不同的"推"或"抓"的方向以供选择，并挑选出最优的方向执行。

3．奖励函数的设计

在一个复杂的抓取场景中，多物体混合分布时，物体之间如果没有给手爪留有足够的抓取空间则会导致抓取任务的失败。为此，在多动作协同学习中，对于"推"的动作，希望执行该动作后，有利于改变物体间的分布。例如，从堆叠变为零散。在实现过程中，通过计算"推"的动作执行前后，图像像素信息的距离来判断该动作是否改变了物体间的分布。具体来说，先设定一个固定的图像像素距离阈值 δ，"推"的动作执行后，如果图像像素的变化距离超过了该阈值，则认为"推"的动作执行成功。图像 P 和图像 Q 的像素距离可通过下式计算。

$$d = \sum_{i,j=1}^{N} \left(p_i - q_j \right)^2 \tag{3.28}$$

式中，p_i 和 $q_j\,(i,j=1,2,\cdots,N)$ 分别表示图像 P 和图像 Q 的像素值；N 表示图像的像素点个数。而"推"的动作的奖励函数为

$$r_{pt} = \begin{cases} 1, & d > \delta; \\ 0, & \text{其他} \end{cases} \tag{3.29}$$

对于"抓"的动作，在一次抓取中，我们不仅希望本次能够抓取成功，同时希望本次的抓取尝试能够为后续的抓取创造有利的条件，比如说，改变了物体的分布情况，使得物体的分布更加零散等。

| 本章小结 |

本章主要介绍视觉感知中的物体外观辨识的相关知识，主要从经典视觉感

知方法、基于机器学习和深度学习的视觉感知方法、面向少量样本学习的视觉感知方法进行介绍。然后，以机器人的抓取为应用背景，介绍了基于深度学习和深度强化学习的机器人抓取学习技术。由于视觉感知技术的不断发展，以及作者知识的局限性，本章内容只针对目前一些主要的方法做了提纲挈领式的介绍，详细的知识可以参阅相关文献和书籍。

参考文献

[1] GOSHTASBY A. Template matching in rotated images[J]. IEEE Transactions on Pattern Analysis and Machine Intelligence, 1985, 7(2): 338-344.

[2] PEREIRA S, PUN T. Robust template matching for affine resistant image watermarks[J]. IEEE Transactions on Image Processing, 2000, 9(6): 1123-1129.

[3] ROSENFELD A. Axial representations of shape[J]. Computer Vision, Graphics & Image Processing, 1986, 33(2): 156-173.

[4] MUMFORD D. Mathematical theories of shape: do they model perception? [C]// Geometric Methods in Computer Vision. Bellingham, WA: SPIE, 1991, 1570: 2-10.

[5] GORMAN J W, MITCHELL O R, KUHL F P. Partial shape recognition using dynamic programming[J]. IEEE Transactions on Pattern Analysis and Machine Intelligence, 1998, 10(2): 257-266.

[6] OZCAN E, MOHAN C K. Shape recognition using genetic algorithms[C]//IEEE International Conference on Evolutionary Computation. Piscataway, USA: IEEE, 1996:411-416.

[7] 杨旭. 图匹配模型、算法及其在计算机视觉中的应用[D]. 北京：中国科学院大学，2014.

[8] ITTI L, KOCH C, NIEBUR E. A model of saliency-based visual attention for rapid scene analysis[J]. IEEE Transactions on Pattern Analysis and Machine Intelligence, 1998, 20(11): 1254-1259.

[9] ZHAI Y, SHAH M. Visual attention detection in video sequences using spatiotemporal cues[C]//The 14th Annual ACM International Conference on Multimedia. New York: ACM, 2006: 815-824.

[10] CHENG M M, ZHANG G X, Mitra N J, et al. Global contrast based salient region detection[C]//2011 IEEE Conference on Computer Vision and Pattern Recognition. Piscataway, USA: IEEE, 2011, 37(3): 409-416.

[11] ACHANTA R S, HEMAMI S S, ESTRADA F J, et al. Frequency-tuned salient region detection[C]//2009 IEEE Conference on Computer Vision and Pattern Recognition. Piscataway, USA: IEEE, 2009. 1597-1604.

[12] VIOLA P, JONES M. Rapid object detection using a boosted cascade of simple features[C]//The 2001 IEEE Computer Society Conference on Computer Vision and Pattern Recognition. Piscataway, USA: IEEE, 2001: 511-518.

[13] PENG P, ZHANG Y, WU Y N, et al. An effective fault diagnosis approach based on gentle AdaBoost and AdaBoost.MH[C]//2018 IEEE International Conference on Automation, Electronics and Electrical Engineering. Piscataway, USA: IEEE, 8-12.

[14] ZHANG B, JIN L W. Handwritten chinese similar characters recognition based on AdaBoos[C]//26th Chinese Control Conference. Piscataway, USA: IEEE, 2007: 576-579

[15] MEENA K, SURULIANDI A. Local binary patterns and its variants for face recognition[C]//2011 International Conference on Recent Trends in Information Technology. Piscataway, USA: IEEE, 2011: 782-786.

[16] GUO Z H, ZHANG L, ZHANG D. A completed modeling of local binary pattern operator for texture classification[J]. IEEE Transactions on Image Processing 19(6): 1657-1663.

[17] NGUYEN H, CAPLIER A. Local patterns of gradients for face recognition[J]. IEEE Transactions on Information Forensics and Security, 2015, 10(8): 1739-1751.

[18] HARRIS C, STEPHENS M. A combined corner and edge detector[C]//The Fourth Alvey Vision Conference. Machester, UK: University of Manchester, 1988: 147-151.

[19]SMITH S M, BRADY J M. SUSAN—A new approach to low level image processing[J]. International Journal of Computer Vision, 1997, 23(1): 45-78.

[20] LOWE D G. Distinctive image features from scale-invariant keypoints[J]. International Journal of Computer Vision, 2004, 60(2): 91-110.

[21] MELGANI F, BRUZZONE L. Classification of hyperspectral remote sensing images with support vector machines[J]. IEEE Transactions on Geoscience and Remote Sensing, 2004, 42(8): 1778-1790.

[22] HINTON G E, SALAKHUTDINOV R R. Reducing the dimensionality of data with neural networks[J]. Science, 2006, 313(5786): 504-507.

[23] DAI J F, LI Y, HE K, et al. R-FCN: object detection via region-based fully convolutional networks[J]. arXiv: Computer Vision and Pattern Recognition, 2016: 1-11.

[24] HE K M, GKIOXARI G, DOLLAR P, et al. Mask R-CNN[C]//2017 IEEE International Conference on Computer Vision. Piscataway, USA: IEEE, 2017: 2980-2988.

[25] GU J X, WANG Z H, KUEN J，et al. Recent advances in convolutional neural networks[J]. Pattern Recognition, 2018, 77: 354-377.

[26] KRIZHEVSKY A, SUTSKEVER I, HINTON G E. Imagenet classification with deep convolutionalneural networks[J]. Advances in Neural Information Processing Systems. 2012, 25:1-9.

[27] SIMONYAN K, ZISSERMAN A. Very deep convolutional networks for large-scale image recognition[J]. arXiv: Computer Vision and Pattern Recognition, 2014: 1-14.

[28] SZEGEDY C, LIU W, JIA Y Q, et al. Going deeper with convolutions[J]. arXiv: Computer Vision and Pattern Recognition, 2014: 1-9.

[29] HE K M, ZHANG X Y, REN X Q, et al. Deep residual learning for image recognition[C]//2016 IEEE Conference on Computer Vision and Pattern Recognition. Piscataway, USA: IEEE, 2016: 770-778.

[30] HOWARD A, ZHU M, CHEN B, et al. Mobilenets: efficient convolutional neural networks for mobile vision applications[J]. arXiv: Computer Vision and Pattern Recognition, 2017: 1-9.

[31] GIRSHICK R J, DONAHUE J, DARRELL T, et al. Rich feature hierarchies for accurate object detection and semantic segmentation[C]// 2014 IEEE Conference on Computer Vision and Pattern Recognition. Piscataway, USA: IEEE, 2014: 580-587.

[32] UIJLINGS J, SANDE K E, GEVERS T, et al. Selective search for object recognition[J]. International journal of computer vision. 2013, 104(2): 154-171.

[33] GIRSHICK R. Fast R-CNN[C]//2015 IEEE Conference on Computer Vision. Piscataway, USA: IEEE, 2015: 1440-1448.

[34] GIRSHICK R. Fast R-CNN[C]//2015 IEEE Conference on Computer Vision. Piscataway, USA: IEEE, 2015: 1440-1448.

[35] HE K M, ZHANG X Y, REN X Q, et al. Spatial pyramid pooling in deep convolutional networks for visual recognition[J]. IEEE Transactions on Pattern Analysis and Machine Intelligence, 2015, 37(9): 1904-1916.

[36] REN X Q, HE K M, GIRSHICK R, et al. Faster R-CNN: towards real-time object detection with region proposal networks[J]. Advances in Neural Information Processing Systems, 2015: 91-99.

[37] REDMON J, DIVVALA S, GIRSHICK R, et al. You only look once: unified, real-time object detection[C]// 2016 IEEE International Conference on Computer Vision and Pattern Recognition. Piscataway, USA: IEEE, 2016: 779-788.

[38] ZHU C C, HE Y H, SAVVIDES M. Feature selective anchor-free module for

single-shot object detection [J]. arXiv: Computer Vision and Pattern Recognition, 2019: 1-10.

[39] WANG J Q, CHEN K, YANG S, et al. Region proposal by guided anchoring[J]. arXiv: Computer Vision and Pattern Recognition, 2019: 1-12.

[40] LIU W, ANGUELOV D, ERHAN D, et al. SSD: single shot multibox detector[C]// European Conference on Computer Vision. Cambridge, UK: Springer, 2016: 21-37.

[41] CHOPRA S, HADSELL R, LECUN Y. Learning a similarity metric discriminatively, with application to face verification[C]// 2005 IEEE Computer Society Conference on Computer Vision and Pattern Recognition. Piscataway, USA: IEEE, 2005, 1: 539-546.

[42] LIN T Y, DOLLAR P D, GIRSHICK R, HE K M, et al. Feature pyramid networks for object detection[C]//2017 IEEE Conference on Computer Vision and Pattern Recognition. Piscataway, USA: IEEE, 2017: 2117-2125.

[43] KODIROV E, XIANG, T, FU Z Y, et al. Unsupervised domain adaptation for zero-shot learning[C]// 2015 IEEE International Conference on Computer Vision. Piscataway, USA: IEEE, 2015: 2452-2460.

[44] ZHANG Z M, SALIGRAMA V. Zero-shot learning via semantic similarity embedding[C]// 2015 IEEE International Conference on Computer Vision. Piscataway, USA: IEEE, 2015: 4166-4174.

[45] CHANGPINYO S, CHAO W L, GONG B Q, et al. Synthesized classifiers for zero-shot learning[C]//2016 IEEE Conference on Computer Vision and Pattern Recognition. Piscataway, USA: IEEE, 2016: 5327-5336.

第 4 章

机器人触觉/力觉智能感知方法与技术

空间机器人的操控任务涉及空间站建设、在轨服务、宇航员作业辅助、空间目标抓捕等各个方面。为了适应这些复杂的操控任务，空间机器人要具备智能感知和自主作业能力。研究机器人触觉感知技术、力觉感知技术以及基于触觉/力觉感知的机器人智能操控技术，对于其完成复杂的接触类作业任务，即机器人末端与环境接触的空间在轨装配、空间载荷实验或空间目标抓捕等，具有重要的意义。

本章将着重于介绍机器人触觉感知技术及智能操作、机器人力觉感知技术及智能操作这两部分内容。其中，触觉感知技术主要介绍机器人末端的灵巧手完成对物体的精巧抓取，力觉感知技术主要介绍机器人完成精密的装配任务。

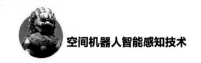

|4.1 机器人触觉感知|

触觉传感器通常用于获取机器人末端执行器（手指）与环境相互作用的信息。人类的手可以通过触觉感知物体的光滑度、形状等属性，机器人的触觉感知通过模仿人手的感知方式，根据末端执行器与物体之间的物理接触信息，估计物体的物理特性。在机器人技术文献中，触觉反馈已被广泛用于遥控操作、触觉设备和仿人机器人。在事件驱动的操作中，触觉信号已用于检测当前操作所处的阶段（接触/不接触、滚动、滑移等）。将触觉感知信息用于对象探索和识别，材料分类和滑移检测最近变得非常流行。

1．机器人触觉感知的用途

机器人触觉感知可以用于物体识别，人机安全，力、抖动检测，抓取规划等场合[1]，如图 4.1 所示。

图 4.1　机器人触觉感知的用途

（1）物体识别。在机器人抓取任务中，机械手通过触摸可以识别物体的物理属性，如物体的表面纹理、物体的硬度和温度、物体的形状特性（表面法线、曲率等）等。

（2）人机安全。在人-机器人的交互任务中，触觉感知信息可以提供机器人与人的接触信息并测量接触力大小，避免机器人和人之间发生碰撞。

（3）力、抖动检测。通过触觉感知信息来估计物体抖动，或者检测手指接触物体的指尖力（切向力和法向力）。

（4）抓取规划。在机器人的自主抓取任务中，触觉感知信息被用作滑移检测、机械手抓取物体时的接触点搜索和抓取稳定性评估。

2．触觉感知信息处理技术

触觉传感器的敏感面包含有很多触觉敏感单元，并以触觉传感阵列的方式排列。把触觉敏感面与物体相互接触的二维力分布定义为触觉图像，并借鉴图像方法研究获取触觉图像。例如，用矩阵 M 来描述模拟触觉数据，用 M^0 为初始数据，M^m 为测量后数据，则有 $M = M^m - M^0$。对触觉传感器输出 M 多次采样并加权平均，并选取适当阈值，就可以得到二值化的触觉图像 $C_{i,j}$：

$$C_{i,j} = \begin{cases} 1, & \text{当} M_{i,j} \text{的值大于设定阈值时；} \\ 0, & \text{当} M_{i,j} \text{的值不大于设定阈值时} \end{cases}$$

传感器器件本身的固有噪声、电路噪声及图像处理噪声等会降低传感器信息精度和可靠性，因而需要通过相应的信号处理技术，来提高触觉图像质量。触觉感知信号处理技术包括点平滑法、线平滑法和触觉图像修正。

（1）点平滑法

若某个触觉敏感元的输出对应为触觉图像的内部点，则相应的信号值应为"1"；若为外部点，则为"0"。因此，只要判断出该敏感元位置，便可确定其理想信号值，从而对输出信号值加以修正。这便是点平滑法的基本思想，据此可以较好地去除孤立点噪声。

（2）线平滑法

线平滑法针对的是边缘轮廓可近似为直线的外凸物体，假设两顶点信号值为"1"，且为非孤立点噪声，那么两顶点连线上及连线内侧的点都是触觉内部点，据此可以较好地消除边缘噪声。

（3）触觉图像修正

当传感器空间分辨力造成输出图像存在畸变时，需要修正触觉图像。首先可以通过顶点分裂和合并，确定触觉图像的图形顶点；然后在两相邻图形顶点之间，用最小二乘法或平均选点法，拟合出最佳直线方程；接着依次求出两相邻直线的交点，就得到了复原图形的最终顶点；最后依次连接这些相邻顶点，就构成了触觉图形的边缘轮廓。

|4.2　基于触觉感知的机器人操作|

　　抓取是机器人的一种重要操作技能。一般而言,抓取包含了三个不同阶段:搜索机器人手指和物体之间的接触区域、机器人手指约束物体运动以及机器人手指灵巧操作物体。

　　基于触觉感知信息的抓取稳定性分析是通过定量分析抓取过程的动态特性,判别机器人是否能够将物体抓取到某个稳定状态。触觉传感器在机器人手指抓取过程控制中得到了广泛应用。基于触觉反馈的抓取过程控制主要目标是利用力反馈来解决抓取操作的问题,即如何利用手指指尖来灵活地夹住、捏起、转动物体等。图 4.2 所示为德国萨尔布吕肯大学的灵巧手,其指尖处有触觉传感器。

图 4.2　德国萨尔布吕肯大学的灵巧手

　　当人类拿起一个物体时,他会考虑物体表面摩擦系数和载荷条件等参数,并在操作过程中根据触觉反馈来调整抓力。抓取的稳定性通过手指对物体施加的法向力 F_{norm}、切向力 F_{tang} 和静态摩擦系数 μ_f 等条件来判断。为防止物体在手指间滑移,需要保证合力矢量在接触点处的摩擦锥内,即:$1 < \mu_f \times F_{norm}/F_{tang}$。一般可以通过力/扭矩传感器获得手指对物体施加的法向力,但是无法获得切向力的大小。为了测量切向力,可以用触觉传感器的压力传感阵列测量数据,通过卡尔曼滤波器计算出切向力。触觉传感器是由导电流体和放置在指尖不同位置的电极组成的。因此,触觉传感器不提供绝对力值。卡尔曼滤波器对来自电极的信号进行积分以产生力输出。

　　机器人手指稳定抓握物体的必要条件之一是指尖和物体之间没有滑移。在物体滑移或手指与物体接触的瞬间,手指接触位置会产生机械抖动。我们也可以通过动态摩擦模型预测手指和物体之间的滑移。例如,通过运动估计的方式建立手指与物体接触的动态摩擦模型,计算手指和物体之间脱离摩擦接触时的边界条件,并预测指尖滑移。触觉传感器需要具有适当带宽以检测滑移发生时的抖动情况。检测滑移的方法主要有以下三类。

（1）基于动态接触力模型的滑移检测[2]

当物体表面摩擦力已知时，通过分析切向力和法向力，建立动态接触力模型，就能判别物体是否在手指上滑移。这种方法的计算速度快，但要求事先已知物体材质、摩擦系数等参数。

（2）基于抖动识别的滑移检测[3]

这种方式利用触觉传感器采集物体的抖动信号，通过离散小波变换（DWT）、傅里叶变换（FFT）等技术变换到频域内，计算功率谱密度，然后根据计算得到的功率谱密度是否超过设定阈值判断物体是否滑移[4]。或者可以采用主成分分析（PCA）处理经过离散小波变换后的信号，从中提取少数几个互不相关的主成分，然后通过支持向量机（SVM）、k 近邻（k-NN）等分类器对提取出的主成分进行分类，判别滑移类型。这种方式不依赖摩擦力，并且能够滤除外部干扰噪声。

（3）基于触觉感知图像特征的滑移检测[5]

该方法从安装在机器人末端的压电式触觉传感器阵列采集触觉感知数据，并构建触觉感知图像。在触觉感知图像上设定特征点，根据滑移发生时特征点的位置变化就能判断物体是否滑移。

4.2.1　基于触觉感知信息的抓取稳定性分析

1．抓取的稳定性

稳定抓取是指通过机器人手指与物体之间的接触约束，消除被抓取物体的运动自由度。一般通过形封闭属性、力封闭属性、稳定性属性等条件判断机器人是否能够牢牢地抓住物体。

机器人手指与物体的接触约束，描述了在机器人系统的构形空间内的特定运动学约束。接触约束表示相互接触的两个物体之间不能相互穿透，并且两个接触物体之间没有相对运动。一般而言，接触约束是一种单向、非完整约束。在世界坐标系下通常表示为：

$$C(\mathbf{q},\dot{\mathbf{q}},\mathbf{u},\dot{\mathbf{u}})\geqslant 0 \qquad (4.1)$$

式中，$\mathbf{q}$ 是世界坐标系下能够完整描述手指构形的一个向量；$\mathbf{u}$ 描述了物体的状态（位置和方位）；$\dot{\mathbf{q}}$ 和 $\dot{\mathbf{u}}$ 是手指构形空间切平面上的元素。如果仅仅考虑接触点的一阶近似描述，我们可用接触点约束来描述形封闭属性。即如果仅仅依靠单方向的接触约束，物体的运动自由度受到完全约束，则称这样的抓取是形封闭的。

（1）形封闭属性

在已知物体几何信息的情况下，满足形封闭属性的机器人抓取方法，着重

于搜索能够约束物体任何可能的运动的接触点。形封闭属性的另外一个判别条件是，接触点处产生的接触力旋量是否能够张为整个力旋量空间，即力旋量空间的原点严格位于接触力旋量形成的凸包中。通过不断缩短接触力旋量凸包和力旋量空间原点的距离，就将搜索满足形封闭属性的接触点问题转化为搜索凸包局部最小问题。

（2）力封闭属性

形封闭属性没有考虑机器人手指的动力学特性。力封闭属性关注手指与物体接触点的力旋量能否抵消外力旋量，达到力平衡。力封闭属性指机器人手指通过施加适当接触力旋量，完全或部分地约束物体运动的性质。在机器人手指操作物体的过程中，一般要求所有时刻满足接触点上的力旋量满足力封闭属性。机器人手指力封闭抓取物体的难点在于手指和物体接触点之间的摩擦力是非线性约束。一般将手指和物体之间的接触近似为点接触或是软手指接触，并根据相应的摩擦力模型分析手指和物体之间的接触状态。

（3）稳定性属性

稳定性是把机器人系统看作是一个动态系统，分析系统从一个平衡状态受扰后恢复到稳定状态的特性。一般认为，机器人手指的抓取是稳定的，当且仅当由外部扰动产生的接触点位置偏差和接触力偏差最终会随着抓取动作的持续进行而消失。现有的抓取稳定性的判别主要基于 Lyapunov 定理或是 Lagrange 方法。如果抓取系统在干扰后能够回到或无限逼近参考位置，则用 Lyapunov 定理可判断机器人抓取是稳定的。在所有的接触力是保守力前提下，如果手指接触点及其施加力对应局部势能严格最小点，那么用 Lagrange 方法就可判断机器人的抓取是稳定的。

2. 触觉感知图像中矩的概念

当把一幅图像中的像素坐标看成是一个二维随机变量，那么一幅灰度图像可以用二维灰度密度函数来表示，因此可以用矩来描述灰度图像的特征。矩的概念也可用于描述触觉感知图像特征。

（1）数学中的矩

设 X 和 Y 是离散随机变量，c、c_1、c_2 为常数，k、p、q 为正整数。

① 如果 $E\left(\left|X-c\right|^k\right)$ 为 X 关于 c 的 k 阶矩。

$c=0$ 时，称为 k 阶原点矩；

$c=E(X)$ 时，称为 k 阶中心矩。

② 如果 $E\left(\left|X-c_1\right|^p\left|Y-c_2\right|^q\right)$，则称其为 X 和 Y 关于 c_1、c_2 的 $p+q$ 阶矩。

$c_1=c_2=0$ 时，称为 $p+q$ 阶原点矩；

$c_1 = E(X)$，$c_2 = E(Y)$时，称为$p+q$阶混合矩。

（2）图像中的几何矩

如果将图像平面上每个像素点(i,j)的灰度值$V(i,j)$看成该处的概率密度，对某个像素点求期望，就是图像在该点处的矩。一阶矩和零阶矩可以计算图像的质心，二阶矩可以用来计算图像的方向。

① 零阶矩：

$$m_{0,0} = \sum_I \sum_J V(i,j)。$$

② 一阶矩：

$$m_{1,0} = \sum_I \sum_J i \cdot V(i,j)，\quad m_{0,1} = \sum_I \sum_J j \cdot V(i,j)。$$

由一阶矩和零阶矩，可计算出图像质心$x_c = \dfrac{m_{1,0}}{m_{0,0}}$，$y_c = \dfrac{m_{0,1}}{m_{0,0}}$。

③ 二阶矩：

$$m_{2,0} = \sum_I \sum_J i^2 \cdot V(i,j)，\quad m_{0,2} = \sum_I \sum_J j^2 \cdot V(i,j)，\quad m_{1,1} = \sum_I \sum_J i \cdot j \cdot V(i,j)。$$

那么图像的方向$\theta = \dfrac{1}{2}\arctan\left(\dfrac{2b}{a-c}\right)$，$\theta \in \left[-\dfrac{\pi}{2}, \dfrac{\pi}{2}\right]$。式中，$a = \dfrac{m_{2,0}}{m_{0,0}} - x_c^2$；

$b = \dfrac{m_{1,1}}{m_{0,0}} - x_c y_c$；$c = \dfrac{m_{0,2}}{m_{0,0}} - y_c^2$。

3. 基于隐马尔可夫模型的抓取稳定性分析

基于触觉感知的抓取稳定性分析方法，是通过分析抓取过程中的触觉时间序列，利用特征提取方法建立触觉时间序列模型，根据模型判断物体和手指之间是否存在滑移，进而评估抓取的稳定性[6-7]。一般可采用隐马尔可夫模型（hidden markov models，HMMs）等方法提取触觉时间序列，用相邻两个时刻之间状态对应关系来描述触觉特征。

隐马尔可夫模型是关于时序的概率模型，描述由一个隐藏的马尔可夫链随机生成不可观测的状态随机序列（状态序列），再由各个状态生成一个观测而产生的观测随机序列（观测序列）的过程。

基于隐马尔可夫模型的触觉感知图像时间序列建模方法的基本思想是在机器人手指指尖安装二维触觉贴片，从手指第一次接触物体时开始记录触觉数据，直至触觉测量结果没有变化为止，获得触觉的测量序列为$(X_1, \cdots, X_{t_i})$。

触觉数据具有较高的维度性和一定的冗余性。我们首先将获取的数据表示为触觉图像。使用图像矩描述触觉图像，并给出图像矩的一般参数化计算方法：

$$m_{p,q} = \sum_z \sum_y z^p y^q f(z, y)$$
（4.2）

式中，q 和 p 表示阶数；z 和 y 表示触觉贴片的水平和垂直位置；$f(z, y)$ 表示测量到的接触。我们分别对每个传感器阵列计算 $(p+q) \in \{0,1,2\}$ 矩，相当于计算总压强和压强在水平和垂直方向上的分布。

在式（4.2）中，特征向量包含有图像一阶矩和图像二阶矩，以及通过平均压强归一化后的图像零阶矩。为了判别抓取稳定性，可以定义两个隐马尔可夫模型。其中，第一个隐马尔可夫模型描述满足稳定性属性的抓取构型，第二个隐马尔可夫模型描述满足不稳定性属性的抓取构型。然后对这两个模型进行似然评估，以判断抓取稳定性。

4.2.2 基于触觉感知信息的目标识别

1．基于卷积神经网络的触觉目标识别

触觉目标识别的基本思路是通过提取触觉矩阵序列的特征，实现对手指接触的物体物理属性的识别。在传统的机器学习中，特征提取器是人为选定的，而分类器的参数则是用数据进行训练得到的。如何选择合适的特征，特别在高维空间中的特征，一直制约传统特征提取方法的效率。近年来，卷积神经网络在图像特征提取方面显示出独特的优势与潜力。

文献[8]提出了一种基于卷积神经网络的触觉信息分类，包括卷积神经网络（CNN）、长短时记忆网络（long-short term memory，LSTM）。在 CNN 的输入层，首先通过序列填充、归一化等数据预处理手段完成输入触觉数据的预处理；在卷积特征提取层，将某一时刻的触觉阵列数据作为输入，经过两步卷积生成特征图。该特征映射沿时间轴切片，每个切片被用作随后 LSTM 的时间步骤输入。LSTM 是循环神经网络（recurrent neural network，RNN）的一种变换，可以说它是为了克服 RNN 无法很好处理远距离依赖而提出的。LSTM 与一般的RNN 区别是中间的更新状态的方式不同，传统的 RNN 更新模块只有一层作为激活层，而 LSTM 的 RNN 更新模块具有多个不同的层相互作用，详细的介绍参阅文献[9-10]。

CNN 适合提取数据的空间特征，降低数据维度，而 LSTM 获取数据的时间特征，具有长期记忆功能，适合处理时间序列。基于机器人灵巧手触觉阵列的时间序列分析识别中，通过 CNN 和 LSTM 结合，不仅考虑了阵列数据的空间关系，同时也考虑到了数据的时间变化规律。

2．基于高斯过程回归的触觉目标识别[11]

（1）高斯过程回归（Gaussian process regression）

高斯过程是一种常用的监督学习方法，可以用来解决回归问题和概率分类问题。假设我们通过实验获取数据 $(x_i, y_i)(i=1,\cdots,n)$。其中，自变量 $\boldsymbol{x}$ 代表触觉图像，因变量 $\boldsymbol{y}$ 代表物体的几何特性。典型的回归问题是选择合适的模型 $\boldsymbol{y}=\boldsymbol{f}(\boldsymbol{x})$ 拟合 $\boldsymbol{x}$ 与 $\boldsymbol{y}$ 之间的关系，并根据新的自变量 $\boldsymbol{x}^*$ 来预测相应的因变量 $\boldsymbol{y}^*$。高斯过程回归的本质是得到函数 $\boldsymbol{f}(\boldsymbol{x})$ 的分布 $p(\boldsymbol{f}|\boldsymbol{x},\boldsymbol{y})$。

高斯过程回归首先要计算数据样本之间的联合概率分布 $\boldsymbol{f} \sim N(\boldsymbol{\mu},\boldsymbol{K})$，$\boldsymbol{\mu}$ 为 $f(x_1),f(x_2),\cdots,f(x_n)$ 的均值所组成的向量，$\boldsymbol{K}$ 为其协方差矩阵；再预测出 $\boldsymbol{y}^*$ 的先验概率分布 $\boldsymbol{y}^* \sim N(\boldsymbol{\mu}^*,K^{**})$，以及 $\boldsymbol{y}^*$ 与 $\boldsymbol{f} \sim N(\boldsymbol{\mu},\boldsymbol{K})$ 的协方差矩阵；最后，计算出 $\boldsymbol{y}^*$ 的后验概率分布。

利用高斯过程回归建模时，不必事先定义 $\boldsymbol{f}(\boldsymbol{x})$ 的具体形式，只需将 n 个训练集的观测值 $y_1, y_2, \cdots, y_n$ 看为多维（n 维）高斯分布中采样出来的一个点即可。高斯函数的协方差函数 $k(\boldsymbol{x},x_i)$ 可以选择不同的单一形式，也可以采用协方差函数的组合形式，由于假设均值为零，因此回归函数的性能很大程度上取决于协方差函数的选择。

比较常用的协方差是径向基函数（radial basis function，RBF）：

$$k(\boldsymbol{x},x_i) = \sigma_f^2 \exp\left(\frac{-(x-x_i)^2}{2l^2}\right) + \sigma_n^2 \delta(\boldsymbol{x},x_i) \tag{4.3}$$

式中，σ_f、σ_n、l 为超参数，是需要通过学习进行确定的参数；$\delta(\boldsymbol{x},x_i)$ 是克罗内克函数，如果 $\boldsymbol{x}=x_i$，则输出值为 1，否则为 0。

为了预测 $\boldsymbol{y}^*$ 的概率分布，我们首先计算 $\boldsymbol{f}$ 和 $\boldsymbol{y}^*$ 的联合概率分布：

$$\begin{pmatrix} \boldsymbol{f} \\ \boldsymbol{y}^* \end{pmatrix} \sim N\left(\begin{pmatrix} \boldsymbol{\mu} \\ \boldsymbol{\mu}^* \end{pmatrix}, \begin{pmatrix} \boldsymbol{K} & \boldsymbol{K}^* \\ \boldsymbol{K}^{\mathrm{T}*} & K^{**} \end{pmatrix} \right) \tag{4.4}$$

式中，

$$K^{**} = k(\boldsymbol{x}^*,\boldsymbol{x}^*);$$

$$\boldsymbol{K}^* = \begin{bmatrix} k(\boldsymbol{x}^*,x_1) & k(\boldsymbol{x}^*,x_2) & \cdots & k(\boldsymbol{x}^*,x_n) \end{bmatrix}^{\mathrm{T}};$$

$$\boldsymbol{K} = \begin{bmatrix} k(x_1,x_1) & k(x_1,x_2) & \cdots & k(x_1,x_n) \\ k(x_2,x_1) & k(x_2,x_2) & \cdots & k(x_2,x_n) \\ \vdots & \vdots & & \vdots \\ k(x_n,x_1) & k(x_n,x_2) & \cdots & k(x_n,x_n) \end{bmatrix} 。$$

我们期望计算条件概率 $p\left(y^*\middle|f\right)$，即给定采样数据，预测输出 y^*。为简化分析，我们假设式（4.4）中 $\boldsymbol{\mu}=\boldsymbol{0}$，$\boldsymbol{\mu}^*=\boldsymbol{0}$。根据文献[12]可以获得：

$$y^*\middle|f \sim N\left(K^{\mathrm{T}*}K^{-1}f, K^{**}-K^{\mathrm{T}*}K^{-1}K^*\right) \tag{4.5}$$

因而得到 y^* 的估计：

$$\overline{y}^* = K^{\mathrm{T}*}K^{-1}f \tag{4.6}$$

估计方差为：

$$\mathrm{var}\left(y^*\right) = K^{**}-K^{\mathrm{T}*}K^{-1}K^* \tag{4.7}$$

通过取 $p\left(\theta\middle|x,f\right)$ 的数大值，可以获得 $\theta=\left(\sigma_f,\sigma_n,l\right)$ 的最优值。这一般通过最大化边缘对数似然 L 来实现。其中，边缘对数似然表示为：

$$
\begin{aligned}
L &= \log p\left(\theta\middle|x,f\right) = \log N\left(0, K^{**}\left(\theta\right)\right) \\
&= -\frac{1}{2}f^{\mathrm{T}}K^{**-1}f - \frac{1}{2}\log\left|K^{**}\right| - \frac{n}{2}\log\left(2\pi\right)
\end{aligned}
\tag{4.8}
$$

（2）基于高斯过程回归建立触觉信息到物体属性的模型

Yi 等人[11]利用多模态触觉传感器 BioTac 采集触觉数据，包括压力、抖动和温度等。BioTac 多模态触觉传感器包含 19 个阻抗传感电极，可以用于测量手指表面的局部变形，然后将读数合并为单个接触点估计值（PoC）。接触点位置 $\left(x_c,y_c,z_c\right)$ 由式（4.9）估计出：

$$\left(x_c,y_c,z_c\right) = \frac{\sum_{i=1}^{N_e}\left|e_i^*\right|^2\left(x_i,y_i,z_i\right)}{\sum_{i=1}^{N_e}\left|e_i^*\right|^2} \tag{4.9}$$

式中，e_i^* 是电极归一化的值；$\left(x_i,y_i,z_i\right)$ 是每个电极在手指表面的笛卡儿坐标；N_e 是采集次数。为了使用这些 PoC 估计值进行表面重建，用机器人前向运动学将接触点位置 $\left(x_c,y_c,z_c\right)$ 转换到世界坐标系下。

使用高斯过程回归建立的物体表面轮廓模型是曲面几何的概率表示。物体表面轮廓显式模型为：$y_n=f\left(x_n,z_n\right)$，其中，$\left(x_n,y_n,z_n\right)$ 定义为世界坐标系中的接触坐标。

高斯过程回归函数由均值函数 $\mu\left(x\right)$ 和协方差函数 $k\left(\tilde{x}_i,\tilde{x}_j\right)$ 表示。其中，$\tilde{x}_i=\left(x_i,z_i\right)$。

定义训练数据集 $T=\left\{\left(\tilde{x}_1,y_1\right),\cdots,\left(\tilde{x}_n,y_n\right)\right\}$。对于新观测到的 $\tilde{x}^*$，高斯回归分布参数的后验均值和后验方差的估计为：

$$\mu\left(\tilde{x}\right) = K^{*\mathrm{T}}K^{-1}y \tag{4.10}$$

$$\sigma^2\left(\tilde{x}^*\right) = k^{**} - k^{*\mathrm{T}} K^{-1} k^* \qquad (4.11)$$

式中，k^* 是一个向量；K 是一个矩阵，其元素 $K_{i,j} = k\left(\tilde{x}_i, \tilde{x}_j\right)$；$k^{**} = k\left(\tilde{x}^*, \tilde{x}^*\right)$。后验均值定义了物体的形状，后验方差定义了未探索区域的不确定性。

主动接触方法侧重于探索不确定的表面区域，不需要考虑已知区域。传感器采集功能是基于预测标准差 $\sigma(\tilde{x})$，它可以被视为对给定位置的不确定性补偿。

4.2.3 基于触觉的其他应用

对于人类来说，对不同形状、硬度和质地的物体进行操作，主要取决于手指位置、手部皮肤的触觉信息等。机器人操作物体的基本原理类似，也是利用安装在手指上的触觉触感器，辅助机器人手指灵活操控物体。

1. 辅助力控

由于触觉传感器的噪声信号的干扰，触觉反馈主要用于滑移判断、几何形状判断等场合，很少直接用在机器人或机械手的控制回路中。

文献[13]通过动态触觉阵列和压力中心（CoP）触觉传感器获得触觉感知信号，用于控制机器人手指的抓握力。所需的指尖抓握力与滑移期间发生的振动的频谱功率成正比。振动可以通过动态触觉传感器测量。然后，将 CoP 测量的实际力减去修改后的期望力，根据力和振动计算机器人的关节角度 q_{d}。在图 4.3 中，根据测得的力和检测到滑移信号来修改机器人手指的位置。q_{d}、$\hat{q}_{\mathrm{d}}$ 和 q 分别表示手指期望的关节角度、修正后的期望关节角度和实际输出的关节角度。f_{d} 和 f 是理想的和实际的手指的抓握力。当动态传感器检测到振动时，所需的手指的抓握力会增加。

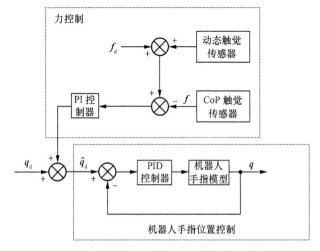

图 4.3 使用触觉传感器进行基于位置的力控制

此外，触觉传感器在力控制中还可用于物体表面的跟随运动。当指尖的接触表面已知时，可以通过测量力和扭矩来估计手指与物体间的接触位置。给定了所需的摩擦锥，如果法向力小于给定范围的最小值，则手指朝接触点移动，反之亦然。如果在此范围内，则手指仅在滑动方向上移动。

2．刚度测量

当机器人手抓握物体时，坚硬的物体具有很高的刚度，并且不会因抓握力而变形，如玻璃杯或金属瓶。对于此类物体，上限的抓握力定义为机器人手指所施加力的最大极限。诸如塑料杯或纸杯之类的柔软物体具有中等水平的刚度，并且当机器人手指增大抓握力时会变形。对于此情况，使物体变形的力大于抓握力，因此将适当的上限力设置为使两个力之间的差最小。对于海绵等非常柔软的物体，轻微的抓握力也会使物体有很大变形。但是，这种变形与柔软物体的变形不同，对于机械手的抓取稳定性的影响不大。

因而，对于不同刚度的对象需要采用不同的抓握方式。触觉数据和力数据辨识成为物体刚度建模的主要手段。文献[14]给出了一种刚度识别的方法，当机器人手指接触到对象表面并继续沿手指表面的法线方向闭合时，可利用三轴力/转矩传感器和触觉传感器阵列收集力和触觉数据。不同刚度的物体具有不同的力曲线。物体越硬，机械手指夹持力增加得越快，稳定时的力值就越大。结果表明，力与较硬物体的接触速度成正比。因此，提取力曲线斜率 U_d 作为估计被抓取物体的刚度特征。

$$U_d = \frac{1}{N_1} \sum_{k=i}^{N_1+i} F_k \qquad (4.12)$$

式中，i 是机械手开始闭合的时间；N_1 是瞬态的采样数；F_k 是在时间 k 处接触点的法向力。对于稳定抓取状态，抓握力和由于变形而产生的反向力达到平衡。根据胡克定律，稳态压力值与物体的刚度成正比。因此，最终稳态压力的曲线斜率 U_s 可作为估计被抓取物体的刚度特征。

$$U_s = \frac{1}{N_2} \sum_{k=j}^{N_2+j} F_k \qquad (4.13)$$

式中，j 是机械手停止闭合的时间；N_2 是稳态的采样数。

|4.3　机器人力觉感知及操作|

在机器人执行操控性任务（如组装、抓取等）时，建立机器人运动学和动力学、环境和操控任务模型，是机器人运动控制和力/力矩控制的基本要求。一般情况下，我们可以建立满足控制精度要求的机器人运动学和动力学模型，但是很难精确建立环境和操控任务模型。例如，机器人在装配零件时，我们可以保证对零件的定位精度高于零件配合公差。当机器人获得零件的绝对位置后，需要以同样的精度抓取另一个零件并运送到预定位置。然而，由于轨迹规划误差、机器人自身运动误差等，会导致零件与零件之间产生接触力和力矩，从而导致机器人末端执行器偏离期望轨迹。机器人刚度越高，就越容易在接触过程中产生轨迹偏差。

利用机器人柔顺性可以消除机器人运动过程中存在的轨迹偏差。机器人的柔顺性主要包括被动柔顺运动和主动柔顺运动两种[15]。被动柔顺运动是利用外界环境对机器人自身结构的约束，使机器人顺应外界环境的变化，即通过机器人自身的一些缓冲机构（如阻尼、弹簧等）来实现机器人对环境的顺应控制。远中心柔顺（remote center compliance，RCC）是被动柔顺的典型代表，它是一种安装在刚性机器人上的柔性末端执行器，主要用于轴-孔装配任务。远中心柔顺虽然不需要力/力矩传感器，但是在执行任务时灵活性差，对于具体的操控任务需要设计和安装专门的远中心柔顺，而且，它只能处理规划轨迹的微小位置和方位偏差。机器人的主动柔顺运动通过力传感器检测机器人与外界环境接触力，机器人根据反馈调整其运动轨迹。主动柔顺其实是对力的有效控制，本书后面部分将以力/力矩控制描述主动柔顺运动这一概念。主动柔顺控制研究可以追溯到 20 世纪 50 年代。自 20 世纪 70 年代以来，主动柔顺控制进入一个快速发展时期，在计算机的辅助下，机器人主动柔顺控制无论是在理论研究方面，还是在实际生产领域都有重大突破，不仅弥补了被动柔顺控制的种种缺点，还为机器人控制带来新的曙光。机器人用于感知外力的传感器有很多。例如，安装在机器人关节减速器输出端的关节力矩传感器，这样做的优势是可以避免关节摩擦力对力信号产生影响；安装在机器人的末端的六维力/力矩传感器可直接获取机器人末端与环境的作用力。图 4.4（a）所示为德国 DLR 轻型机器人，图 4.4（b）所示为关节力矩传感器及其安装位置。图 4.5 所示为丹麦优傲机器人（Universal Robot）六维力/力矩传感器及其安装位置。

（a）DLR 轻型机器人

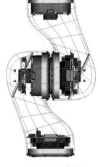

（b）关节力矩

图 4.4　传感器及其安装位置

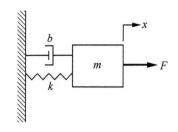

图 4.5　优傲机器人末端安装的
ROBOTIQ 六维力/力矩传感器

　　力/力矩传感器数据可以通过两种方式获得：一种方式是通过观察并采集人类在操作物体过程中的力和力矩数据；另一种方式是采集机器人在示教方式下（拖动示教或是示教盒示教）操作物体过程中的力和力矩数据。机器人采集到操作力/力矩数据后，一般通过力控技术引导机器人执行操作任务。

　　主动柔顺是机器人对力和位置的把握，力和位置是一对相互影响的因素，大部分的机器人力控技术的研究都是从这两点出发。典型的机器人主动柔顺控制主要有阻抗控制、力/位混合控制、力控制和接触约束融合、基于力智能感知的操控等几类。以下几节将分别对这几类控制进行介绍。

| 4.4　阻抗控制和力/位混合控制 |

4.4.1　阻抗控制方法

　　机器人与环境相互作用时，接触力会导致末端执行器的实际运动与期望运动之间存在偏差。接触力是由机器人的机械阻抗/导纳产生。为了分析这个力，一般采用一个具有可调参数的弹簧-阻尼-质量系统来等价描述机器人系统[16]。图 4.6 所示的等效弹簧-阻尼-质量系统可以用式（4.14）描述：

图 4.6　弹簧-阻尼-质量系统

$$F = m\ddot{x} + b\dot{x} + kx \qquad (4.14)$$

式中，m 表示等效质量；b 表示阻尼器的阻尼系数；k 表示弹簧的弹性系数；x 表示质量块的位移；$\dot{x}$ 和 $\ddot{x}$ 分别表示速度和加速度；F 表示系统输出力。

在弹簧-阻尼-质量系统中，弹簧的形变产生了对外的作用力。机器人在进行装配或者打磨作业时，需要调节作用力以达到期望的作业效果。因此我们可以让机器人的行为表现像一个等效的弹簧-阻尼-质量系统，即通过调整机器人的当前位置，达到调整其末端产生作用力之目的。

在机器人控制文献中，阻抗控制（impedance control）和导纳控制（admittance control）经常被用来指同一种控制方案。阻抗控制的核心是通过末端执行机构接触力对末端执行机构运动偏差做出反应，即根据轨迹偏差计算控制力矩；导纳控制的核心是通过调整运动偏差对末端执行机构接触力做出反应，即根据输出交互接触力算出参考轨迹。

阻抗控制是机器人对末端执行机构位置和接触力平衡关系的控制，因为很多操作仅仅依靠位置控制很难满足要求，如打磨、装配等接触类作业，所以需要对机器人有良好的力控制能力。机器人通过传感器接收的力反馈信息，调整执行机构位置、速度的变化量，进而满足控制要求。

典型的阻抗控制的结构如图 4.7 所示。其中，$\ddot{X}_r$、$\dot{X}_r$ 和 X_r 是笛卡儿坐标系下机器人末端执行器的期望加速度、期望速度和期望位置；$\ddot{X}_c$、$\dot{X}_c$ 和 X_c 是机器人控制器输出的加速度、速度和位置；$\ddot{X}_m$、$\dot{X}_m$ 和 X_m 是机器人末端执行器实际的测量得到的加速度、速度和位置；F_r 是机器人的参考接触力；F_m 是力/力矩传感器测量到的接触力，因此力偏差为：

$$\Delta F = F_r - F_m \qquad (4.15)$$

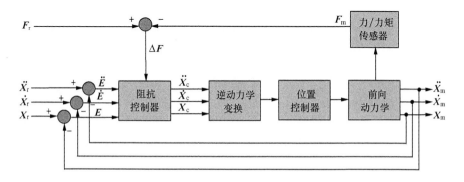

图 4.7　机器人阻抗控制结构

采用线性二阶系统描述机器人系统阻抗模型，则力跟踪误差 ΔF 和位置偏差 $E = X_\mathrm{m} - X_\mathrm{r}$ 之间的关系可以表示为[17]：

$$M \frac{\mathrm{d}^2 E}{\mathrm{d}t^2} + B \frac{\mathrm{d}E}{\mathrm{d}t} + KE = \Delta F \qquad (4.16)$$

式中，M、B 和 K 分别是质量、阻尼和刚度参数矩阵。

值得注意的是，图 4.7 中的阻抗控制器一般在机器人系统的上位机中实现，逆动力学变换、位置控制器和前向动力学一般在下位机中实现。偏差 E 用于修正机器人的期望运动轨迹，生成的运动轨迹 $X_\mathrm{c} = X_\mathrm{r} + E$。需要指出，$X_\mathrm{c}$ 是输入到机器人伺服控制器中的控制指令，实测轨迹 X_m 是机器人末端实际运行的轨迹。为了简化分析，我们将机器人伺服控制器当作一个理想的位置控制器，忽略 X_c 和 X_m 的差异性，即 $X_\mathrm{c} \approx X_\mathrm{m}$，因而可以独立地考虑每个笛卡儿变量[17]。将上述大写向量用其中表示元素的小写标量来表示。例如，用小写标量 x 和 e 来表示 X 和 E 中的任意元素。当我们用线性弹簧模型描述环境时，用 K_e 和 X_e 分别表示环境刚度和位置，则机器人与环境的接触力可以表示为：

$$F_\mathrm{m} = K_\mathrm{e}\left(X_\mathrm{m} - X_\mathrm{e}\right) \qquad (4.17)$$

则用小写标量表示的力偏差等式（4.15）为：

$$\Delta f = f_\mathrm{r} - f_\mathrm{m} = f_\mathrm{r} - k_\mathrm{e}\left(x_\mathrm{m} - x_\mathrm{e}\right) \qquad (4.18)$$

将假设条件 $x_\mathrm{c} = x_\mathrm{m}$ 代入式（4.18）中，可以得到

$$\begin{aligned}
\Delta f &= f_\mathrm{r} - k_\mathrm{e}\left(x_\mathrm{c} - x_\mathrm{e}\right) \\
&= f_\mathrm{r} + k_\mathrm{e}x_\mathrm{e} - k_\mathrm{e}x_\mathrm{c} = f_\mathrm{r} + k_\mathrm{e}x_\mathrm{e} - k_\mathrm{e}\left[x_\mathrm{r} + k\left(s\right)\Delta f\right]
\end{aligned} \qquad (4.19)$$

式中，$k\left(s\right) = \dfrac{1}{ms^2 + bs + k}$ 是由式（4.16）获得的系统传递函数。

力跟踪的稳态误差可以表示为：

$$\Delta f_\mathrm{ss} = \frac{k}{k + k_\mathrm{e}}\left[f_\mathrm{r} - k_\mathrm{e}\left(x_\mathrm{r} - x_\mathrm{e}\right)\right] \qquad (4.20)$$

因此，当满足

$$x_\mathrm{r} = x_\mathrm{e} + \frac{f_\mathrm{r}}{k_\mathrm{e}} \qquad (4.21)$$

时，稳态误差 Δf_ss 将等于 0。

通常参考力 f_r 是作为驱动力使机器人与环境发生接触。如果事先知道 x_e 和 k_e 值，则可以根据式（4.21）计算出机器人参考位置轨迹 x_r。如果不知道 x_e 和 k_e

值，我们用 x_e 替代 x_r，获得新的阻抗控制等式[18]：

$$m\left(\ddot{x}_c - \ddot{x}_e\right) + b\left(\dot{x}_c - \dot{x}_e\right) + k\left(x_c - x_e\right) = f_r - f_m \qquad （4.22）$$

在式（4.22）中，假设我们设置 $k = 0$，则对于任意 k_e 均可在 $f_r = f_m$ 时获得理想的稳定状态[19]，此时式（4.22）变为：

$$m\left(\ddot{x}_c - \ddot{x}_e\right) + b\left(\dot{x}_c - \dot{x}_e\right) = f_r - f_m \qquad （4.23）$$

将 $f_m = -k_e\left(x_c - x_e\right)$ 代入式（4.23），可得

$$m\ddot{e} + b\dot{e} + k_e e = -f_r \qquad （4.24）$$

式中，$\ddot{e} = \ddot{x}_c - \ddot{x}_e$；$\dot{e} = \dot{x}_c - \dot{x}_e$；$e = x_c - x_e$。

我们用 $\hat{x}_e = x_e + \delta x_e$ 表示对环境位置的估计，$\hat{e} = e - \delta x_e$ 表示对环境位置偏差的估计，则式（4.23）变为：

$$f_r - f_m = m\ddot{\hat{e}} + b\dot{\hat{e}} \qquad （4.25）$$

因此，机器人轨迹 $\left(x_c, \dot{x}_c, \ddot{x}_c\right)$ 的控制输入为：

$$\ddot{x}_c\left(t\right) = \ddot{\hat{x}}_e\left(t\right) + \frac{1}{m\left(t\right)}\Big(\Delta f - b\left(t\right)\big(\left(\dot{x}_c\left(t-1\right) - \dot{x}_e\left(t\right)\right)\big)\Big) \qquad （4.26）$$

$$\dot{x}_c\left(t\right) = \dot{x}_c\left(t-1\right) + \ddot{x}_c\left(t\right)T \qquad （4.27）$$

$$x_c\left(t\right) = x_c\left(t-1\right) + \dot{x}_c\left(t\right)T \qquad （4.28）$$

式中，T 是控制周期。

式（4.24）～式（4.28）中的小写标量 x_c 表示 X 中的任意元素，即上述式子可以用来计算机器人末端沿 x、y 或 z 轴的平移，也可以用来计算机器人末端绕坐标轴的三个旋转量。

4.4.2 力/位混合控制

力/位混合控制，顾名思义是同时控制机器人末端的力和位置。对于机器人的许多任务，可以引入一个称为任务系的正交参考系，允许人们根据作用于该参考系的三个正交轴的自然约束和人工约束来指定任务。通过正交分解，混合力/运动控制允许在两个相互独立的子空间中同时控制接触力和末端执行器运动，即约束任务空间的力（和力矩）控制和无约束任务空间的运动控制。阻抗控制方法属于间接力控制方式，是把力偏差信号转变为位置控制的输入量，它只关心接触力和力矩与末端线速度和角速度之间的关系。间接力控制原则上不需要测量接触力和力矩。力/位混合控制方法属于直接力控制，需要交互任务的显式模型，即我们必

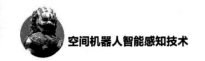

须以与施加的约束一致的方式指定所需的运动和所需的接触力和力矩。

机器人力/位混合控制的难点主要表现在两方面：（1）机器人作为一个多自由度机构，各关节的摩擦、耦合带来了系统内部误差；（2）外界环境的复杂性，导致仅依靠传统力/位混合控制很难满足要求。为了解决这一问题，研究人员提出了自适应方式的力/位混合控制方法，通过补偿重力、摩擦力等，利用动力学逆求解等方法，使机器人力控制能根据环境变化做出应对。

与上节类似，我们先考虑一维的情形。对于刚性机器人，其动力学方程可以表示为：

$$x_{\mathrm{m}} = \frac{1}{ms^2}\left(f_{\mathrm{r}} - f_{\mathrm{m}}\right)$$

（4.29）

式中，f_{r} 是机器人的输出力；f_{m} 是环境作用力；m 是机器人惯性参数；x_{m} 是机器人末端位置。在非约束空间时，$f_{\mathrm{m}} = 0$；在约束空间有 $f_{\mathrm{m}} = k_{\mathrm{e}}\left(x_{\mathrm{r}} - x_{\mathrm{e}}\right)$，$k_{\mathrm{e}}$ 是环境刚度，x_{e} 是环境位置。

在约束空间中，我们可以得到：

$$x_{\mathrm{m}} = \frac{f_{\mathrm{r}} + k_{\mathrm{e}}x_{\mathrm{e}}}{ms^2 + k_{\mathrm{e}}}$$

（4.30）

$$f_{\mathrm{m}} = k_{\mathrm{e}}\frac{f_{\mathrm{r}} - ms^2 x_{\mathrm{e}}}{ms^2 + k_{\mathrm{e}}}$$

（4.31）

通常情况下，力/位混合控制遵循以下步骤[20]。

① 在无约束空间，基于位置传感器和力传感器信号实现关节位置轨迹跟踪控制。

② 无约束空间到有约束空间的控制模式的切换。

③ 在有约束空间，基于力控制器实现力跟踪。

力/位混合的结构如图 4.8 所示，图中 $C_{\mathrm{p}}(x)$ 是位置控制器，$C_{\mathrm{f}}(x)$ 是力控制器，S 和 S' 表示位置控制和力控制模式的切换机制。

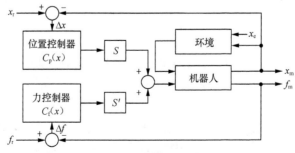

图 4.8　力/位混合控制结构

假设机器人从非接触空间过渡到接触空间，则切换机制将从跟踪位置

$x_r(S=0)$ 切换到跟踪力 $f_r(S=1)$。此时，可得：

$$x_m = \frac{C_p(s)x_r}{ms^2 + C_p(s)} \tag{4.32}$$

$$f_m = k_e \frac{C_f(s)f_r - ms^2 x_e}{ms^2 + k_e(C_f(s)+1)} \tag{4.33}$$

混合控制的模式切换是基于一定的状态变化的。在理想情况下，机器人在非接触空间的运动采取位置控制和力监督模式。在接触空间中则采取力控制和位置监督模式。当监测到的力或位置的变化超过设定阈值时，完成控制模式的切换。

4.5　力控制和接触约束融合方法

4.5.1　接触约束

机器人系统的构形是对该系统每个点的位置的完整说明。机器人系统的构形空间（configuration space）是系统所有可能构形的空间[16]。因此，构形只是这个抽象构形空间中的一个点，可以用来描述机器人运动状态，定量表示机器人的平移、旋转等运动变化。通过对机器人构形空间的分析和建模，能够将机器人的操作规划问题抽象成高维空间的代数问题。

对于图 4.9 所示的销-孔装配，在物理空间中，通过控制机器人关节运动，使其末端夹持的销从一个相对大的初始区域转移到一个相对小的目标区域。初始区域比目标区域大，机器人装配过程可以认为是从一个大区域运动到一个小区域，不断消除机器人位置不确定性的过程。一般情况下，销是运动的，孔是固定的；在销-孔插入过程中，固定的孔可以约束销的运动。在构形空间中，约束域是由孔对销的约束形成的区域，在这个域内，孔约束了销的状态运动。当机器人的运动精度小于销和孔的配合精度时，仅仅依靠机器人的位置控制是很难实现精密装配的。通过利用约束域，能够在机器人精度不够的情况下利用孔的约束将销插入孔中。

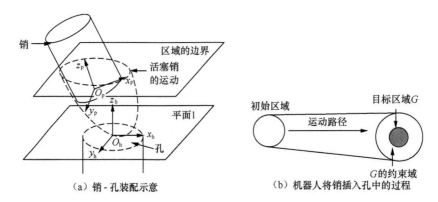

（a）销 - 孔装配示意　　　　　（b）机器人将销插入孔中的过程

图 4.9　销-孔装配

我们将物体在装配过程的状态表示为：

$$\begin{cases} \dot{X}_1 = X_2 \\ \dot{X}_2 = M^{-1}\left(u_a\left(X,t\right)+u_p\left(X\right)\right) \\ X_1 \in \Omega \end{cases}\qquad(4.34)$$

式中，X_1 是对象的位置状态；X_2 是其速度状态；M 是惯性质量矩阵；u_a 是机器人的作用力；u_p 是被动输入（工件之间的摩擦力和接触力）；Ω 是在接触约束下系统状态的允许变化区域。

状态向量 X_1 可以分解为平行和垂直于约束域边界的切平面的两个向量。平行于边界切平面的向量可以表示为：

$$\begin{cases} \dot{X}_{1A} = X_{2A} \\ \dot{X}_{2A} = M^{-1}\left(F_{\partial\Omega}\left(u_a\left(X,t\right)\right)-f\left(X\right)\right) \end{cases}\qquad(4.35)$$

式中，X_{1A} 是 X_1 在约束边界切平面上的投影；$F_{\partial\Omega}\left(u_a\left(X,t\right)\right)$ 是 u_a 在切平面 $\partial\Omega$ 上的投影；$f\left(X\right)$ 是摩擦力。

（1）如果物体处于平衡状态，即 $X_{2A} = \mathbf{0}$，则有：

$$f\left(X\right) = \min\left(\left\|F_{\partial\Omega}\left(u_a\left(X,t\right)\right)\right\|_2, \mu_s\left\|F_{\perp\partial\Omega}\left(u_a\left(X,t\right)\right)\right\|_2\right)l\left(F_{\partial\Omega}\left(u_a\left(X,t\right)\right)\right)\quad(4.36)$$

式中，$l\left(F_{\partial\Omega}\left(u_a\left(X,t\right)\right)\right)$ 是沿着切平面方向的单位向量；μ_s 是静摩擦系数；$F_{\perp\partial\Omega}\left(u_a\left(X,t\right)\right)$ 是 u_a 在法平面 $\perp\partial\Omega$ 上的投影。

（2）如果物体不处于平衡状态，即 $X_{2A} \neq \mathbf{0}$，那么：

$$f\left(X\right) = \mu_m\left\|F_{\perp\partial\Omega}\left(u_a\left(X,t\right)\right)\right\|_2 l\left(F_{\partial\Omega}\left(u_a\left(X,t\right)\right)\right)\qquad(4.37)$$

式中，μ_m 是动摩擦系数。

假设 T 是一个时间常数，则系统的稳定点在：

$$L = \left\{ (\boldsymbol{X}_1, \boldsymbol{X}_2) \middle| \boldsymbol{X}_2(t) > 0, t \geqslant T \right\} \tag{4.38}$$

因此，我们可以寻找机器人系统构形空间中的接触约束域；然后在约束域中设计出机器人构形转移路径；最后，将构形转移路径反向映射到机器人运动空间，规划出相应的机器人运动策略。

定理　如果接触约束的边界 $\partial\Omega$ 能够表示为：

$$x_{1,n} = V_1\left(\boldsymbol{X}_{1,n-1} \right) \tag{4.39}$$

式中，$x_{1,n}$ 是 $\boldsymbol{X}_1$ 的第 n 个元素；$\boldsymbol{X}_{1,n-1}$ 是前 $n-1$ 个元素，并且有：

$$\left\| \boldsymbol{F}_{\partial\Omega}(-\vec{n}) \right\|_2 > \mu \left\| \boldsymbol{F}_{\perp\partial\Omega}(-\vec{n}) \right\|_2, \quad x_{1,n} \neq x_{1,\min}$$

$$\frac{\partial x_{1,j}}{\partial x_{1,n}} < 0, \quad x_{1,j} \in \boldsymbol{X}_{1,n}$$

则存在唯一的输入 $\boldsymbol{u}_a = -K\vec{n}$，使得 $\boldsymbol{X}_{1,n-1}$ 是装配系统的渐进稳定点。

销坐标系和孔坐标系如图 4.9（a）所示。其中，销的坐标系建在销的底部中心，孔的坐标系建在孔的顶部中心。把销装入孔的过程可以认为是消除两个坐标系中心点之间 $(O_h O_p)$ 的不确定性过程。$(O_h O_p)$ 在 $x_h y_h z_h$ 坐标轴上的投影表示为 $(O_h O_p)_{hx}$、$(O_h O_p)_{hy}$ 和 $(O_h O_p)_{hz}$。边界的上面区域定义为当销的底部平面和孔口接触时，销的顶部平面中心投影的运动范围。销的底部平面在平面 1 上的投影是一个长轴为 $2R_p$ 的椭圆。销运动的边界特征与销坐标系和孔坐标系之间的夹角相关。当在轴和孔的中心线之间的角度取某个特定值时，$(O_h O_p)_{hz}$ 取得最小值，即有以下不等式：

$$\left(O_h O_p \right)_{hx}^2 + \left(O_h O_p \right)_{hy}^2 \leqslant \left(R_h - R_p \right)^2 \tag{4.40}$$

这个状态满足销插入孔中时，对 $(O_h O_p)_{hx}$ 和 $(O_h O_p)_{hy}$ 的要求。也就是说，只需要沿着 $-z_h$ 轴施加一个力，就可以把销插入到孔中。虽然销和孔中心线之间存在的夹角影响销的运动范围，但是状态 $\min\left((O_h O_p)_{hz}\right)$ 总能满足对销-孔插入过程中对 $(O_h O_p)_{hx}$ 和 $(O_h O_p)_{hy}$ 的约束。

图 4.10 所示为仿真获得的约束域形状。这个形状表示了固定销与孔的夹角沿着 x_h 和 y_h 移动销时，$(O_h O_p)_{hz}$ 的变化情况。

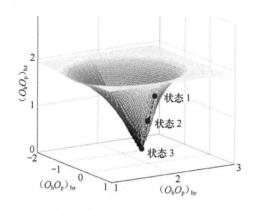

图 4.10　固定角度 (θ_x, θ_y) 沿着 x_h 和 y_h 移动销时，孔形成的约束域

从图 4.10 所示可以看出，$\min\left((O_hO_p)_{hz}\right)$ 表示了销-孔插入过程中，孔对 $(O_hO_p)_{hx}$ 和 $(O_hO_p)_{hy}$ 的约束，即在 (θ_x, θ_y) 固定的情况下，$\min\left((O_hO_p)_{hz}\right)$ 对应着一组确定的 $(O_hO_p)_{hx}$ 和 $(O_hO_p)_{hy}$。

4.5.2　接触约束和力控制的融合

正如上节讨论，我们可以在环境形成的约束域内规划机器人运动，利用约束域实现销-孔的装配，但是这个过程隐含着这样的一个假设条件——销的初始状态一直位于约束域内。然而，在实际应用中，孔的位置会由于固定偏差而产生位置误差，销会由于机器人末端手指的夹持偏差产生夹持误差。当上述两方面的误差使销的初始状态落在约束域外，就会导致机器人无法将销对准孔，因而，确保销的初始状态落在约束域内是利用约束域实现销-孔精密装配的前提条件。本节提出了通过约束域和力控制融合，使销的初始状态位于约束域内的策略。首先，我们分析销和孔的几类典型接触状态及其对应的接触力；然后，给出引导孔进入约束域的力控制策略。

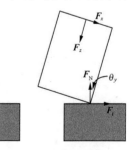

图 4.11　销和平面接触时的接触力和测量力

1.　几类典型的销-孔接触状态

（1）销的底圆和支撑面接触

如图 4.11 所示，这种情况下销的状态没有在孔形成的约束域内。F_x 和 F_z 由安装在机器人末端的力/力矩传感器测量获得，F_N 是平面对销的支持力，F_f 是平面与销底面侧边之间的摩擦力。假设销轴线和孔轴线之间的夹角为 θ_y，则支

撑力和测量力之间的关系可以表示为：

$$F_x = F_N \sin\theta_y + \mu F_N \cos\theta_y \qquad (4.41)$$

$$F_z = F_N \cos\theta_y + \mu F_N \sin\theta_y \qquad (4.42)$$

式中，μ 是销和平面之间的摩擦系数。

（2）销底圆和孔的顶圆内侧有一个接触点

如图 4.12 所示，$\boldsymbol{F}_x$ 和 $\boldsymbol{F}_z$ 由安装在机器人末端的力/力矩传感器测量获得，$\boldsymbol{F}_N$ 是孔对销的支撑力，接触力和测量力之间的关系可以表示为：

$$F_x = F_N \qquad (4.43)$$

$$F_z = \mu F_N \qquad (4.44)$$

式中，μ 是摩擦系数。

（3）销的底圆和孔的顶圆内侧有两个接触点

如图 4.13 所示，假设两个接触点 C_1 和 C_2 对称分布在销底圆两侧，支撑力 $\boldsymbol{F}_N$ 沿着 $-X_p$ 轴方向，摩擦力 $F_f = \mu F_N$ 沿着 $-Z_p$ 轴方向。$\boldsymbol{F}_x$ 和 $\boldsymbol{F}_z$ 由安装在机器人末端的力/力矩传感器测量获得，接触力和测量力之间的关系可以表示为：

$$F_x = 2F_N \qquad (4.45)$$

$$F_z = 2\mu F_N \qquad (4.46)$$

式中，μ 是摩擦系数，当 $\mu < 1$ 时，$F_x > F_z$。

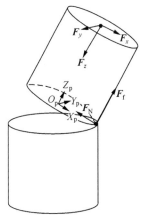
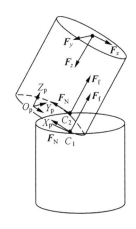

图 4.12　销和孔单点接触时的接触力和测量力　　图 4.13　销和孔两点接触时的接触力和测量力

（4）销的底圆和孔的顶圆内侧有三个接触点

如图 4.14 所示，假设两个接触点 C_1 和 C_2 对称分布在销底圆，第三个接触点 C_3 位于销的侧边。在接触点 C_1 和 C_2 处，支撑力 $\boldsymbol{F}_N$ 沿着 $-X_p$ 轴方向，摩擦力 $F_f = \mu F_N$ 沿着 $-Z_p$ 轴方向。在接触点 C_3 处，支撑力 $\boldsymbol{F}_c$ 沿着 $-X_p$ 轴方向，摩擦力 $F_{fc} = \mu F_c$ 沿着 $-Z_p$ 轴方向。$\boldsymbol{F}_x$ 和 $\boldsymbol{F}_z$ 由安装在机器人末端的力/力矩传感器测量获得，接触力和测量力之间的关系可以表示为：

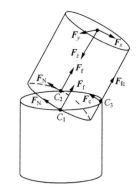

$$F_x = F_c + 2F_N \qquad (4.47)$$

$$F_z = \mu F_c + 2\mu F_N \qquad (4.48)$$

图 4.14　销和孔三点接触时的接触力和测量力

式中，μ 是摩擦系数。

在 4.5.1 节中，我们假设销的初始状态位于约束域内，然后讨论如何利用约束域来消除销的位置不确定性，实现销-孔对准。下面将分析如何通过力反馈控制方式，使销的初始位置位于约束域内。

2．基于力反馈控制的销的初始状态转移

在图 4.10 所示的约束域中，销从单点接触状态转移到两点或三点接触状态，直至转移到约束域的底部。在理想情况下，我们试图让销的初始状态到达约束内，但是如果销不能在理想状态下接触孔，或者机器人的调整超出了约束范围，这种约束域的方法将是无效的。为了解决这些问题，我们采用如下描述的简单的力控制策略来引导销到达约束域。

$$\Delta \boldsymbol{P} = K_e \boldsymbol{e} + K_d \dot{\boldsymbol{e}} \qquad (4.49)$$

式中，$\boldsymbol{e}(t) = \boldsymbol{F}_d - \boldsymbol{F}(t)$ 是力的偏差，$\boldsymbol{F}_d = (F_{xd}, F_{yd}, F_{zd})$ 是期望的销-孔接触力，$\boldsymbol{F}(t) = (F_x(t), F_y(t), F_z(t))$ 是力传感器测量获得的力；$\Delta \boldsymbol{P} = (\Delta x, \Delta y, \Delta z)$ 是机器人末端沿着 x、y 和 z 方向的运动量；K_e、K_d 是控制器的正增益项。

首先，我们预先设定销-孔单点接触时的期望力，将来自力传感器的力数据与期望力进行比较，获得力偏差数据，并根据式（4.49）调整销的运动方向，当力数据超过期望力时，销到达期望的单点接触状态。然后，我们设定销-孔两点或三点接触状态时的期望力，将来自力传感器的力数据与期望力进行比较，获得力偏差数据，并根据式（4.49）调整销的运动方向，当力数据超过期望力时，销到达期望的两点或三点接触状态。这里力反馈信号用来控制销的移动，使之与孔接触，到达约束域。在约束域内，我们利用机器人的被动柔顺运动消除销的姿态不确定性，即在旋转销的过程中，利用约束域来限制销的旋转，直

至其对准孔。所采用的力控制策略（4.49）可以利用低频力信号，避免大多数力控方法中使用的高频力信号带来的噪声干扰等问题。

例如，在图 4.15 中，我们利用优傲机器人 UR3 和力传感器 ATI gamma FT1102 实现精密的销-孔装配，其中销和孔的配合公差小于 0.03 mm。

销-孔装配包括了下面四个步骤（见图 4.16）。

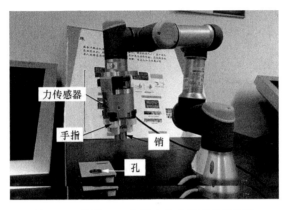

图 4.15　利用 UR3 机器人完成销-孔装配实验

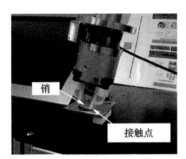

（a）UR3 以固定倾角拾取销

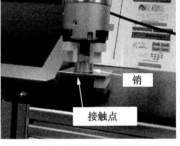

（b）销与孔实现单点接触

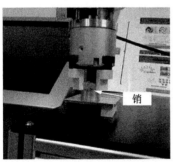

（c）UR3 使用力控制器调整销的姿态，
直到达到两点接触

（d）UR3 继续调整销的姿态，直到 x、y
和 z 方向上测得的力小于预设阈值

图 4.16　装配步骤

（1）以固定的倾斜角度拾取销，然后将销移动到孔附件；值得注意的是机器人手指夹持销的误差通常大于 0.03 mm。

（2）基于力控制方式移动销接触孔的边缘。其中，可以设置参考力 $F_{xd} = 3N$，$F_{yd} = 0N$，$F_{zd} = -3N$。系数 K_e 设置为 0.8，K_d 设置为 0。

（3）根据力反馈调整销的姿态，直到销与孔达到两点或三点接触。

（4）继续调整销的姿态，即机器人绕 x、y 和 z 轴旋转销，旋转方向为 $\Delta\theta$，同时沿 z 轴移动销，旋转方向为 Δz。最后，如果测得的力小于预设阈值，意味着销已经插入孔中。

装配中测得的力如图 4.17 所示。力控制器最初尝试使销从单点接触状态转移到两点或三点接触状态。然后，在约束域内调整销的姿态，直至销完全插入孔中。

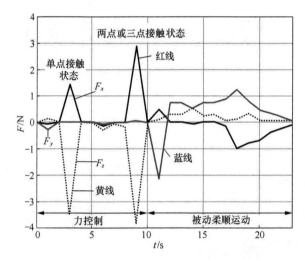

图 4.17　插入过程中测得的力，其中红线表示 x 方向的力，黄线表示 z 方向的力，蓝线表示 y 方向的力

| 4.6　基于力智能感知的操控 |

在 4.4 节和 4.5 节中，我们讨论了阻抗控制、力/位混合控制、力控制和约束域融合等方法，它们在作业场景、物体模型、接触力模型和机器人的动力学和运动学模型等已知的情况下可以获得很好的控制性能。但是，如果很难建立作业场景、物体三维模型和接触模型，或是在机器人的动力学存在不确定性

参数等情况时，基于模型的机器人操作方式常常会由于模型的不确定性造成系统不稳定。并且，当面临新的作业任务时，如何选取合适的控制参数会成为一个难以解决的问题。

研究人员提出了基于机器学习的机器人操控技术，使机器人具备从经验数据中学到作业技能。这些方法基于高斯过程、神经网络、群优化等，通过大样本数据训练和预测机器人作业模型，机器人使用模型执行不同作业任务。例如，通过深度学习技术，机器人能够学到可靠抓取水杯、钥匙、眼镜盒和书本等不同类型的日常生活用品的策略；通过支持向量机（SVM）和主成分分析（PCA）的区间估计优化算法，利用大量装配实验数据训练机器人末端运动参数，机器人可以规划装配运动轨迹；通过示教方式可以获得机器人作业的样本数据，并利用高斯回归模型构建机器人感知和行为之间的映射关系，实现机器人对人类行为的模仿。基于机器学习的规划方法需要大量样本数据，样本的覆盖度和规模对学习的性能影响较大。此外，一些研究人员还提出了基于控制参数自适应的方法以解决机器人动力学参数存在不确定性的装配难题。例如，基于神经网的自适应力/位混合控制器和自适应阻抗控制器，将神经网的输出用于补偿由于机器人动力学变化造成的不确定性扰动，提高了控制器输出性能，使机器人末端和接触对象之间获得期望的接触力；利用强化学习算法获得的机器人初始装配力和力矩曲线，可在实际装配过程中通过迭代不断优化装配控制参数。本节将介绍其中几类典型的机器人操作技能学习技术。

人类擅长执行不需要精确几何和机械模型的操作任务，因而在机器人领域，一些研究人员通过工人演示装配过程，机器人模仿工人的装配力和装配路径，以解决难以建立几何模型和机械特性情况下的装配问题。在工人安装销-孔时，他的大脑会感知到手的触觉/力觉反馈，然后决定销的移动方向以顺应性地组装工件。此外，工人还能够根据工件的不同材料和公差，甚至是销-孔插入过程中根据不同的阶段来采取不同的策略。基于工人示范的力感知与装配技术，主要有以下两种方式。

（1）拖动示范方式：工人拖动机器人末端执行器将销插入孔中，同时采集机器人装配过程中的数据，如图 4.18（a）所示。在整个装配过程中，安装在机器人末端的力/力矩传感器记录销-孔之间的接触力；机器人前向动力学计算出机器人在笛卡儿空间中的运行速度和加速度。

（2）直接示范方式：工人直接完成销-孔装配，利用运动捕获系统记录装配过程中销的运动轨迹，力/力矩传感器记录销-孔之间的接触力[21]，如图 4.18（b）所示。

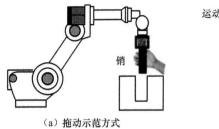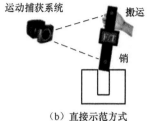

（a）拖动示范方式　　　　　　（b）直接示范方式

图 4.18　两种获取示范数据的方法

如图 4.19 所示，在力/力矩传感器的中心 O_S 为原点建立笛卡儿坐标系，定义 O_p 为销末端的中心点。假设销的状态为 $\boldsymbol{X} = \left(x_p, y_p, z_p, \theta_x, \theta_y, \theta_z\right)$，则销的速度为 $\dot{\boldsymbol{X}} = \left(v_x, v_y, v_z, \omega_x, \omega_y, \omega_z\right)$，由力/力矩传感器检测到的力旋量描述为 $\boldsymbol{W}^S = \left(F_x^S, F_y^S, F_z^S, M_x^S, M_y^S, M_z^S\right)$。

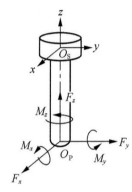

图 4.19　销的状态和检测力的定义

1. 非接触空间的运动规划

在非接触空间的轨迹规划是机械臂控制的基础，对机械臂工作效率、运动平稳性等都具有重要意义。常见的轨迹规划算法包括样条插值法、快速探索随机树（RRT）法、人工势场法以及动态运动基元（dynamic movement primitive，DMP）的轨迹学习方法等。基于样条插值的轨迹规划方法含有时间常数，使得多自由度轨迹学习较为困难；快速探索随机树等基于统计的方法生成的轨迹连续性不好，在复杂环境中可能出现路径迂回和死锁；人工势场法容易陷入局部极小值。

动态运动基元是由 Ijspeert 等人[22-23]提出的一种机器人运动规划的方法，其主要思路是把复杂的运动看作一系列简单运动基元的叠加。DMP 通过示教轨迹信息得到运动参数，并使新生成的学习轨迹保持与示教轨迹相同的运动趋势。DMP 本质上是在一个具有稳定性质的二阶动力学系统中引入一系列高斯函数加权叠加的非线性函数项。通过改变权重参数值，可以使非线性函数的形状发生任意变化，从而使得动态系统可以表示任何形状的运动轨迹。DMP 生成从初始值 y_0 向目标值 g_f 收敛的轨迹 $[y, \dot{y}]$，在运动结束时 $y_T = g_f$；运动轨迹的形状，即 y_0 和 g_f 之间的 y 值由轨迹形状参数确定。因此，可以得到 DMP 的模型如式（4.50）所示[22]：

$$\tau^2 \ddot{y} = \alpha \left(\beta (g - y) - \dot{y} \right) + f \tag{4.50}$$

式中，g 为学习轨迹的终点；τ、α 和 β 为常数项；f 为强迫函数：

$$f(x) = \frac{\sum_{i=1}^{N} \psi_i(x) \omega_i}{\sum_{i=1}^{N} \psi_i(x)} x (g - y_0) \tag{4.51}$$

$$\psi_i(x) = \exp\left(-0.5 h_i (x - c_i)^2 \right) \tag{4.52}$$

式中，y_0 是初始状态；h_i 和 c_i 分别是高斯核函数的带宽和中心；ω_i 为权重参数；N 为基函数个数，基函数个数越多，泛化目标轨迹越平滑。

假设采集到示范轨迹 $\left(y_{\text{demo}}(t), \dot{y}_{\text{demo}}(t), \ddot{y}_{\text{demo}}(t) \right)$。其中，$t \in [1, \cdots, P]$，$P$ 为结束时间。我们认为示范轨迹学习是一个由 $y_0 = y_{\text{demo}}(t = 0)$，$g = y_{\text{demo}}(t = P)$，学习基函数的权重参数 ω_i 的过程。由式（4.50）可得：

$$f = \tau^2 \ddot{y}_{\text{demo}} - \alpha \left(\beta (g - y_{\text{demo}}) - \dot{y}_{\text{demo}} \right) \tag{4.53}$$

可以采用局部权重回归（locally weighted learning，LWL）非参数回归方法求解函数逼近问题（4.53），获得基函数 ψ_i 的权重参数 ω_i 为：

$$\omega_i = \frac{s^{\mathrm{T}} \Gamma_i f_{\text{target}}}{s^{\mathrm{T}} \Gamma_i s} \tag{4.54}$$

式中，

$$s = \left[\xi(1), \xi(2), \cdots, \xi(P) \right]^{\mathrm{T}},$$

$$f_{\text{target}} = \left[f(1), f(2), \cdots, f(P) \right]^{\mathrm{T}},$$

$$\Gamma_i = \begin{bmatrix} \psi_i(1) & 0 & 0 & \cdots & 0 \\ 0 & \psi_i(2) & 0 & \cdots & 0 \\ \vdots & \vdots & \vdots & & \vdots \\ 0 & 0 & 0 & \cdots & \psi_i(P) \end{bmatrix}。$$

计算出权重参数 ω_i 后，我们就可以实现对示范轨迹的模仿，即使目标位置 g 变化，模仿出的轨迹的形状也与示范轨迹类似。

2．接触空间的力感知与控制

在接触空间，机器人需要同时学习装配过程中的示范轨迹和示范力/力矩。机器人控制器记录末端执行器的工作轨迹，力/力矩传感器记录末端执行器和环

境的相互作用力。当采集示范数据的方式不同时，也会影响力感知模型的建立。为了解决这个问题，可以通过高斯混合回归（gaussian mixed regression）来建立力感知和控制模型。高斯混合回归的基本思想是将工人演示数据（力旋量 W 和状态 X）合成一个联合概率分布 $p(W,X)$；然后使用条件概率 $p(X|W)$，根据给定的参考力 W 输出机器人末端状态 X[24-25]。

假设记录了 N 组示范操作，第 i 组示范操作的数据为 (X_i,W_i)。其中，$X=(y,\dot{y},\ddot{y})$ 分别表示末端执行器的位置、速度和加速度；W 表示末端执行器和环境之间的力旋量。首先我们需要通过 N 个高斯分量拟合联合概率分布 $p(X|W)$。其中，高斯分量的均值为 μ_i；协方差为 Σ_i；权重为 ω_i。联合概率密度为：

$$p(W,X)=\sum_{i=1}^{N}\omega_i p^i(W,X) \tag{4.55}$$

式中，

$$p^i(W,X)=\sum_{i=1}^{N}\omega_i\psi_i(X,W|\mu_i,\Sigma_i),$$

$$\sum_{i=1}^{N}\omega_i=1, \quad \mu_i=\begin{bmatrix}\mu_{Xi}\\\mu_{Wi}\end{bmatrix}, \quad \Sigma_i=\begin{bmatrix}\Sigma_{iX} & \Sigma_{iXW}\\\Sigma_{iWX} & \Sigma_{iW}\end{bmatrix},$$

$$\psi(W,X|\mu_i,\Sigma_i)\sim N\left(\begin{bmatrix}W\\X\end{bmatrix}\middle|\mu_i,\Sigma_i\right)。$$

由于每一个 $p^i(W,X)$ 都服从高斯分布，因而我们认为它的条件概率分布仍然服从高斯分布：

$$p^i(X|W)=N(X|\mu_{iX},\Sigma_{iX}) \tag{4.56}$$

总的条件概率如下，权重 ω_i 表示 W 属于高斯分布的概率：

$$p(X|W)=\sum_{i=1}^{N}\frac{\omega_i N(W|\mu_{iW},\Sigma_{iW})}{\sum_{j=1}^{N}\omega_j N(W|\mu_{iW},\Sigma_{iW})}p^i(X|W) \tag{4.57}$$

参数 ω_i、μ_i、Σ_i 可以利用最大期望（expectation maximization，EM）算法[26]来估计。

因此，假设力传感器记录了输入力旋量 W，如果采用基于位置的控制方式，则我们可以将满足条件概率 $p(X|W)$ 最大的 X 作为机器人的参考轨迹[25]，即：

$$X = \arg\max_{X} p(X|W) = \arg\max_{X} \sum_{i=1}^{N} \frac{\omega_i N(W|\mu_{iW}, \Sigma_{iW})}{\sum_{j=1}^{N} \omega_j N(W|\mu_{jW}, \Sigma_{jW})} p^i(X|W) \tag{4.58}$$

在装配过程中，我们可以通过控制机器人末端实际速度和参考速度的插值，采用滑模控制、比例-微分-积分等控制方法来调节末端轨迹，达到销-孔装配的目的。

本章小结

本章着重介绍了机器人触觉感知技术及操作、机器人力觉感知技术及操作这两部分内容。其中，触觉感知技术主要介绍机器人末端的手指完成对物体的精巧抓取，力觉感知技术主要介绍机器人完成精密的装配任务。

参考文献

[1] KAPPASSOV Z, CORRALES J, PERDEREAU V. Tactile sensing in dexterous robot hands-Review[J]. Robotics and Autonomous Systems, 2015, 74: 195-220.

[2] SONG X J, LIU H B, ALTHOEFER K, et al. Efficient breakaway friction ratio and slip prediction based on haptic surface exploration[J]. IEEE Transactions on Robotics. 2014, 30 (1): 203-219.

[3] GOGER D, GORGES N, WORN H. Tactile sensing for an anthropomorphic robotic hand: Hardware and signal processing[C]// 2009 IEEE International Conference on Robotics and Automation. Piscataway, USA: IEEE, 2009: 895-901

[4] TESHIGAWARA S, TSUTSUMI T, SHIMIZU S, et al. Highly sensitive sensor for detection of initial slip and its application in a multi-fingered robot hand[C]// 2011 IEEE International Conference on Robotics and Automation. Piscataway, USA: IEEE, 2011: 1097-1102.

[5] HO V A, NAGATANI T, NODA A, et al. What can be inferred from a tactile arrayed sensor in autonomous in-hand manipulation? [C]// 2012 IEEE International Conference on Automation Science and Engineering. Piscataway, USA: IEEE, 2012: 461-468.

[6] BEKIROGLU Y, KRAGIC D, KYRKI V. Learning grasp stability based on tactile data and HMMs[C]//IEEE International Workshop on Robot and Human Interactive Communication. Piscataway, USA: IEEE, 2010: 132-137.

[7] 马蕊，刘华平，孙富春，等. 基于触觉序列的物体分类[J]. 智能系统学报，2015, 3: 32-38.

[8] 惠文珊，李会军，陈萌，等. 基于 CNN-LSTM 的机器人触觉识别与自适应抓取控制[J]. 仪器仪表学报，2019, 40(1): 214-221.

[9] GERS F A, SCHMIDHUBER J, CUMMINS F. Learning to forget: continual prediction with LSTM[J]. Neural Computation, 2000, 12(10): 2451-2471.

[10] GREFF K, SRIVASTAVA R K, KOUTNIK J. et al. LSTM: a search space odyssey[J]. IEEE Transactions on Neural Networks and Learning Systems, 2017, 28(10): 2222-2232.

[11] YI Z, CALANDRA R, VEIGA F, et al. Active tactile object exploration with Gaussian processes[C]// IEEE/RSJ International Conference on Intelligent Robots and Systems. Piscataway, USA: IEEE, 2016: 4925-4930.

[12] EBDEN M. Gaussian processes for regression and classification: a quick introduction[J]. arXiv: Statistics Theory, 2015: 1-13.

[13] TESHIGAWARA S, TSUTSUMI T, SHIMIZU S, et al. Highly sensitive sensor for detection of initial slip and its application in a multi-fingered robot hand[C]// 2011 IEEE International Conference on Robotics and Automation. Piscataway, USA: IEEE, 2011: 1097-1102.

[14] JI S Q, HUANG M B, HUANG H P. Robot intelligent grasp of unknown objects based on multi-sensor information[J]. Sensors, 2019, 19(7): 1595(1-30).

[15]LEFEBVRE T, XIAO J, BRUYNINCKX H, et al. Active compliant motion: a survey[J]. Advanced Robotics, 2005, 19(5): 479-499.

[16] SICILIANO B, KHATIB O. Springer Handbook of Robotics[M]. Berlin: Springer, 2008.

[17] SERAJI H, COLBAUGH R. Force tracking in impedance control[J]. The International Journal of Robotics Research, 1997. 16(1): 97-117.

[18] DUAN J, GAN Y, CHEN M, et al. Adaptive variable impedance control for dynamic contact force tracking in uncertain environment[J]. Robotics and Autonomous Systems, 2018, 102: 54-65.

[19] JUNG S, HSIA T C, BONITZ R G. Force tracking impedance control of robot manipulators under unknown environment[J]. IEEE Transactions on Control Systems Technology, 2004, 12(3): 474-483.

[20] CHEAH C C, KAWAMURA S, ARIMOTO S. Stability of hybrid position and force control for robotic manipulator with kinematics and dynamics uncertainties[J]. Automatica, 2003, 39(5): 847-855.

[21] LIN H C, TANG T, TOMIZUKA M,et al. Remote lead through teaching by human demonstration device[C]// 2015 Dynamic Systems and Control Conference.Ohio,USA: American Society of Mechanical Engineers, 2015: 1-5.

[22] IJSPEERT A, NAKANISHI J, SCHAAL S. Learning attractor landscapes for learning motor primitives[J]. Advances in Neural Information Processing Systems, 2002, 15: 1547-1554.

[23] IJSPEERT A J, NAKANISHI J, HOFFMANN H, et al. Dynamical movement primitives: Learning attractor models for motor behaviors[J]. Neural Computation, 2013, 25(2): 328-373.

[24] JASIM I F, PLAPPER P W. Contact-state monitoring of force-guided robotic assembly tasks using expectation maximization-based gaussian mixtures models[J]. International Journal of Advanced Manufacturing Technology, 2014, 73(5-8): 623-633.

[25] MOON T K. The expectation-maximization algorithm[J]. IEEE Signal Processing Magazine, 1996, 13(6): 47-60.

[26] LI B B, CHENG H T, CHEN H P, et al. Modeling complex robotic assembly process using Gaussian Process Regression[C]//The 9th IEEE Conference on Industrial Electronics and Applications. Piscataway, USA: IEEE, 2014: 456-461.

多通道信息融合的人机对话技术

空间机器人在外太空作业环境条件下面临着以下挑战：（1）作业空间相对狭小；（2）因为太空环境的限制，机器人与人的连接相对遥远。在这种相对严峻的条件下，采用融合多种感知方式的人机对话技术，可在一定程度上提高空间机器人完成某项任务的作业效率。人机对话的优势在于：首先，语音与其他交流手段相比更加自然，并且其认知负荷较低，不需要占用交互者的注意力；其次，语音对物理空间资源占用比较少，适合在不能有效利用视觉通道传递信息的场合使用。一些优秀的科幻电影，如《2001：太空漫游》《普罗米修斯》等，里面出现了大量的惟妙惟肖的人与机器人的自然对话场景，如机器人能够识别人的语言、表情、姿态、情感，甚至能够进行唇读，揣测人的潜意识，预测人的下一步意图，并代替人执行相应操作。

多通道人机对话是一个非常动态和广泛的研究领域，本章目标不是为了呈现一个该领域完整的概括，而是从面向用户意图理解的多通道信息融合角度出发，介绍面向人机对话的多通道信息处理和对话管理，讨论未来人机对话在多通道信息融合的智能计算方面可能存在的突破。

| 5.1 多通道人机对话的一般框架 |

在人与人的日常交流中，视觉信息大约占80%，言语、触觉、嗅觉等其他通道信息约占20%。人际交往中的言语交流通常是多种通道信息的融合。人机对话也是一样，其目的是让机器能理解和运用自然语言实现人机通信并执行相应的操作。从广义来讲，人机对话包含语音识别、多通道对话管理、语音合成等技术。从狭义来讲，人机对话主要包含言语理解和言语生成两个模块。近年来，人工智能技术使得单通道认知感知技术，如语音识别、人脸识别、情感理解、手势理解、姿态分析、眼动、触觉等的性能得到快速提升，计算机能够比较准确地理解用户的单通道行为。

除语音之外，表情、姿态、行为等信息也是人机对话的重要组成部分。在语音的基础上，融合视觉、姿态、手势等多通道的情感识别在内容和方式上都优于单通道模式，也更符合真实情况。在面部特征跟踪、表情识别、头姿和手势识别、语音、副语言或情感语音识别的基础上，多通道信息分析、融合以及以此为基础的虚拟人表现方法成为减少识别错误，提高人机对话准确性和展现力的重要途径。

一个典型的音频和视频融合的多通道人机对话框架如图5.1所示[1]。其中，摄像头用于捕捉人脸信息和姿态信息，麦克风用于获取用户说话时的语音信息和副语言信息。副语言信息是指人类说话时与言语内容协同表达的韵律特征（如语调、重音等），突发性特征（如说话时的笑声、哭泣声等）以及次要发音（如圆唇音、鼻化音等），这些特征在一定程度上可以表明说话人的态度、情绪状态、社会地位等。多通道信息融合处理模块根据以上获取的信息进行融合，分析说话人的意图，并生成相应的言语信息给机器人，用于产生机器人的反馈。在上述的多通道人机对话框架中，对人脸信息、姿态信息以及语音信息的识别与理解技术相对成熟。本章主要介绍多通道信息融合处理以及面向人机对话的多通道言语理解与生成技术与方法。

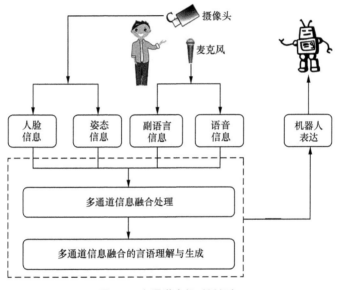

图 5.1　多通道人机对话框架

| 5.2　面向人机对话的多通道信息处理 |

　　空间机器人信息感知通道有很多，尽管这些通道在数据获取以及存储方式上存在很大区别，但从认知科学的角度看，它们的信息处理流程具有一些共同的特点。下面从认知科学的角度介绍不同通道及多通道的信息处理理论，以及其在计算机科学中的表示和实现。

5.2.1　不同通道信息处理的认知假定

认知心理学认为人类处理信息时会遵从三个假定：通道加工、容量有限及主动加工。前两个假定主要与单通道信息处理密切相关，后一个假定更多与多通道信息处理相关。通道加工假定指人类首先对各通道信息进行单独加工，并形成各自通道的认知特征，根据通道关注的外界情况，选取外界对象的表征。这些外界对象的表征可以视为外界事物的抽象，甚至是已有的抽象的组合[2]。

容量有限假定指各通道一次性加工的数据容量是有限的，即在没有对信息进行加工的前提下，学习者能够保持的通道信息容量具有一定限制。实验发现，人类的记忆广度大约为 7 个单元，比如测试者以每秒 1 字的顺序读一串数字，紧接着，测试者能够准确复述的数字广度大约为 7 个[3]。还有学者认为容量更少[4]。这说明，人类在没有利用联想、推理、记忆等认知功能的前提下，其所能关注的信息量是非常有限的。

主动加工假定指在通道加工假定与容量有限假定之后，人们会为了对学习到的不同通道知识和经验建立一致的心理学表征，会主动调动注意、对信息进行编码和组织、将新知识与旧知识融合等策略参与认知加工。

5.2.2　不同通道信息处理的一般计算模式

在感知系统信息处理过程的早期，研究者习惯将不同通道信号转化为界面操作，如触觉感知中的位置和触碰判断、力觉反馈中的触点和点击判断、眼动感知中的视点和视线判断以及一些不便于转化为界面操作的单通道用户感知行为（如语音对话、手势跟踪等）。这类通道信息首先被转变为行为识别，然后系统根据行为识别结果给出反馈。这些单一通道号转化为感知结果的过程可以采用下面公式简化描述。

$$y^t = f\left(x^t, x^{t-1}, \cdots, x^{t-l}\right) \tag{5.1}$$

式中，x^t 表示时刻 t 的某通道输入信号；l 表示通道加工的信息长度；y^t 表示时刻 t 的通道信号的认知结果，如笔触位置、手势、姿态、语音对应的文本等。单通道信息的处理过程在计算机中的处理就变为了函数拟合或者分类问题。

认知科学中的通道加工假定和容量有限假定对应了式（5.1）中的两个关键变量：x 和 l。x 对应于通道加工中的特征表示，如语音信号处理中，针对不同的应用，不同的声学特征会带来不同的效果提升。在深度学习兴起之前，传统的单通道信息计算中，人工设计的通道加工特征成为意图理解准确性的一个关键因素。深度学习兴起后，深度网络结构可以自动抽取通道特征，其自动获得的特征在识别和分类方面，甚至表现出比人工精心设计的特征具有更好的性能[5]。总的来说，针对不同感知任务，如何在通道加工过程中发现更好的特征表示是智能感知对环境知识理解的一个重要因素。

参数 l 对应于容量有限假定。在传统的采用机器学习求解过程中，l 作为输入信号所观测的时间窗，其值的大小会影响到 y 的精确程度。例如，在场景知识识别中，连续 11 帧支持向量机得到的情感识别结果送入到新的级联支持向量机中，得到的情感判断准确度相对更高[6]；同样在语音识别[7]、手势识别[8]应用中，研究者发现，合适的 l 值将会获得更好的识别效果。即便是本身就考虑了记忆因素的长短时循环神经网络（long short term recurrent network，LSTM），在中间层有目的地加入以时间片为单位的串联特征，也会不同程度提高模型精度，这样的处理方法在情感识别、手势识别、语音识别上也被证实是有效的。

5.2.3　多道信息融合的心理学认知和认知加工过程

1．多通道信息融合的心理学认知

随着计算机计算能力的提高，在某些领域，计算机对单通道信息的分辨能力接近甚至超过一般用户。即便如此，单通道信息处理的认知处理流程从输入信息和输出信息的对比看，其过程仍旧类似于样本学习后的一个再辨识过程。

认知科学认为认知的结果分成两类：记忆和理解。记忆是指人能够回忆、辨认和识别过去呈现的学习材料或者信息的能力。理解是对呈现的教学内容建构连贯的心理表征的能力，其发生在记忆之后，表现为学习者可以在一个新的情境中应用所学到的知识，其效果可以采用迁移性测验来测量，即学习者面对一些新的情境时，需要将学过的知识进行迁移，才能解决问题。多通道信息融合有利于通过记忆形成理解，反过来又继续促进记忆。

2．多通道信息融合的认知加工过程

美国教育心理学家 Mayer 提出的人类多通道信息融合的认知加工过程如图 5.2 所示。

在图 5.2 中，从左到右的模块依次为多通道信息、感觉记忆、工作记忆以及长时记忆，分别对应着获取多通道信息之后人类认知的三个假定。感觉记忆和工作记忆模块对应于通道加工。此时，人类感知通道获取到的信息（包括图象、语音、触感等信号）完成特征表示和编码，有选择地进入工作记忆模块。因为容量有限，被选择的特征在大脑相应区域保留很短的一段时间，并进行多通道特征的关联和融合。针对具体任务，主动加工调用包括注意、联想和推理

的机制，触发长时记忆模块学到的历史知识，综合工作记忆模块中的多通道融合信息得到最后的判断结果。

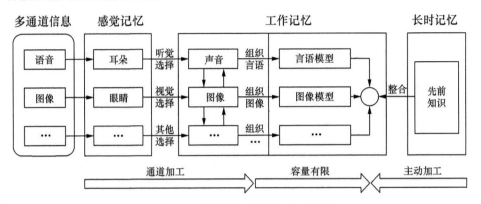

图 5.2　多通道信息融合认知加工过程

多通道信息融合的认知过程表明多通道信息的融合发生在工作记忆模块中，同时融合过程会触发长时记忆模块形成的知识。

5.2.4　多通道信息融合的增强验证和计算方法

1. 多通道信息融合的增强验证

简化各单通道信息的表达形式，有助于定量地探索多通道信息对于单通道信息的增强程度。在式（5.1）的基础上，多通道信息融合可用下式描述。

$$y^t = f\left[\oplus_{k=1}^{K}\left(x_k^t\right), \oplus_{k=1}^{K}\left(x_k^{t-1}\right), \cdots, \oplus_{k=1}^{K}\left(x_k^{t-l}\right) \right] \qquad (5.2)$$

式中，K 为参与信息融合的通道数；x_k^t 表示时刻 t 的第 k 通道的输入信号；$\oplus_{k=1}^{K}\left(x_k^t\right)$ 表示时刻 t 的多通道信号的融合；y^t 为时刻 t 的多通道信号融合的标注结果。尽管式（5.2）可以简化为一个函数拟合问题，但其真正的难点在于各通道信号的表示迥异，这使得 $\oplus_{k=1}^{K}\left(x_k^t\right)$ 难以得到准确的表达，从而多通道信息难以统一描述。

文献[9]介绍了一个定量分析多通道信息融合性能的实验。假定第 k 个通道信号 s_k 服从均值为 u_k、δ_k 的高斯分布，即 $s_k \sim N\left(u_k, \delta_k\right)$，同时记每个通道信号的置信度 $w_k = \dfrac{1/\delta_k^2}{\sum\limits_{k}\left(1/\delta_k^2\right)}$，则某一时刻，多通道信号融合后可表示为：

$$\tilde{S} = \oplus_{k=1}^{K}(s_k) \sim N\left(\sum_{k=1}^{K} w_k u_k, \sum_{k=1}^{K} w_k \delta_k\right) \qquad (5.3)$$

式（5.3）实际上为多个高斯信号的最大似然估计。进一步借助虚拟现实技术构建视觉和触觉双通道感知场景深度信息的信息融合感知实验，多人实验后的统计结果表明：在视觉和触觉双通道感知场景深度信息中，场景深度估计实验的结果服从式（5.3）的描述，即在单通道信号服从高斯分布的情况下，多通道信号的融合可以表示为多个信号的最大似然估计。同时，在多个通道中，置信度越高（或者方差更小的）的通道在融合后会占有更加明显的主导地位。

2．多通道信息融合的计算方法

多通道信息融合通常在多通道信息识别、多通道信息解析和多通道信息处理三阶段上进行。根据融合方式的不同，多通道信息融合可以分为基于决策的融合和基于参数的融合；按照发生的时间顺序不同，多通道信息融合可以分为前期融合和后期融合；按照信息融合的层次不同，多通道信息融合可以分为数据（特征）层融合、模型层融合及决策层融合；按照处理方法不同，多通道信息融合可以分为基于规则的融合或者基于统计方法（机器学习方法）的融合。还有根据多通道信息的相关性（信息互补、信息互斥以及信息冗余）的特点，分别进行融合。在以上这些融合策略中，基于统计方法或者基于机器学习方法的融合在计算层面发生。其他的融合方法则更偏重于设计，本节简要介绍三种比较广泛实用的基于统计方法的信息融合模型——贝叶斯决策模型、图模型和决策树模型，这些模型的计算步骤在本质上是基于模型驱动的，它们的计算过程可以很好地代入到前面多通道信息融合增强环节中去验证。

（1）贝叶斯决策模型

贝叶斯决策模型的特点在于其能够根据不完全情报，对部分未知的状态采用主观概率估计，然后用贝叶斯公式对发生的概率进行修正，最后利用期望值和修正概率做出最优决策。在多种通道信号联合分布概率部分已知的情况下，贝叶斯决策模型可以根据历史经验反演得到某些缺失的信号，从而得到整个多通道信号融合的整体最优评估。设不同通道信号在某时刻的联合分布概率 $p_s(S) = p_s(s_1, s_2, \cdots, s_D)$。其中，$D$ 表示通道数。已知各通道联合建模的联合分布概率，则某通道观测信号的边缘分布概率 $p_D(d_{\text{obs}})$ 为：$p_D(d_{\text{obs}}|S) \times p_s(S)$。其中，$d_{\text{obs}}$ 表示第 d 通道信号的观测值。根据贝叶斯公式，假定先验知识的情况下，已知某通道信号的联合分布概率、边缘分布概率有：

$$p_D(S|d_{\text{obs}}) = p_D(d_{\text{obs}}|S) \times p_s(S)/p_D(d_{\text{obs}}) \qquad (5.4)$$

$$p_D(d_{\text{obs}}) = \int_S p_D(d_{\text{obs}}|S) \times p_s(S) \times \mathrm{d}S \qquad (5.5)$$

在式（5.4）和式（5.5）中，$p_D(d_{obs})$为对某通道的边缘分布观测，对应于某通道信号的实际观测。根据$p_D(d_{obs})$、$p_D(d_{obs}|S)$以及部分已知的$p_s(S)$先验信息，联合式（5.4）和式（5.5）迭代计算可获得精确的$p_s(S)$以及补全缺失的通道信息$p_D(S|d_{obs})$。

因为贝叶斯决策模型具有根据不完全信息反演出部分观测条件下的最优决策的优点，故在多通道信息整合分析、多通道观测手段联合建模分析上体现出一定优势，其在人脸跟踪、用户行为感知、机器人姿态估计和避障、情感理解、多源传感器信息对齐及观测数据分析等方面得到非常好的应用。

（2）图模型

图模型将概率计算和图论结合在一起，提供了较好的不确定性计算工具，其构成上的节点以及节点之间的连线，使得其在计算变量与周围相连变量的关系上具有一定优势。根据节点之间连线的是否有方向，图模型主要可分为无向图模型和有向图模型。无向图模型在场景分割、视频内容分析、文本语义理解等方面应用广泛，如基于马尔科夫场模型的视频中人体运动分割、检测与跟踪，多文档摘要抽取，多通道信息丢失特征分析，视频及音频信息情感分析，多通道脑分区中大脑欢愉活动分布情况检测等。

相对于无向图模型，有向图模型节点之间的连线不仅记忆了数据流向，还记录了学习过程中的状态跳转概率，有向图模型除了可以用于不确定性计算外，还可用于面向时序问题的决策推理，如基于动态贝叶斯模型模仿人类对文字的书写过程、基于马尔科夫决策过程对手势与姿态理解、基于有向图模型的多用户行为冲突最优决策、基于加权有限状态自动机的多通道人机对话模态冲突对话决策等。

（3）决策树模型

决策树模型是一种常见的数据结构模型，主要分为决策分类树模型与决策回归树模型。其中，决策分类树模型主要应用于处理离散型数据，决策回归树模型可用于处理连续性数据，因此决策回归树模型更适合用于多通道信息的融合计算。决策回归树模型可以等价为二叉树模型，对于任意输入的特征空间，回归树采用启发式的方法将其划分，通过遍历所有的输入变量，找到最优的划分变量j和最优切分点s将输入空间划分为两个部分，决策过程可以概括为特征选择、生成树和树的剪枝三个步骤。

对于一个输入空间被划分为区域$R_m(m=1,2)$，其划分误差可用真实值y_i与被划分区域的预测值$f(x_i)$之间的最小二乘积来表示，即

$$\sum_{x_i \in R_m}(y_i - f(x_i))^2 \tag{5.6}$$

式中，$f(x_i)$ 是每个划分区域样本点 x_i 的预测值，该预测值为每个划分区域样本点 x_i 预测值的平均值：

$$f(x_i) = c_m = \text{ave}(y_i \mid x_i \in R_m) \quad (m = 1, 2) \tag{5.7}$$

对于两个被划分后的区域 R_1 和 R_2，求解最优决策过程，实际上就是选择最优划分变量 j 与最优切分点 s 来求解式（5.8）并遍历决策树内所有特征，从而达到最小值对 (j, s)。

$$\min_{j,s} [\min_{c_1} \sum_{x_i \in R_1(j,s)} (y_i - c_1)^2 + \min_{c_2} \sum_{x_i \in R_2(j,s)} (y_i - c_2)^2] \tag{5.8}$$

5.2.5　基于深度感知的信息融合

传统的神经网络模型在非线性函数拟合方面表现出很好的性能，结构更深的神经网络模型则在语音识别、人机对话、机器翻译、语义理解、目标识别、手势检测与跟踪、人体检测与跟踪等领域广泛应用。例如，在情感识别领域，目前采用深度 LSTM 计算得到的最好结果与专业人士识别相差 10%左右；在语音识别领域，目前针对方言口音的语音识别，深度递归神经网络（recurrent neural networks，RNN）识别准确度可以达到 95%，接近人类水平；在图像目标识别领域，超大规模深度卷积神经网络（convolution neural network，CNN）已经超过普通人类的辨识水平[10]。在单通道的深度神经网络模型技术上，很多研究者综合 LSTM、RNN、CNN 结构，构建面向多通道信息融合的大规模深度神经网络模型，力图在融合阶段无差别地处理多通道信息。

尽管如此，这种面向单通道的网络对于任务来说还是相对"具体"，如果换一个任务，用户就需要修改网络结构、重新调整参数，这使得深度神经网络结构的设计变成一个耗时费力的过程。因此研究者希望用一个混合的神经网络结构就可以同时胜任多个任务，以减少其在结构设计和训练方面的工作量[11]。

通常而言，基于深度神经网络的多通道信息融合和普通的多通道信息融合一样，在结构上发生在三个层次，分别是早期阶段发生在数据层的融合、中期阶段发生在模型层的融合及后期阶段发生在规则层的融合[12]。基于上述不同阶段的融合结构，多通道信息融合可以进一步构建更为复杂的大规模结构，实现多任务学习[13]、跨模态学习[14]等功能，同时在基于多通道数据的联合训练情况下，这类结构在运行时可以做到即使某一个模态信息缺失，整个网络也能取得不错的效果，在多通道情感识别、语义理解、目标学习等领域取得很好效果。

下面以人机对话的问题答案匹配为例子介绍几个典型的不同阶段融合模型的实例，类似的融合模型也适用于其他的如根据图片或视频产生恰当的文字描述、根据手势动作匹配人类交互意图等应用。

1．数据层融合

早期阶段数据层融合的特点在于信息的融合以数据的表示为中心，即在融合阶段，融合后的数据成为多通道信息的联合表示。一个典型的两通道数据层融合流程如图 5.3 所示。其中，q 和 r 分别表示两个不同通道及数据。它们可以是来自视觉、触觉、听觉、文本等不同通道的信息，也可以是同一种通道信息的不同数据来源。函数 $f(q,r)$ 可以表示 q、r 的匹配程度，也可以表示 q、r 输入对于某任务的得分。典型的如视频和音频流表示的情感类别、姿态和手势蕴含的意图等。而针对多通道人机对话，$f(q,r)$ 表示为问题 q 及对应答案 r 的匹配程度。

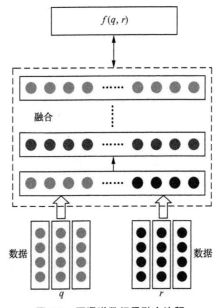

图 5.3　两通道数据层融合流程

数据融合的框架在数据层搭建了不同通道数据的桥梁，下面以 q 作为问题，r 为对应答案的匹配来介绍几个适用于早期阶段数据融合的深度网络结构和方法。

（1）卷积神经网络用于数据融合

卷积神经网络及各种变体已经在前面章节进行了介绍。除了适用于视觉图像信息的处理外，卷积神经网络也适用于语句及关键词关系分析。针对人

机对话的问题 q 及对应答案 r，卷积神经网络将查询和候选回复的词向量输入通过卷积、池化操作，得到定长的语义表示向量，再使用余弦相似度函数衡量 $f(q,r)$ 的值。类似的方法还有将查询和候选回复输入到卷积神经网络中计算出语义表示向量，然后用多层感知器（multi layer perception，MLP）计算匹配分数，对应的分数表示在融合模型的上层，作为问题和答案是否匹配的判断依据[15]。

（2）循环神经网络用于数据融合

在数据层融合方案中，也有学者采用循环神经网络用于抽取输入数据 q、r 的特征。比如文献[16]采用 Bi-LSTM 计算句子表示向量从不同位置来表示某个句子的语义，从而使得语义融合过程考察不同位置语境下语义表示的匹配，实现了多位置匹配分数计算。在语义融合时共使用了三种相似度计算算法：余弦值相似度函数、双线性（bilinear）函数和带张量参数函数的算法。最终匹配分数计算是从匹配矩阵中挑选最大的特征，再经 MLP 进行维度压缩得到。

（3）混合使用循环神经网络和卷积神经网络/注意力机制的融合

也有学者混合采用循环神经网络和卷积神经网络/注意力机制的方式来实现更好的数据或者面向对话的表示。例如，文献[17]采用 QA-LSTM 将输入数据 q、r 分别直接输入 Bi-LSTM 后，再经过池化得到二者的表示向量；采用 Convolutional pooling LSTM 将输入数据 q、r 数据输入 Bi-LSTM 后，再经过 CNN 模型得到二者的表示向量；采用 Convolution based LSTMs 将输入数据 q、r 先经过 CNN 计算，然后输入 Bi-LSTM 模型，再经过池化得到二者的表示向量；采用 Attentive LSTMs 将输入数据 q、r 输入具有注意力机制的 LSTM 模型，最后去 LSTM 的隐层池化为特征向量。

早期阶段数据层融合框架中可以嵌入不同的经典神经网络模型去获取数据的表示。由于其在输入端有对应关系，故早期阶段数据层融合适合不同通道数据在时间或者空间上关联性或者对比性较强的情况，如问题和回答、语音和对应的情感分析、同一时刻和视角的手势及姿态信息等。

2．模型层融合

与数据层融合不同，模型层融合发生在不同通道数据已经被抽象表示后。在模型层，融合方法不直接面对数据 q、r，而是面对数据 q、r 的语义或特征表示。这里 q、r 的特征表示可以是传统的人工抽取方法，也可以是传统的统计学习方法获得的特征，还可以是深度学习模型得到的特征。模型层融合把不同通道数据的语义或者特征表示进行综合归纳，然后在函数 $f(q,r)$ 的指导下进行学习。模型层融合流程如图 5.4 所示。

模型层融合的框架针对在不同通道数据的表示搭建了桥梁，同前面一样，

下面以 q 作为问题，r 为对应答案的匹配来介绍几个适合模型层融合的深度网络结构和方法。

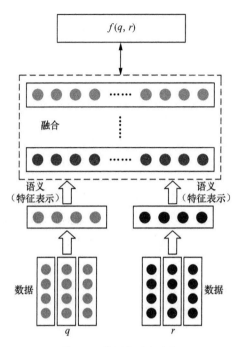

图 5.4　模型层融合流程

（1）卷积神经网络

关于卷积神经网络用于模型层的融合可参阅文献[15]，其融合模型分为两个阶段：第一个阶段为卷积层，将问题 q 和对应答案 r 的特征表示分别做一维卷积，然后针对两者卷积得到的向量构造对应的特征组合，得到一个二维的特征组合矩阵；第二个阶段为池化层，对特征组合矩阵进行最大池化操作。最后经过多次的卷积和池化操作，得到进一步融合的 q 和 r 的向量表示，输入到 MLP 中，计算其与 $f(q,r)$ 的差值。类似的还有 MatchPyramid 模型[18]以及 DeepMatch 模型[19]，其主要思想是将文本匹配任务类比为图像识别任务（均针对输入数据 q 和 r 的表示）。首先构造词向量之间的相似性矩阵，然后利用卷积层和池化层逐层捕获融合信息来计算匹配分数。

（2）循环神经网络

相对于卷积神经网络，循环神经网络本身更适合于时序问题的建模和融合。基于递归匹配思路的 DF-LSTM 匹配模型被用来衡量两个文本的强相互作用。DF-LSTM 由两个相互依赖的 LSTM 模型组成，这两个 LSTM 分别用于捕捉两个词序列内部和外部的语义表示，给定两个文本词序列 $q_{1:i:m}$ 和 $r_{1:j:n}$，DF-LSTM 根据位置 (i,j) 之前的语义融合信息来获得融合信息 h_{ij}，这里的 i、j 分别为问题 q 和 r 中的关键词位置，m、n 分别代表 q、r 中关键词个数。DF-LSTM 不仅能对相近词语之间语义进行融合匹配，还可以捕捉复杂、长距离的匹配关系。

（3）混合使用循环神经网络和卷积神经网络/注意力机制的融合

同样，模型层融合也可以混合使用循环神经网络和卷积神经网络/注意力机制的多种方式。例如，Match-SRNN 模型[20]融合了空间递归神经网络（spatial RNN）和基于注意力机制的融合计算。该模型将文本融合计算看作一个递归的过程，即每个位置的两个文本的相互作用是它们的前缀之间的语义融合以及当前位置的单词语义融合结果的组合。实验还尝试结合从前往后和从后往前两个方向的匹配模型，包括完全匹配：每个词语与待匹配句子的最后一个隐藏层输出向量计算匹配度；最大池化匹配：每个词语与待匹配句子的每一个单词进行匹配度计算，再取最大值；注意力匹配：每个词语与待匹配句子的每个单词计算余弦相似度，然后用 softmax 函数归一化，作为注意力权重加求求和得到注意力向量表示，与词语计算匹配度；最大注意力匹配：每个单词与待匹配句子中的每个单词计算余弦相似度，然后用 softmax 函数归一化，作为注意力权重，取最大值，得到的结果再与词语计算匹配度。实验发现，这四种匹配方式组合在一起得到的实验效果更好。

3．规则层融合

规则层融合在以上各类模型基础上，以任务或者规则为导向，将其组合起来形成融合模型。图 5.5 所示为规则层融合流程，可以看到其与图 5.3 与图 5.4 明显不同在于，面向规则的融合在 q、r 的特征表示与函数 $f(q,r)$ 之间引入了函数 $h(q)$ 和 $h'(r)$，这里的 $h(q)$ 和 $h'(r)$ 可以是面向最终任务的针对输入 q 和 r 的规则，也可以是具体的子任务等。下面介绍一个面向规则层融合的例子。

文献[21]建立了一个检索式问答匹配的跨领域迁移学习模型，该模型参考了数据层融合和模型层融合机制，但整体流程是一个面向规则的融合模型，整体模型如图 5.6 所示。其中，左边的模型层进行了一次数据融合，右边以卷积神经网络技术实现了数据特征的表示。两个子模型最后针对最后的任务进行融合，将两个子模型数据进行拼接作为最后计算得分的依据。

从框架上看，数据层融合、模型层融合和规则层融合基本一致，只不过流程上的发生阶段前后有一定差异。针对个别案例，如面向问题和对应答案匹配的问题上，模型层融合好于数据层融合[15]，但是这个结论不能推广到更多的面

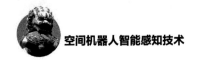

向人机对话的多通道信息融合中。

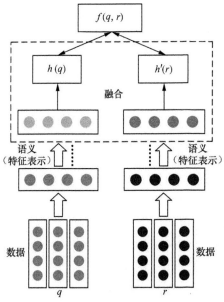

图 5.5　规则层融合流程

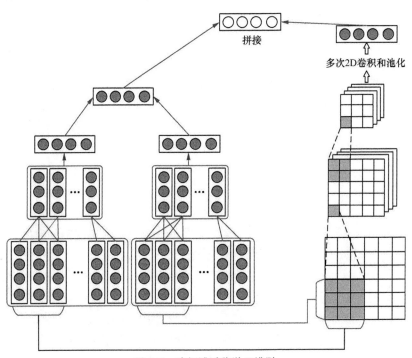

图 5.6　跨领域迁移学习模型

|5.3　面向人机对话的对话管理|

在多通道数据融合的基础上面向人机对话的言语感知与生成使得自然的人机对话成为可能。人机对话的一个重要目的是在语音识别即使有一定错误的前提下，让计算机也能正确理解用户的提问，完成用户指定的操作[22]。就人机对话言语理解而言，根据主导人机对话进行的角色不同，人机对话主要可分为系统主导模式、用户主导模式和混合主导模式三种对话控制策略。谁主导对话的过程是确保对话过程流畅的关键，谁主导对话过程也与多通道信息融合的方式密切相关。不同模式处理对话过程不同，如在系统主导模式下，系统需要实时针对用户提问或者行为变化做出反应；而在用户主导模式下，系统则稍微隐蔽地监测和跟踪用户的行为，综合分析一段时间内的用户行为，在恰当的对话轮转时给出应答。近年来，随着语音识别、语言理解和对话错误检测技术的提高，计算机已经具有快速反馈用户语音命令的能力。根据任务导向不同，人机对话管理分为任务导向和非任务导向[23]。

5.3.1　任务导向的对话管理

面向任务的对话通常具有明确的对话状态或者逻辑，比如机器人协助顾客购买机票的对话任务，只有当顾客的信息以及机票信息都明确，并且产生关联后，这个任务才算完成。这个过程称作"对话管理"，其核心是推理和决策。它决定着系统对用户的反馈，控制着整个对话的流向。对话管理通常由自然语言理解（natural language understanding，NLU）、对话状态追踪（dialogue state tracking，DST）、对话策略学习（dialogue policy learning，DPL）、自然语言生成（natural language generation，NLG）四个模块构成。在具体的实现上，早期通常是针对某一特定模块采用基于规则的人工设计方式，或者基于数据驱动的模型方式，后来随着基于深度学习的问题到对应答案的端到端方法的兴起，这种四模块的分类方法和边界变得模糊了。

任务导向对话系统中的对话管理器有两个核心功能：（1）对话状态追踪；（2）根据状态选择合适的回复（也称为动作选择）。其中第二项的对话的反馈选择可采用 5.2.5 节中介绍的相关技术和方法。本节主要介绍对话状态追踪的相关技术。

1．基于规则的对话状态追踪

（1）有限状态自动机方法

有限状态自动机（finite state automation）方法是早期广泛使用的对话状态的管理方法。在有限状态自动机的对话管理中，通常使用"语义"来表示用户的意图。一个简单的对话管理方法是定义一组规则，即系统在对话中应遵循的行为准则。在此规则下，系统一般会通过不断向用户提问的方式来获取用户回答的方式，判断说话人意图，从而控制对话的流向。因此，这是一种系统主导的方式。成熟的基于有限状态自动机的对话系统主要包括供航班信息查询的ATIS系统[24]，卡内基梅隆大学开发的Let'S Go!系统[25]等。在这种系统中，有限状态自动机的每个结点代表系统的状态，与结点相连的弧代表用户可能的回答。但是这种系统存在不足，因为要实现这样的功能需要系统具有精确的专业知识，这会导致系统的扩展变得相对困难。例如，向数据库添加数据或者删除数据都会引起有限状态自动机中结点和弧的增加或减少。另外，这种系统对语音识别和理解错误十分敏感，故需要额外的组件来处理这些错误。

（2）填充槽方法

对话状态跟踪是确保任务导向性对话系统具有鲁棒性的核心组件。它在对话的每一轮次对用户的目标进行预估，管理每个回合的输入和对话历史，输出当前对话状态。计算机的反馈通常是针对对话主题展开的，这种典型的状态结构通常称为对话状态下的填充槽方法，如在部分可观测马尔科夫模型[26]的对话管理方法中，聊天过程建立在对话状态（话题）的基础上。对话状态通常指对话进展中的某具体任务对应的人机对话环境，槽指计算机要完成指定任务所需要预先确定的属性及值，比如查询天气需要知道时间和地点，此时查询天气对应到对话状态，时间和地点就成为天气查询状态所对应的槽。即计算机根据预算任务中可能有的对话主题进行跟踪，在确定对话主题后，再确定相应的状态。针对对话状态和槽的管理，研究人员在对话管理的总体框架方面提出了很多方法，如Levin等人提出了基于用户模拟（user simulation）的试错法对话管理策略学习机制，可以有效地降低对话管理策略与具体应用领域的相关性，从而能有效降低填充槽对对话语料的数量要求。

2．基于统计的对话状态追踪

人机对话中的语音识别难免会出现错误，这些错误大多是随机的，难以被发现，这导致了基于语音通道的信号输入具有一定的不确定性。从面向传统优化的观点来看，提升识别准确率是实现有效语音理解的唯一途径。但是从人类认知的角度看，由于语言所具有的歧义性质会使语音输入产生模糊性，从认知科学的角度来看，使用部分带有模糊性质的词语会一定程度提高认知准确性，有利于提高交互活动的高效性和自然度。模糊词的输入能使信息的输入带宽得到提升，从而改善人机交互过程的自然性。因此，如何在存在模糊语义的情况下实现精确的理解，即认知统计意图理解，是认知技术研究的一个重要方向。

认知统计意图理解就是在多组存在模糊语义的非精确类型编码中获取最优的用户意图。与传统自然语言处理不同，认知统计意图理解可能存在多通道信号同步输入的情况。输入的编码中有时会存在和用户意图相反的错误编码，对于一种信号，不同层的通道有时也会表现出多样的解释。多种编码解释是由于对话通道自身的性质或是对话的情景导致通道内的输入信号解释产生不确定性带来的。保留这些合理的通道多重编码可以为对话系统更好理解用户意图并提供后续决策产生更多帮助。

（1）熵对话动作

作为对话系统语义概念发展的重要一步，1999 年，Traum 发展出了人机对话系统中有关行为的概念[26]，考虑了对话的轮次信息以及用行为（包括请求、询问等）来表达对话的意义。但是这种行为表示和语义行为是相互独立的两种表示，为了可以表达更具体的意思，一种简单有效的语义表达形式——对话语义动作（dialogue act）被提出，这种动作包含了语言内的行为以及其代表的简单的语义信息，具体可以表示为：

$$\text{acttype}(a = x, b = y, \cdots) \tag{5.9}$$

式中，acttype 表示一句话的语义动作类型；$a = x$ 和 $b = y$ 表示的是语义动作涉及的属性和值，被称为属性值对（slot-value pair）。同时，acttype 和这样的属性值对统一被称为语义项（semantic items）。

在认知统计意图理解的评估方面，对于单一的性能准则无法获得较好适应。例如，在语音识别的字错误率或者语义解析的置信度方面，评估需要同时衡量多重编码的综合准确率和置信度的可信水平。关于置信度的性能衡量，研究者通常采用归一化交叉熵（normalized cross entropy，NCE）准则，这种准则可以衡量语音识别或语义解析的置信度的质量，但是不能有效衡量结果的正确率。归一化交叉熵作为一种扩展方式，可以同时衡量准确率和置信度水平。

（2）部分可观测马尔可夫决策过程

对话管理在一定程度上等价于一种分类任务，即每个对话状态和一个合适的对话动作相匹配。和其他有监督的学习任务一样，分类器可以从标注的语料库中训练得到。但是，在某状态下系统应该选择的动作不能仅仅是模仿在训练数据中同一状态对应的动作，而应该是选择能够导致一个成功的对话的合适动作。因此，把对话过程看成是一个决策过程更为合适，从而根据对话的整体成功来优化动作的选择过程。假设当前的系统状态只依赖前一个系统状态以及用户的动作是完全可见的，则对话过程可以被看作是一个马尔可夫决策过程（Markov decision process，MDP）。但在实际中，由于系统语音识别和语义理解都会产生错误，系统不可能确切知道用户的当前动作是什么，因此 Roy 等人[27]提出用部分可观测马尔可夫决策过程（partially observable Markov decision process，POMDP）来建模对话过程。

部分可观测马尔可夫决策过程是一个 8 元组（S，A，T，R，O，Z，y，b_0）。其中，S 是机器状态 s 的集合，刻画了机器对用户意图和对话历史的所有可能理解；A 是机器所有可能动作 a 的集合；T 定义了一组状态转移的概率 $P(s_t|s_{t-1},a_{t-1})$；R 定义了一组瞬时收益函数 $r(s_t,a_t)$，表示特定时刻 t 的特定状态 s_t 下，机器采取特定动作 a_t 时候获得的收益；O 表示所有可以观察到的特征的集合；Z 定义了基于状态和机器动作的特征转移概率 $P(o_t|s_t,a_{t-1})$；$0 \leqslant y \leqslant 1$ 是强化学习的折扣系数；b_0 是状态分布的初始值，又称为初始置信状态。一个 POMDP 描述了机器和人交互进行决策的过程。一个典型的对话系统 POMDP 可由图 5.7 所示的动态贝叶斯网络表示。

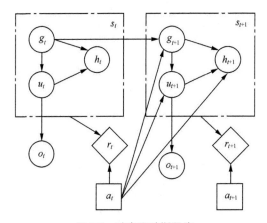

图 5.7　动态贝叶斯网络

在每个时间点 t，POMDP 都处于某个未知的状态 h_t。在自然人机对话系统中，这个"状态"必须能够描述 3 个方面的信息：用户的终极意图 g_t，它表示机器所能正确完成所有任务时从用户获得的必要信息；最近的用户输入中包含的单句意图 u_t，它表示用户刚刚在时刻 t 说过的话，以及所有的对话历史；观察特性 o_t。这就使得实际的对话系统的状态 $s_t = (g_t, u_t, h_t)$，如图 5.7 所示的虚线框部分，而这三部分在真实的人机交互过程中又都不是可以直接精确观测的[28]。系统在

时刻 t 的全部状况则由所有状态的概率分布 $b_t(s_t) = P(s_t)$ 表示，这个分布通常是一个离散分布，可简写为 b_t，又被称为置信状态。置信状态是分布而不是一个具体状态，它是对于系统全局状态的完整综合描述，包括了所有非精确的信息。基于置信状态 b_t，机器会根据一定的策略选取机器动作 a_t，基于此收获一个收益值 r_t，并产生状态转移，形成新的状态空间。机器动作是用户可以观测的，而收益值则取决于当前系统的状态 $s_t = (g_t, u_t, h_t)$ 和机器动作 a_t，且一般是预先设计好或可以估计的。新转移到的状态 s_{t+1} 也是不可见的，从统计上看，它仅仅依赖于上一时刻的状态 s_t 和机器动作 a_t。其中，观察特征 o_t 是通过识别和理解模块观察到的用户意图，表现形式是语义信息项。o_t 具有一定的不确定性，不同于真正的用户单句意图 u_t，但从对话系统运行角度讲，它在统计上仅仅依赖于 u_t。

由于 POMDP 提供了置信状态跟踪和策略优化的数学方法，它成为解决基于不确定性的推理和决策控制的重要工具。但人机对话的状态包括了大量的语义项和项值，用户意图、理解结果和对话历史的各种可能组合更使得状态空间呈指数增长，一个不大的研究任务的状态空间都可能以百万计[27]，因此一般性的 POMDP 算法在理论和实践上都不可行。这使得 POMDP 在人机对话系统中有了更多新的需要解决的问题，构成了认知技术的重要部分。

（3）强化学习

机器学习按学习方式不同，可以分为有监督学习、无监督学习和强化学习。强化学习（reinforcement learning）[29] 是指智能体通过和环境交互，序列化地做出决策和采取动作，并获得奖赏指导行为的学习机制。经典的强化学习建模框架如图 5.8 所示。在每个时刻 t，智能体接收一个观察特征 o_t，执行一个动作 a_t，收到一个收益值 r_t；从观察的角度，智能体执行动作 a_t，环境反馈出下一个时刻的观察特征 o_{t+1} 及对应的收益值 r_{t+1}。观察特征、动作和收益值一起构成的序列就是智能体获得的经验数据。智能体的目标则是依据经验获取最大累积收益。

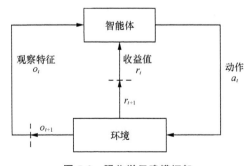

图 5.8 强化学习建模框架

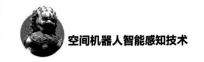

近年来，深度强化学习的诞生打破了早期强化学习模型不稳定、难收敛的瓶颈，在人机博弈、无人驾驶、视频游戏等很多任务上取得很好的效果。深度强化学习的发展主要有两种路线：一种是以 DQN（deep Q-learning）[30]为代表的算法；另一种是策略梯度方法（policy gradient methods）[29]。策略梯度方法通过梯度下降来学习预期收益的策略参数，将策略搜索转化成优化问题，并根据目标函数最优值确定最优策略。因此，策略梯度方法更适合在自然语言处理领域应用。

（4）摘要空间

近似算法的基本思路是假定状态空间中相邻的点可以对应同样的机器动作 a，这就需要将整个状态空间进行分割，每个分块中的所有点对应同样的最优机器动作。尽管进行了分割，精确的 POMDP 策略在真实系统中仍然由于状态空间规模过大而不可计算。考虑到在真实对话系统中，虽然可能性众多，但实际只会有很小部分的置信空间和机器动作会被用到，如果在这个较小的子空间中进行计算，POMDP 的策略优化就变得可行了。这就引入了所谓“摘要空间”的概念[28]。在这一框架下，对话系统运行的时候，置信状态的跟踪在主状态空间进行，在状态转移完成后，主空间的置信状态 b 被映射到摘要空间的置信状态 $\hat{b}$ 和摘要机器动作集合 $\hat{a}$，之后就通过策略函数选择 $\hat{b} \to \hat{a}$ 的最优映射。最后，利用一些启发性的知识再将摘要机器动作 $\hat{a}$ 映射回正常的机器动作 a。这样，策略的优化和决策确定都在摘要空间完成了。

摘要空间技术的一个核心问题是如何将摘要机器动作映射到主空间，得到完整的机器动作。一个简单方法是采用对话动作的类型作为摘要机器动作，而到主空间动作的映射仅仅自动地将此对话动作类型与具有最高的置信度的语义项结合。这种方法的好处是可以全部自动化，不足之处是可能出现逻辑错误。另一类方法是建立人工规则或马尔可夫逻辑网络，这类方法可以将先验知识有效地引入而且在训练最优策略的过程中可以加快收敛速度，但人工规则会有错误风险，可能会把最优的机器动作遗失。

摘要空间技术的第二个核心问题是如何抽取状态和机器动作的特征供计算使用。对机器动作而言，可以简单地用二值特征来表示某个对话动作类型或语义项是否出现，一般情况下会有 20～30 维的特征，每一维度表示一个独立的摘要机器动作。对于状态而言，特征往往具有不同的数据类型，包括实值特征、二值特征或类别特征等，具体的特征的物理含义包括用户意图的 N-Best 猜测、数据库匹配的条目数、对话历史等。状态特征不一定仅仅限于置信状态的特征，它也包括一些外部特征，如数据库的信息等。给定摘要空间后，对话策略就可

以表示为确定性的映射 $\pi\left(\hat{b}\to\hat{a}\right)$ 或者随机映射 $\pi\left(\hat{b}\to\hat{a}\right)=P\left(\hat{a}|\hat{b}\right)$，在随机映射情况下，最终的机器动作是从条件概率中采样得到。这些映射函数的学习是策略优化的核心内容，占主流的方法都是通过优化 Q 函数发现最优的策略映射。

（5）用户模拟器

对话策略是系统对话状态到对话动作的一个映射，而一个好的对话策略需要系统在反复的交互中学习得到。理论上，训练统计对话系统可以使用真实的用户或者使用系统与用户交互的语料，但是对于现实的大规模应用领域来说，对话的状态空间是十分巨大的，使用上述两种方法需要太多的人力或者超大规模的训练语料。因此，建造一个用户模拟器[31]用以代替人和对话管理器交互是十分必要的。有了机器模拟的用户，就可以进行海量的多轮交互的完整对话，这样统计对话管理器的学习或评估成为可能。其基本思想是：以机器（用户模拟器）代替人来训练机器（对话管理器），最终可以得到与人进行自然交互的机器（对话管理器）。虽然这种思想受到了一定质疑，但从统计对话系统的研发角度看，用户模拟器与对话管理器往往采用不同的模型进行独立的训练，用户模拟器可以比静态语料更容易充分地遍历可能的状态空间，对统计对话管理器的训练，尤其是从无到有的初始化具有重要的作用。

用户模拟器本质上是一个可以和对话系统直接交互的用户决策系统，是对话管理器的逆过程，代表了真人用户在交互过程中的响应。它既可以由规则确定，也可以引入数据驱动的方式从语料库中学习得到。图 5.9 所示为用户模拟器和对话管理器的交互过程。

图 5.9　用户模拟器和对话管理器的交互过程

如图 5.9 所示，在使用用户模拟器训练或者评估对话管理器时，每一轮对话中，用户模拟器的输出经过错误模拟器后传递给对话管理器，然后对话管理器根据其策略选择一个动作回复给用户模拟器。错误模拟器是一个模拟语音识别和语义解析错误的模型。给定了用户模拟器和错误模拟器之后，就可以通过生成海量的对话来训练对话管理器的参数，或对确定参数的对话管理器的性能进行评估。

根据对话建模的抽象层级不同，用户模型可以分为以下几类：文本层级、词汇层级及语义层级。研究者更加关注语义层级用户模型的研究，以早期的

N-grams 用户模拟器模型为例，它假设在 t 时刻用户模拟器的动作 u_t 仅仅与系统的对话历史和之前的用户模拟器动作有关，用户模拟器可表示为：

$$u_t = \arg\max_{u_t} p(u_t \mid a_{t-1}, u_{t-1}, a_{t-2}, u_{t-2}, \cdots, a_1, u_1)$$
$$\approx \arg\max_{u_t} p(u_t \mid a_{t-1}, u_{t-1})$$

（5.10）

式中，a_t 表示 t 时刻对话管理器的对话动作，该模型没有对用户模拟器的动作 u_t 做任何限制，完全是基于概率的，与具体领域无关，因此任何用户动作都是系统当前动作的合法回复，如果用户改变或者重复之前的动作，会使得产生的对话比较长。为克服早期模型的问题，研究者提出了一系列新方法，如贝叶斯网络等。近年来，基于议程（agenda）的模型及其扩展，逆强化学习（inverse reinforcement learning，IRL）是受到较多使用的方法之一。

用户模拟器的性能的好坏能直接影响到对话系统的性能分析和所学策略的好坏。用户模拟器的性能评估还是一个开放问题，目前还没有一致的衡量指标。Pietquin 和 Hastie[32]认为一个好的用户模拟器的性能评价指标需要满足若干条件。

3．基于深度学习的状态追踪和推理

（1）序列到序列模型

序列到序列（sequence to sequence，Seq2Seq）模型在 2014 年被 Cho 和 Sutskever 先后提出，前者将该模型命名为编码器——解码器模型[33]，后者将其命名为序列到序列模型[34]。两者有一些细节上的差异，但总体思想基本相同。具体来说，序列到序列模型就是输入一个序列，输出另一个序列，它是一个通用的框架，适用于各种序列的生成任务。其基本模型利用两个循环神经网络：一个循环神经网络作为编码器，将输入序列转换成定长的向量，并将该向量视为输入序列的语义表示；另一个循环神经网络作为解码器，根据输入序列的语义表示生成输出序列，如图 5.10 所示。

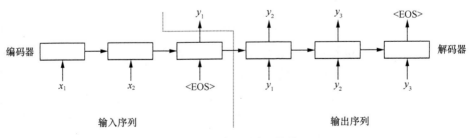

图 5.10　序列到序列模型

层次序列到序列模型在序列到序列模型基础上定义了多层结构的编码器。

首先，每个句子将其包含的词序列向量表示输入循环神经网络得到该句子的向量表示；然后，每个段落将其包含的句子序列向量表示输入另一个循环神经网络得到该段落的向量表示。

（2）注意力机制

通用的序列到序列模型，只使用编码器的最终状态来初始化解码器的初始状态，导致编码器无法学习到句子内的长期依赖关系，同时解码器隐藏变量会随着不断预测出的新词，稀释源输入句子的影响。为了解决这个问题，Bahdanau 等人[35]提出了注意力机制（attention mechanism）。注意力机制可以理解为回溯策略，它在当前解码时刻，将解码器 RNN 前一个时刻的隐藏向量与输入序列关联起来，计算输入的每一步对当前解码的影响程度作为权重，如图 5.11 所示，其中前一时刻隐藏向量和输入序列的关联方式有点乘、向量级联方法等。最后，通过 softmax 函数归一化，得到概率分布权重对输入序列做加权，并重点考虑输入数据中对当前解码影响最大的输入词。

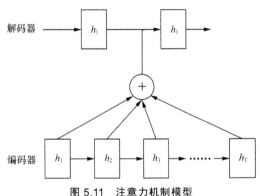

图 5.11　注意力机制模型

随着研究的深入，Vaswani 等人[36]将注意力机制定义为一个查询到一组键值对的映射过程，并提出了自注意力（self-attention）机制，即其中的查询、键、值是同一个句子，减少了对外部信息的依赖，捕捉的是数据内部的相关性。另外，Vaswani 等人还提出了多头注意力机制，即分多次计算注意力，在不同的表示子空间学习信息。多头注意力机制先对输入做划分，依次经过线性变换和点积后再拼接作为输出。

（3）记忆网络

记忆网络（memory network）是指通过在外部存储器模块中存储重要信息来增强神经网络的一类模型。外部存储器模块具有内容可读写、信息可检索和重用的特点。Sukhbaatar 等人[37]提出了一个用于问答键值存储的端到端记忆网络架构（end-to-end memory networks，MemN2N）。其中，外部存储器模块以键值对结构存储问答知识，可以检索与输入相关的信息，得到相关度权值，然后将获取的对应值加权求和作为输出，如图 5.12 所示。

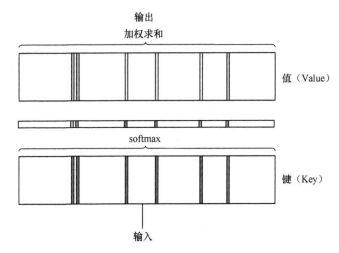

图 5.12　端到端记忆网络架构

相对于其他的神经网络模型，记忆网络的外部存储器可以构建具有长期记忆的模块（如知识库、历史对话信息等）来增强神经网络模型。

（4）生成对抗网络

生成对抗网络（generative adversarial networks，GAN）是 Goodfellow 等人[38]于 2014 年提出的一种深度学习模型。它包含两个模块：生成模型和判别模型。生成模型的训练目标是生成与训练集中真实数据相似的数据。判别模型是一个二分类器，用来判断这个样本是真实训练样本，还是生成模型生成的样本，其训练目标是尽可能地区分真实数据和生成数据。如图 5.13 所示，G 代表生成模型，D 代表判别模型。

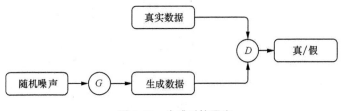

图 5.13　生成对抗网络

GAN 最早被用在图像处理领域，后来也被用到自然语言处理领域中。与图灵测试的思想类似，在开放领域对话系统中使用生成对抗网络的目标是生成的回复与人类的回复无差别。

（5）深度学习和有限状态自动机/填充槽结合

近年来，随着深度学习成功用于言语的序列建模，很多学者联合使用深度学习和有限状态自动机/填充槽机制用于对话状态管理，并取得了较好的效果。联合使用深度学习和有限状态自动机/填充槽的优势在于其利用深度学习的序列建模能力用于话题跟踪的上下文分析，保证了话题驱动任务的准确性。IBM公司的问题机器人采用了类似的机制，其采用递归神经网络为架构，将RNN/LSTM 的顶部特征编码作为固定输出，用于预测给定的槽。实验表明该模型在麻省理工学院构建的旅馆住宿对话数据库以及电影对话语料库中获得当时最好的精度。

深度学习和有限状态自动机/填充槽结合的模式目前已广泛用于以任务为导向的机器人语音助手，如以苹果 Siri 和微软 Cortana 为代表的语音助手等，这类应用已通过手机、操作系统等媒介被人们广泛使用。另外，深度学习和有限状态自动机/填充槽结合的模式也广泛用于协助购物的虚拟助手式智能音箱等，如亚马逊 Echo、天猫精灵智能音箱。这些相关技术可很好地推广到空间机器人协助宇航员完成指定任务的搜索和查询。

5.3.2　非任务导向的对话生成

非任务导向对话系统也称为开放领域对话系统，与任务导向的对话重点在于尽快协助用户完成指定任务不同，非任务导向的对话的重点在于尽可能让用户维持对话。因此，非任务导向的对话系统可以作为情感伴侣，也可以为宇航员提供比较泛化的信息查询服务，这两类功能对于空间机器人也非常重要，比如科幻电影《2001：太空漫游》中的超级计算机 HAL 就具有陪伴宇航员聊天的功能。非任务导向对话系统的对话生成方法有检索、生成和检索与生成相结合等。非任务导向对话系统根据对话功能分，可以分为单轮对话系统和多轮对话系统。本节主要按照检索、生成和检索与生成相结合的方法介绍非任务导向的对话生成，其中检索与生成相结合的方法是重点。

1. 基于检索的方法

非任务导向对话系统将问题（也可称消息）作为查询输入计算机，计算机给出合理的回复。检索方法适合单轮对话系统，其首先构建一个可供检索的对话语料库，将用户输入的话语视为该索引系统的查询，从索引系统的查询中选择一个回复。具体来说，当用户在线输入话语后，系统首先检索并初步召回批候选回复列表，再根据对话模型对候选列表重排序并输出最佳回复。针对单轮非任务导向问答，目前一些学者借助互联网社交数据以及联网搜索引擎，在传

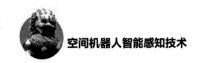

统的关键词基础上，引入注意力机制的深度学习的快速语句匹配以及摘要抽取技术，可以获得较好的单轮非任务导向的人机对话体验。

2．基于生成的方法

多轮对话系统需要综合考虑上下文（包括历史对话信息和查询），建立对话的长期依赖关系，给出更加符合对话逻辑的回复。基于生成的方法受到神经机器翻译的启发，对话系统首先收集大规模对话语料作为训练数据，基于深度神经网络构建端到端的对话模型，来学习输入与回复之间的对应模式，前面5.2.5 节中介绍的方法也同属于生成式对话生成模型，这里不再赘述。

3．检索与生成相结合的方法

一些研究者尝试将检索方法和生成方法结合起来建立开放领域对话系统，总体说来有两种策略：一种是先检索后生成的模式；另一种是先生成后检索的模式。

（1）先检索后生成

图 5.14 所示为先检索后生成的处理流程，主要过程为针对输入问题 q，首先到互联网及大规模对话数据库检索得到初步答案集合 $R(r'_j, j \in (1,n))$。其中，n 表示可能的答案数目，r'_j 表示一个初步答案；然后将问题 q 输入生成模型得到生成的答复 r''；最后通过下面公式计算得到最合适答复的 r。

$$r = \forall_{j=1}^{n} \max_{j} \left(\mathrm{mch}\left(r'', r'_j \right) \right) \qquad (5.11)$$

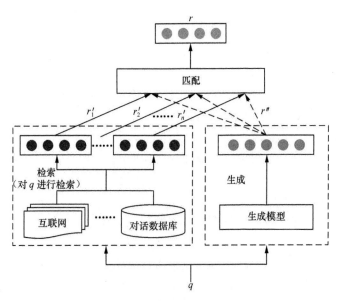

图 5.14　先检索后生成流程抽象

式（5.11）中的函数 $\mathrm{mch}(x,y)$ 用于计算输入语句的相似度。一个典型的先检索后生成案例可参阅文献[39]。

（2）先生成后检索

与先检索后生成相反，先生成后检索首先针对输入问题 q，根据生成对应的生成模型得到生成的答复 r''，针对答复语句 r''，互联网及大规模对话数据库可以匹配到类似的答案集合 $R\left(r_1',r_2',\cdots,r_n'\right)$，同样，借助式（5.11）计算得到最合适答复的 r。图 5.15 所示为先生成后检索的大概流程，其中值得注意的是：两图中的检索不同。先检索后生成中检索是针对问题 q 进行检索，而先生成后检索中检索过程是针对生成的答复语句 r'' 进行检索。一个典型的先生成后检索案例可参阅文献[40]。

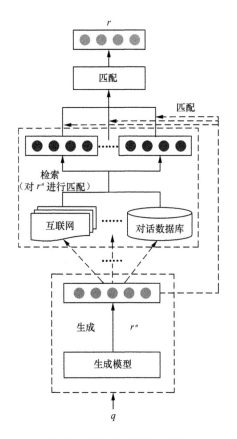

图 5.15　先生成后检索流程抽象

（3）生成与检索的最优匹配

从上面的介绍可以看到，除了生成模型外（相关生成模型见 5.3.1 节介绍的方法），一个重要的工作是语句的相似度计算。计算语句相似度的方法很多，如最大子串动态规划方法、句子编辑距离方法、词频反文档词频（term frequency-inverse document frequency，TF-IDF）方法、基于词向量的余弦距离方法等。这些传统的方法大都只考虑当前语句间的相似度，对前后关系考虑较少。检索与生成的方法用于多轮对话，即使句与句间之匹配，也需要考虑其潜在的蕴含的上下文关系。下面介绍几个较为典型的采用深度计算结构并考虑上下文关系的序列语句匹配模型。

① 联合卷积神经网络和循环神经网络进行匹配度计算

序列匹配网络（sequence matching network，SMN）联合了卷积神经网络和循环神经网络后进行句子间的匹配度计算[41]，其匹配结构如图 5.16 所示，主要思想是：首先对候选回复 r 与上下文中的每个话语 $u_i\,(i=1,2,\cdots,n)$ 分别计算语义融合得到匹配矩阵，再用卷积和池化操作提取每个话语—回复对的重要匹配信息；然后按话语在上下文中的顺序依次输入到一个门控循环单元（gated recurrent unit，GRU）中累积这些匹配信息，从而得到整个上下文和候选回复之间的匹配关系；最后采用 RNN 的隐藏层向量计算最终的匹配分数。

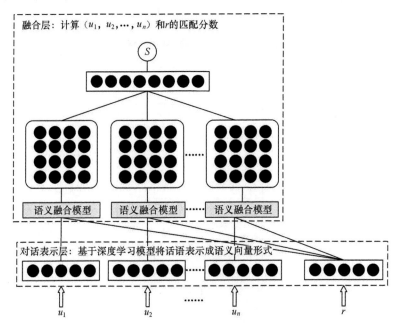

图 5.16　序列匹配网络的匹配度计算

② 基于循环神经网络和注意力机制的匹配

基于循环神经网络和注意力机制的模型首先将查询分别与对话历史话语

和回复进行拼接；然后采用自注意力机制和 GRU 得到每个话语的语义表示，并融合为基于词粒度和句粒度两个匹配矩阵，用卷积、最大池化和扁平化方法计算出每个话语与查询的匹配特征向量；最后将话语和查询的匹配特征向量按顺序输入到 GRU 中计算出最终的候选回复匹配分数。

③ 自注意力机制的匹配

受到机器翻译模型的启发，有研究者不采用循环神经网络和卷积神经网络结构，仅基于注意力机制实现了多轮检索对话的匹配模型[42]。该模型的语义表示基于多层自注意力机制，即将句子的词向量矩阵经过多次自注意力计算得到一组句子表示矩阵，并构建两种匹配矩阵来提取上下文和查询的匹配特征，分别是自注意力匹配（self-attention match）和交叉注意力匹配（cross-attention match）。前者直接将自注意力得到的话语和回复的表示矩阵点乘得到匹配矩阵；后者计算话语投影到回复的表示矩阵和回复投影到话语的表示矩阵。表示矩阵用于捕捉话语和回复语义结构，使得有依赖关系的段在表示中相互接近，从而得到基于依赖关系的匹配矩阵。最后将匹配矩阵组合起来，经过最大池化和感知机得到最终的匹配分数。

4．讨论

基于检索方法的对话系统中的回复是人的真实话语，所以语句质量较高，语法错误少，是目前工业应用的主流技术。但是检索方法的前提是预设对话语料库中存在能作为回复的话语。反之，即使检索存储库非常大，如果对给定的查询话语没有适当的回复时，系统也不能创建新回复。

生成式对话则相反，生成式对话系统能够"创造性"地生成回复，且使用和维护成本低，可覆盖任意话题的查询，但是生成式对话系统生成的语句也有以下缺点：

（1）倾向于生成缺乏语义信息的"万能回复"。由于生成式对话系统生成回复的过程不可控，系统直接从训练数据中学习模式生成回复，因而"我不知道""好的"等缺乏语义信息的"万能回复"在训练数据中出现的频次较高。

（2）生成句子的质量不能保证。生成式对话系统较为灵活，可以在相对较小的词汇表和较小的训练数据集的情况下创建无限回复。但是，生成的句子并不总能保证自然、流畅和合理[43]。

（3）生成式方法的训练和预测的解码过程不一致会影响生成质量。生成式对话训练时，输入对应的输出已知，所以每一个词语生成时，使用真实上一时刻输出词作为当前时刻的输入，而在预测阶段输出未知[44]，二者不完全统一，这样对应的序列到序列模型中的解码过程，使得实际训练和预测过程中的解码不完全相同，从而影响回复话语的生成。

使用海量社交对话数据，采用检索与生成结合的方法将深度学习融入检索

式系统中，提高了对话模型匹配的效果。因此，检索与生成结合的对话模型成了基于深度学习的开放领域对话系统的主流，如百度 Duer、谷歌 Home 以及采用各种语种开发的聊天机器人等。

5.3.3 面向人机对话的交互学习

人机对话过程中的一些没有标准答案的闲聊问题，计算机仅凭借互联网搜索获得的简单反馈并不能获得用户较高的认可。另外，由于语音识别引擎带来的识别错误也难以完全避免，言语个性化及上下文省略带来的语义二义性等因素，计算机应答词不达意，致使用户困惑，无法完成对话的情况也比较常见。针对这种情况，研究者在不断提高语音识别率和口语解析算法的同时，引入了基于对话的交互学习机制，目的是让计算机在人机对话中学习，图 5.17 所示为面向人机对话的交互学习的一般框架。其中，对话交互学习对话管理模型为多通道人机对话系统结构，以虚线连接的方框是传统的多通道人机对话管理模型，实线箭头连接的方框构成对话交互学习对话管理模型的重要模块，意图分类模块主要用于判断当前的对话内容是否包含用户的教授意图，如果处于用户教授状态，则系统转入交互学习状态，需要根据言语知识进行知识提取。如果用户没有教授意图，则系统按照传统模型进行人机对话管理。目前，从知识获得的过程来看，面向人机对话的交互学习主要包括言语学习、动态场景认知和规划以及任务理解和操作。

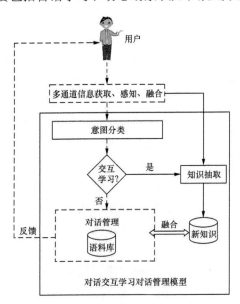

图 5.17　具有对话交互学习能力的对话管理模型

1．基于人机对话的言语学习

对话是用户向计算机系统引入知识的一种重要方式，它具有符合人类自然交互习惯的特点，是人类协助计算机理解动态场景的重要途径。基于人机对话的言语学习需要考包含两个方面的问题，首先是对话中用户教授意图的准确理解，其次是交互中言语知识的增长。早期的人机对话中的意图理解主要侧重于针对某一专门领域，如美国国防高级研究计划局（Defense Advanced Research Projects Agency，DARPA）的机票预订系统、瑞士洛桑联邦理工学院的导购对话系统、名古屋工业大学的人机对话天气查询系统等。这类早期的人机对话系统中多采用填充槽或者带权重有限状态自动机的方式引导对话，因为对话领域比较固定，加之多采用计算机系统主导的方式引导对话过程，所以这一阶段的意图理解不是人机对话研究的主要问题。近年来，深度学习技术的词向量模型把词汇和语句在时序和特征空间上进行了关联，针对很多不用精确回答的问题，能产生模糊的回答，使得计算机似乎理解了人类的“意图”。然而这类方法的本质是利用神经网络在超大空间里计算问题与语句的映射，如果语料库中没有出现类似的语句，答非所问的情况依旧难以避免。除此之外，深度神经网络针对精确问题的回答表现也不够理想。

为了应对用户发起的新话题或者新意图，有很多研究机构建立了对话式的交互学习系统，如交互式学习阅读服务系统、交互式言语学习系统等。这些系统大多预先建立了知识的模板，在准确判断用户教授意图的基础上，系统采用基于相似匹配融合的方法，实现了一定程度的交互学习。

有研究者对交互学习的人机对话进行了探索，如文献[45]提出了一种基于自我对话机制的、面向用户教授意图的答案反馈方法，使计算机能够在与用户的对话过程中，通过自我对话的方式挖掘与当前对话话题相关的更深层次信息，然后综合分析这些信息对用户进行反馈。在答案反馈方法中，用户输入的意图主要有三类：闲聊意图、教授意图以及询问意图。闲聊意图是在非教授意图时，算法将默认意图为闲聊意图；教授意图是当用户对话包含人对计算机进行新知识的教授或错误知识的纠正时的意图；询问意图主要用来计算对话语句是问句的概率值。如果意图判断为教授意图，则根据对话历史信息来计算历史中当前对话语句对应问题的匹配用户问句；在获得问句后，系统根据问句和用户教授内容到互联网获取相关话题的更多答案；对获取的答案集，将摘要抽取的结果作为对用户对话的反馈。在摘要抽取过程中，如果知识的数量较多，需要先对答案集信息进行聚类，提取与主题更加接近的一组进行摘要抽取，如果信息数量较少，则可以直接进行摘要抽取。

基于自我对话机制的面向用户教授意图的对话学习反馈方法通过启动多

个对话代理,将用户的答案引入互联网公开的问答引擎,并模拟多轮对话,将获得的更多答案融合抽取摘要,最后将返回投票更多的答案。实验表明,这种基于自我对话机制,面向用户教授意图的对话学习反馈方法返回的答案,相对于原来的直接返回知识库的答案或者给以模棱两可的回复,给用户带来了更好的对话感受。

2. 基于人机对话的动态场景认知和规划

基于人机对话的动态场景认知和规划同纯粹对话的言语交互学习不一样,后者多用于聊天机器人或者教育领域,前者适用于移动机器人或者移动平台。例如,移动平台需要理解"这是苹果""苹果在哪""请到茶几这儿来"这样的语句,并做出相应的反馈。因此,未来的机器人需要在对话管理的基础上,将知识和动态场景内容关联起来,实现动态场景认知和规划。

近年来,传感器小型化和智能化的发展趋势使移动平台在视觉传感器、听觉传感器、陀螺仪、无线设备等的支持下,能实时得到其在动态场景中的定位信息。例如,基于视觉或者激光扫描仪的即时定位与地图构建(simultaneous localization and mapping,SLAM)技术可以得到较为准确的室内地图和平台的位置信息;一些室内无线信息定位技术,如 Wi-Fi、蓝牙、超宽带、ZigBee、RFID、红外线、超声波、蓝牙、LED 等,通过预先布置通信基站,可以实现室内米级甚至是分米级的定位;基于惯性导航的定位技术,可以持续提供场景中的位置及朝向信息,配合视觉导航或者无线信号定位,还可以提高定位精度。然而,这些定位或者导航技术主要关注获取移动平台在场景中的位置,尽管能提供较好的导航信息,但这些方法没有将位置信息与动态场景及内容变化关联,所以在导航过程中难以将对话信息和场境知识相对应,也达不到动态认知场景的目的。

针对这个问题,有学者提出了基于目标识别的语义地图方法。一些研究者尝试将语义地图与图像序列、无线传感信息的内容关联,以达到更准确的目标识别目的,如基于特征点的物体追踪技术[46]、基于光流向量弧度距离的运动目标检测技术[47]、利用深度传感器网络进行预测并结合物体定位历史和行为情境的物体识别技术[48-49]、基于信息组合的自动物体识别技术等[50-51]。还有一些研究者在目标检测与识别中考虑了常见的物体属性,如用户给出的地点、物体等定义,从互联网中挖掘有效的数据信息,通过物体之间的关系来预测物体与位置[52]。例如,基于卷积神经网络的物体的材质、纹理抽取方法[53],基于陆地移动距离(Earth Mover's Distance,EMD)和高斯混合模型的(Gaussian mixture models,GMMs)的物体纹理、材质和几何结构复原方法等[54-55]。上述这些工作对场景定位信息与场景目标进行了关联,在一定程度上可以实现从对话交互中学习场景知识,并和移动对话进行关联。

3．基于对话的任务理解和操作

让机器人从人类的演示中学习操作是未来的空间机器人的一个重要发展方向。操作是机器人理解任务和完成任务的具体实现，目前在工业装配、教育、助老机器人等领域已经有一些相关探索。文献[56]介绍了一个融合力敏传感器和元参数学习模型的自适应阻抗控制机器人学习框架，能够把抽象的操作知识转换为控制器的操作模式，建立的方法使得机器人可以在 20 min 内学习装配精度在毫米级的孔钉。也有研究者提出了跨模态学习策略[57]，模拟人类的多种感官输入，把学习到的任务技能加速转移到学习新任务。上述工作主要探索了机器人如何快速学习人类传授的技能。

在面向对话的任务理解和操作学习方面，有研究者针对基于对话的任务理解和操作进行了探索，如让机器人从演示只学习写字[58]、让孩子给机器人讲故事[59]、交互式用户书写学习系统[60]等，下面简单介绍具有从对话中理解任务与操作的智能写字机械臂系统。

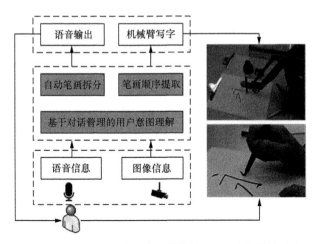

图 5.18 从对话中理解任务与操作的智能写字机械臂系统

文献[60]研发了一个智能写字机械臂系统，该系统具有能够与小孩对话，并且通过对话机交互学习汉字书写方式，包括笔画与笔顺的能力。图 5.18 所示给出了智能写字机械臂学习人类书写顺序的大概流程。系统总共分为三个主要模块：信息输入、关键技术以及输出反馈。信息输入模块包含用户的语音信息以及摄像头观察到的文字的图像信息。图 5.18 中灰色部分为本系统的关键技术模块，主要包含两部分：一部分是通过对用户的语音信息进行分析，可以获得用户想要写的关键字及用户意图，并根据当前状态进行对话管理；另一部分是通过对摄像头看到的图像信息进行分析，对检测到的汉字进行自动笔画拆分和笔画顺序提取，对

于正在教授的字，跟踪笔迹顺序，学习新写法。输出反馈模块通过对话管理，机械臂会以对话的形式进行反馈与用户交互，并能调用机械臂的写字程序，书写需要写的字。

| 5.4 多通道信息融合的局限及人机对话未来的突破方向 |

可以看到，即便是借助深度网络结构的良好特征抽取和学习能力，在目前脑科学和认知科学对人类多通道信息的整合能力并不完全了解的情况下，当前的多通道信息融合方法依旧依赖于经验设计。这也使得这些模型的迁移能力在支持机器人对用户行为、场景知识的感知方面还需提高。例如，语音识别引擎将"用户"识别为"拥护"的错误情况下，系统不能很好适应。另外，现存的多通道融合模型和交互系统还缺乏自我学习并不断成长的能力。

未来的空间机器人应用，如自主装备、自主决定攻防等情况下，环境的自由，信息的庞杂，使得多通道信息感知过程中会不间断地出现新环境和新事物，目前的多通道信息感知模型，不管是基于统计的模型，还是基于模式设计的感知模型，因为其模型固定，新感知知识和旧感知旧知识如何有效融合也是一个难点。

要适应空间机器人的行为自主化，环境动态变化的特点，多通道信息融合技术至少需要具有通过简单预设定，就能够伴随感知和操作任务在新的环境里继续成长的能力，这些能力包括：

（1）准确识别原有通道中新的信息加入。

（2）准确判断旧的通道信息缺失及新的通道信息的加入。

（3）在线感知过程中，对旧有通道的新知识和新通道的新信息进行标识，并添加到已知学习模型。

（4）模型中加入的新的感知知识不会影响原有感知计算模型的准确度。

目前，已有的人工智能感知模型部分对前述三点进行了探索。然而在空间机器人智能感知应用方面，缺乏一个同时满足上诉四个特点的多通道感知信息融合模型。构建具有智能增长的多通道信息融合和理解模型，使得空间机器人具有在动态变化环境中自主学习、理解并整合新知识到已有知识的能力，将是未来空间机器人多通道信息融合方面的一个重要的突破方向。

| 本章小结 |

　　本章首先介绍了多通道人机对话的统一框架，然后粗略介绍了多通道信息融合的心理学过程以及多通道信息融合的一般原理，也介绍了目前多通道信息融合的处理方法和面向人机对话管理的常见模型，最后简要概述了多通道信息融合的局限及人机对话未来的突破方向。

| 参考文献 |

[1] 杨明浩，陶建华，李昊，等. 面向自然交互的多通道人机对话系统[J]. 计算机科学，2014, 41(10): 12-18, 35.

[2] COWAN N. What are the differences between long-term, short-term, and working memory[J]. Progress in Brain Research, 2008, 169: 323-338.

[3] JUST M A, CARPENTER P A. A capacity theory of comprehension: individual differences in working memory[J]. Psychological Review, 1992, 99(1): 122-149.

[4] COWAN N. The magical number 4 in short-term memory: a reconsideration of mental storage capacity[J]. Progress in Brain Research, 2001, 24(1): 87-114.

[5] HINTON G E, SALAKHUTDINOV R. Reducing the dimensionality of data with neural networks[J]. Science, 2006, 313(5786): 504-507.

[6] CHAO L L, TAO J H, YANG M H, et al. Bayesian inference based temporal modeling for naturalistic affective expression classification[C]// The 5th International Conference on Affective Computing and Intelligent Interaction.Piscataway, USA:IEEE, 2013: 173-178.

[7] CHOROWSKI J, BAHDANAU D, SERDYUK D, et al. Attention-based models for speech recognition[J]. Advances in Neural Information Processing Systems, 2015: 577-585.

[8] CARAMIAUX B, MONTECCHIO N, TANAKA A, et al. Adaptive gesture recognition with variation estimation for interactive systems[J]. ACM Transactions on Interactive Intelligent Systems, 2015, 4(4): 1-34.

[9] ERNST M O, BANKS M S. Humans integrate visual and haptic information in a

statistically optimal fashion[J]. Nature, 2002, 415(6870): 429-433.

[10] YANG M H, TAO J H, CHAO L L, et al. User behavior fusion in dialog management with multi-modal history cues[J]. Multimedia Tools and Applications, 2015, 74(22): 10025-10051.

[11] LUKASZ K, GOMEZ A N, SHAZEER N, et al. One model to learn them all[J]. arXiv: Computer Science, Mathematics, 2017: 1-10.

[12] YANG M H, TAO J H. Data fusion methods in multimodal human computer dialog[J]. Virtual Reality & Intelligent Hardware, 2019, 1(1): 21-38.

[13] SELTZER M L, DROPPO J. Multi-task learning in deep neural networks for improved phoneme recognition[C]// 2013 IEEE International Conference on Acoustics, Speech and Signal Processing.Piscataway, USA: IEEE, 2013: 6965-6969.

[14] TZENG E, HOFFMAN J, DARRELL T, et al. Simultaneous deep transfer across domains and tasks[C]// IEEE International Conference on Computer Vision. Piscataway, USA: IEEE, 2015: 4068-4076.

[15] HU B T, LU Z D, LI H, et al. Convolutional neural network architectures for matching natural language sentences[J].Advances in neural information processing systems, 2014: 2042-2050.

[16] WAN S X, LAN Y Y, GUO J F, et al. A deep architecture for semantic matching with multiple positional sentence representations[J]. arXiv: Artificial Intelligence, 2016: 1-8.

[17] TAN M, SANTOS C D, XIANG B, et al. Improved representation learning for question answer matching[C]// The 54th Annual Meeting of the Association for Computational Linguistics. Stroudsburg, PA, USA: The Association for Computational Linguistics, 2016: 64-473.

[18] PANG L, LAN Y Y, GUO J F, et al. Text matching as image recognition[J]. arXiv: Computation and Language, 2016: 1-8.

[19] LU Z D, LI H. A deep architecture for matching short texts[J]. Advances in Neural Information Processing Systems, 2013: 1367-1375.

[20] WAN S X, LAN Y Y, XU J, et al. Match-SRNN: modeling the recursive matching structure with spatial RNN[J]. arXiv: Computation and Language, 2016: 1-7.

[21] YU J F, QIU M H, JIANG J, et al. Modelling domain relationships for transfer learning on retrieval-based question answering systems in e-commerce[C]//The Eleventh ACM International Conference on Web Search and Data Mining. New York: ACM, 2018: 682-690.

[22] YANG M H, GAO T L, TAO J H, et al. Error analysis of intention classification and speech

recognition in speech man-machine conversation[J]. Journal of Software, 2016, 27(s2): 57-69.

[23] YANG M H, TAO J H, CHAO L L, et al. User behavior fusion in dialog management with multi-modal history cues[J]. Multimedia Tools and Applications, 2015, 74(22): 10025-10051.

[24] STALLARD D, BOBROW R J. Fragment processing in the DELPHI system[C]// The workshop on Speech and Natural Language. Stroudsburg, PA, USA: The Association for Computational Linguistics, 1992: 305-310.

[25] RAUX R, LANGNER B, BOHUS D,et al. Let's Go Public! Taking a spoken dialog system to the real world[C]// The 9th European Conference on Speech Communication and Technology .Lisbon, Portugal. 2005: 885-888.

[26] HUANG B X, KATHLEEN M, CARLEY K M. Location order recovery in trails with low temporal resolution[J]. IEEE Transactions on Network Science and Engineering, 2019, 6(4): 724-733.

[27] THOMSON B, YOUNG S. Bayesian update of dialogue state: A POMDP framework for spoken dialogue systems[J]. Computer Speech & Language, 2010, 24(4): 562-588.

[28] WILLIAMS J D, YOUNG S. Partially observable Markov decision processes for spoken dialog systems[J]. Computer Speech & Language, 2007, 21(2): 393-422.

[29] SUTTON R S, MCALLESTER D, SINGH S, et al. Policy gradient methods for reinforcement learning with function approximation[J]. Advances in Neural Information Processing Systems, 1999, 12: 1057-1063.

[30] MNIH V, KAVUKCUOGLU K, SILVER D, et al. Playing atari with deep reinforcement learning[J]. arXiv: Learning, 2013: 1-9.

[31] SCHATZMANN J, WEILHAMMER K, STUTTLE M, et al. A survey of statistical user simulation techniques for reinforcement-learning of dialogue management strategies[J]. Knowledge Engineering Review, 2006, 21(2): 97-126.

[32] PIETQUIN O, HASTIE H. A survey on metrics for the evaluation of user simulations[J]. Knowledge Engineering Review, 2013, 28(1): 59-73.

[33] CHO K, BAHDANAU D, BOUGARES F, et al. Learning phrase representations using RNN encoder-decoder for staffs-tical machine translation[C]// The 2014 Conference on Empirical Methods in Natural Language Processing. Stroudsburg, PA, USA: The Association for Computational Linguistics, 2014: 1724-1734.

[34] SUTSKEVER I , VINYALS O, LE Q V. Sequence to sequence learning with neural networks[J]. arXiv: Computation and Language, 2014: 1-9.

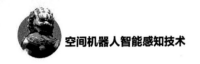
[35] BAHDANAU D, CHO K, BENGIO Y. Neural machine translation by jointly learning to align and translate[J]. arXiv: Computation and Language, 2014: 1-15.

[36] VASWANI A, SHAZEER N, PARMAR N,et al. Attention is all you need[J]. Advances in Neural Information Processing Systems, 2017: 5998-6008.

[37] SUKHBAATAR S, SZLAM A, WESTON J, et al. End-to-end memory networks[J]. Advances in Neural Information Processing Systems, 2015: 2440-2448.

[38] GOODFELLOW I, POUGETABADIE J, MIRZA M, et al. Generative adversarial nets[J]. Advances in Neural Information Processing Systems, 2014: 2672-2680.

[39] QIU M H, LI F L, WANG S Y, et al. Alime chat: a sequence to sequence and rerank based chatbot engine[C]// The Meeting of the Association for Computational Linguistics. Stroudsburg, PA, USA: The Association for Computational Linguistics, 2017: 498-503.

[40] SONG Y P, YAN R. LI X, et al. Two are better than one :an ensemble of retrieval-and generation-based dialog systems[J]. arXiv: Computation and Language, 2016: 4382-4388.

[41] WU Y, WU W, XING C, et al. Sequential matching network: a new architecture for multi-turn response selection in retrieval-based chatbots[C]// The Meeting of the Association for Computational Linguistics. Stroudsburg, PA, USA: The Association for Computational Linguistics, 2016: 496-505.

[42] ZHOU X Y, LI L, DONG D X, et al. Multi-turn response selection for chatbots with deep attention matching network[C]// The 56th Annual Meeting of the Association for Computational Linguistics. Stroudsburg, PA, USA: The Association for Computational Linguistics, 2018, 1: 1118-1127.

[43] YAN R, SONG Y P, WU H. Learning to respond with deep neural networks for retrieval-based human-computer conversation system[C]// The International ACM SIGIR Conference on Research and Development in Information Retrieval. New York: ACM, 2016: 55-64.

[44] SHANG L F, LU Z D, LI H. Neural responding machine for shorttext conversation[J]. arXiv: Computation and Language, 2015: 1-12.

[45] YANG M H, ZHANG K, YANG N S R, et al. Self-talk responses to users' opinions and challenge in human computer dialog[C]//International Conference on Pattern Recognition. Piscataway, USA: IEEE, 2018: 2839-2844.

[46] YANG Y . CAO Q X. A fast feature points-based object tracking method for robot grasp[J]. International Journal of Advanced Robotic Systems, 2013, 10(3): 1-6.

[47] MARKOVIC I, CHAUMETTE F, PETROVIC I. Moving object detection, tracking and following using an omnidirectional camera on a mobile robot[C]// IEEE International

Conference on Robotics and Automation. Piscataway, USA: IEEE, 2014: 5630-5635.

[48] NIRJON S, STANKOVIC J. Kinsight: Localizing and tracking household objects using depth-camera sensors[C]// 2012 IEEE 8th International Conference on Distributed Computing in Sensor Systems. Piscataway, USA: IEEE, 2012: 67-74.

[49] CHOI B, Mericli C, Biswas J, et al. Fast human detection for indoor mobile robots using depth images[C]// IEEE International Conference on Robotics and Automation. Piscataway, USA: IEEE, 2013: 1108-1113.

[50] KNEPPER R A, LAYTON T, ROMANISHI J W, et al. IkeaBot: an autonomous multi-robot coordinated furniture assembly system[C]// IEEE International Conference on Robotics and Automation. Piscataway, USA: IEEE, 2013: 855-862.

[51] MOHAMED M H. Utilizing prior information on tracking moving objects in infrared image sequences[J]. Artificial Intelligent Systems and Machine Learning, 2013, 5(11): 464-468.

[52] SAMADI M, KOLLAR T, VELOSO M. Using the web to interactively learn to find objects[C]// The Twenty-Sixth AAAI Conference on Artificial Intelligence. New York: ACM, 2012: 2074-2080.

[53] CIMPOI M, MAJI S, VEDALDI A. Deep filter banks for texture recognition and segmentation[C]//.The IEEE Conference on Computer Vision and Pattern Recognition. Piscataway, USA: IEEE, 2015: 3828-3836.

[54] HAO H, WANG Q L, LI P H, et al. Evaluation of ground distances and features in EMD-based GMM matching for texture classification[J]. Pattern Recognition, 2016, 57: 152-163.

[55] CHAPLOT D S C, SATHYENDRA K M PASUMARTH R K, et al. Gated-attention architectures for task-oriented language grounding[C]// The 32nd AAAI Conference on Artificial Intelligence. Palo Alto, California :AAAI, 2018:1-11.

[56]JOHANNSMEIER L, GERCHOW M, HADDADIN S. A framework for robot manipulation: skill formalism, meta learning and adaptive control[C]// 2019 International Conference on Robotics and Automation. Piscataway, USA: IEEE, 2019: 5844-5850.

[57] OMIDSHAFIEI S, KIM D K, PAZIS J, et al. Crossmodal Attentive Skill Learner[J]. arXiv: Artificial Intelligence, 2017: 1-8.

[58] SUN Y, QIAN H, XU Y. Robot learns chinese calligraphy from demonstrations[C]// IEEE/RSJ International Conference on Intelligent Robots & Systems. Piscataway, USA: IEEE, 2014: 4408-4413.

[59] MICHAELIS J E, MUTLU B. Someone to read with: design of and experiences with an

in-home learning companion robot for reading[C]// The ACM CHI Conference on Human Factors in Computing Systems.New York: ACM, 2017: 301-312.

[60] 杨明浩，张珂，赵博程，等. 具有智能交互学习能力的机械臂写字系统[C]// 第十三届全国人机交互学术会议. 北京：软件学报，2017: 1-8.

第 6 章

月面巡视器视觉定位技术

月球作为人类熟知的一颗近地天然卫星，被视为人类开展深空探测的重要目标。伴随着无人和载人月球探测器登月的探测、勘察、采样和返回计划的成功实施，人类对月球的探测取得了跨时代的成就。

月球车作为一种自主、智能的地形探测机器人，在太空探索中有着广阔的应用前景。从 20 世纪美国和苏联月球车采集并且携带回的月壤物质分析显示，月岩部分含有地壳所含有的全部元素和高达 60 多种矿物质。月面包含有丰富的物质资源，尤其是其表面含有的氦-3 成分可提取并转化为人类所需要的可控核聚变燃料，其清洁、廉价而又安全的特性备受人类的青睐。

当探测器按既定运动轨迹降落到月球表面之后，需要解决的首要问题就是对月面巡视器进行有效的定位和路径规划。月面巡视器作为月球表面巡视探测的重要可移动机器人，其不仅需要具备手动可遥控和操控性能，还需要具备智能化的自主导航和控制能力。视觉系统作为巡视器导航移动平台的"眼睛"，具备环境感知、自主识别障碍物和路径规划的能力，使得月面巡视器可以在月球表面频繁地执行长距离探测活动，顺利地抵达特定的目标区域，进行有效的科学勘察。

|6.1 巡视器视觉导航定位技术现状|

6.1.1 研究现状

苏联的"月球 17 号"探测器携带"月球车 1 号"巡视器于 1970 年 11 月 17 日在月面雨海地区着陆,这是人类航天史上第一辆无人驾驶巡视器在月球表面着陆。1973 年 1 月 8 日,苏联的"月球 21 号"探测器携带了更为先进的"月球车 2 号"巡视器在月面进行了科学考察[1-3]。由于当时巡视器还不具备自主导航的条件,月面巡视探测中的导航定位主要依靠地面遥操作人员完成。利用巡视器装载的相机获取其周围环境的图像信息,并及时下传回地面遥操作中心,操作人员依据拍摄的有效图像对周围的障碍物进行识别,并规划巡视器的行驶方向,从而控制巡视器避开障碍物,逐步朝感兴趣的目标移动。因相关硬件设备性能不足,下传图像的画面质量较低、时间延迟,巡视器的导航定位只能依靠地面操作人员进行概略的量测和分析,大致估计其位置和行驶方向,操作结果的精确性和可靠性均较低。

美国在"阿波罗登月计划"结束二十多年以后,于 1997 年首次通过"火星探路者计划"将"旅行者号"火星车送抵火星表面。"旅行者号"火星车主要通过航迹推算初步确定自身的位置与姿态，以立体摄影测量技术辅助完成位置更新[4]。这种简单结合的定位方式可以满足火星车短距离行驶的定位要求，但无法实现长距离探测中的高精度定位。随后美国又先后将"勇气号""机遇号"和"好奇号"三辆火星车成功送抵火星，对火星表面的地形地貌进行探测与科学考察。"勇气号"和"机遇号"火星车，分别于 2004 年 1 月 4 日和 1 月 25日登陆火星，以每天几十米到上百米的速度分别行驶了 7.73km 和 40.2km，通过其携带的视觉系统（包含不同视角、不同功能的立体相机）获取了大量的火星表面图像数据，在科学发现和工程实施方面取得了空前的成功[5-7]。"好奇号"火星车于 2012 年 8 月 6 日登陆火星，其探测目标与"勇气号""机遇号"基本相同，任务实施流程也非常相似，主要不同体现在火星车性能有较大提升[8]。在火星车实施探测任务过程中，精准定位和制图对火星车安全行驶以及科学目标和工程目标的实现是至关重要的[9]。"勇气号"和"机遇号"火星车导航定位与制图过程如图 6.1 所示。

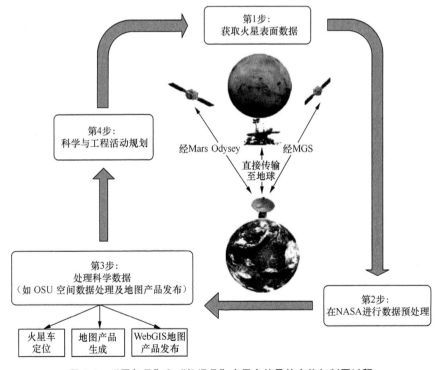

图 6.1　"勇气号"和"机遇号"火星车的导航定位与制图过程

　　美国的"勇气号"和"机遇号"火星车的导航定位系统综合采用了航迹推算、太阳方位角确定、视觉测程、光束法平差定位（bundle adjustment，BA）、无线电测量、火星表面图像与高分辨率卫星影像比对等多种方法，联合实现了火星车的定位解算[10-12]。航迹推算法通过惯性测量单元可以全天候、实时地解算火星车的位姿，并达到相对较高的定位精度。但当火星车行驶在松软的土壤上或上下坡时会出现车轮打滑现象，导致火星车定位精度下降[13]。太阳方位角确定法主要是通过不定期地对太阳进行拍照，利用获取的图像进行计算改正火星车的绝对方位角，精度为±3°[14-15]。视觉测程法通过立体摄影测量技术对导航相机获取的立体图像进行特征点追踪，然后根据特征点几何约束性质估计火星车的相对位姿。由于视觉测程算法计算耗时较多，故而火星车上实时视觉测程定位算法只适用于短距离行驶，且相对定位精度优于 3%[16-17]。光束法平差定位法的原理是将导航相机在不同站点拍摄的图像连接起来构成影像网，通过对影像网的摄影测量光束法平差提高图像位置、姿态以及地面空间点定位精度，由此达到对火星车高精度定位的目的[18-20]。该方法以业务化运行的方式应用于MER 火星车（"机遇号"和"勇气号"）的全程定位，定位计算由地面遥操作中心完成，定位精度能够优于 1%。无线电测量法首先确定环绕器的轨道，然后利用环绕器和火星车之间的通信定位确定火星车的绝对位置。火星表面图像与高分辨率卫星影像比对的定位方法则用于火星车长距离行进后，根据卫星影像的拍摄图像将火星车在火星表面的绝对坐标位置进行更新。多种定位手段共同配合能保证火星车远距离行进的高精度定位。

在以上方法中，前三种方法由火星车自主完成，在长距离行驶后会产生较大的累积误差，后三种方法一般是依赖地面人员辅助实现，用于修正前面自动定位产生的累积误差，以提高长距离行驶的定位精度。最后两种方法目前还未能与整体定位结构框架进行融合，仅对个别站点进行修正，对整体路线定位精度的提高作用很小，未能充分发挥其定位精度不受行驶距离影响的优势。

欧洲航天局（ESA）研制的 ExoMars 火星车在导航定位系统的设计方面基于上述的定位方案做了较大的改变，提出了一种视觉测程与局部光束法平差定位组合实现的火星车在线实时定位方法[21]。目前该导航定位方法处于仿真和测试阶段，并未在 ExoMars 火星车上开展实验。

国内在"嫦娥工程"和火星探测任务的驱动下，在关于探测车导航定位的方案设计与研制领域，西北工业大学、北京航空航天大学、浙江大学和中国科学院等多家单位已经从理论研究、系统仿真和工程实施等不同的角度，分别进行了巡视器导航定位技术研究，并对其中的典型性技术方法进行了实验验证。随着"嫦娥工程"的实施，现已将惯性导航和视觉联合导航定位的方法应用于"嫦娥三号""嫦娥四号"着陆探测任务，成功实现了对"玉兔号"巡视器的导航定位。主要研究内容包括：北京航空航天大学研究了惯性导航/天文组合导航方法以及利用月面链路的巡视器定位机制。丁晓玲等人通过将巡视器运动模型和粒子滤波器进行组合，提高了巡视器的实时定位精度[22]。李雪等人通过利用月面巡视器与着陆器的近程通信链路的高精度测距、测角方法，实现了月面巡视器的精准定位[23]。哈尔滨工业大学提出了一种基于巡视器获取的序列立体图像来估计巡视器运动参数的方法和一种利用月球表面 CCD 地球敏感器的矢量观测功能和加速度计的测角原理实现了航向角测量的方法[24-25]。北京控制工程研究所和浙江大学研究了双目视觉里程算法的设计与实现技术，并对基于 SIFT 和 CenSurE 两种不同特征提取算法的视觉里程定位方法进行了实验验证[26]。北京航天飞行控制中心针对"嫦娥三号"月面着陆探测的工程任务要求，采用图像匹配和光束法平差融合的思想，设计了以地面遥操作为主导的非实时精确导航模式，并联合中国科学院遥感与数字地球研究所共同完成了地形构建、导航定位和行驶路径规划等关键技术的攻关，实现了月面长距离行进导航的工程目标[27-29]。这些研究内容为后续"嫦娥工程"以及火星探测巡视器的导航定位打下了良好的理论基础和实践经验。

6.1.2　巡视器视觉定位中的关键技术

1. 图像信息的获取与配准

由于月面巡视器下传的图像存在很大的视角、尺度、光照和形态差异，直接将现有的算法移植到定位系统中，会存在大量特征点误匹配问题，导致定位结果无效。另外，月面图像纹理单一，同一张图像中的特征点类似于二维平面中同一条直线上的点，特征点描述子的表观特性十分相似，一个特征点可能对应多个具有相似表观描述子的特征，因此表观描述子不能作为特征配准的唯一依据。由于难以满足大视角变化且重叠度低条件下的图像配准要求，所以后续还需要提出更加可靠的配准评价准则。

2. ORB-SLAM 视觉定位技术

ORB-SLAM 是基于 ORB 特征描述子的 SLAM 算法。该导航定位系统通过巡视器车（或移动机器人）携带的传感器获取载体周围的外部环境观测数据，然后基于相机的投影成像模式，建立像点、物点和相机之间的关系，从而通过追踪的像素点，恢复相机的运动轨迹和地图点信息，构建其所在的环境地图，确定自身在地图中的位置。基于 SLAM 的导航定位技术问题自 1986 年由 Smith 和 Cheeseman 提出以来[30]，一直备受移动机器人、无人驾驶汽车、无人机等领域的研究者的青睐，他们认为 SLAM 是这些可移动设备实现自主化、智能化的关键。并且随着传感器、计算机等软硬件

设备的发展，SLAM 将成为在复杂环境或完全未知环境进行自主导航定位的重点研究课题。

根据 SLAM 的实现原理以及携带传感器的类型不同，SLAM 分为视觉 SLAM 和激光 SLAM。目前主流的开源算法中，激光 SLAM 的算法有 Hector SLAM 和 GMapping；视觉 SLAM 又可划分为单目和双目两大类。单目 SLAM 的算法有 MonoSLAM、PTAM、SVO、DSO 以及以单目为主的 ORB-SLAM 和 LSD-SLAM；双目 SLAM 的算法有双目 ORB-SLAM、LSD-SLAM、RGB-D 等。由此可见，对视觉 SLAM 的研究已经取得了很大的进步，但是鉴于每一种方案的模型搭建、求解思路、算法实现的不同，在对定位精度精益求精的现状下，依然存在着许多难题需要去解决，比如在月面环境下，提取的图像信息比较单一、重叠度低、存在尺度差异，因此在特征点提取与匹配方面对于科研人员是一个非常严峻的考验，而且由于视觉定位自身的缺陷，在定位求解中存在马尔可夫性假设，当前站点的位姿只与前一站点有关，而与再之前的站点无关。这一特性必然使巡视器存在系统累积误差，因此如何消除整个定位解算中的累积误差，充分地利用图像信息，加快 SLAM 方案运算速率并将其小型化、轻量化等，将是 SLAM 研究者的终极目标。这些难题的研究有利于推动 SLAM 在各个领域中的实际应用[31]。

3. 惯性导航与视觉定位方法融合

视觉定位方法主要包含视觉里程计（visual odometry，VO）和 SLAM 两大定位技术体系，都是对输入的图像序列进行实时或离线处理，根据图像特征对巡视器进行运动估计。与 VO 不同的是，SLAM 系统添加了闭环检测环节，可以尽可能地识别重现的场景，大大地减少了里程计的累积误差，提高了巡视器的导航定位精度。视觉定位方法的实现主要依赖于传感器获取的图像信息，当巡视器移动过快时，会产生图像模糊或相邻两帧图像之间的重叠区域太少，导致无法进行特征匹配，且视觉 SLAM 会受到自身因素的局限，受光照变化、噪声影响较大。然而惯性测量单元（inertial measurement unit，IMU）恰好可以弥补相机数据无效或错误时导致定位失败的缺陷。因为随着巡视器的运动，IMU 可以感受到自己的运动信息，从而获取稳定的导航数据。

IMU 有个致命的缺陷就是获取的数据存在着明显的漂移，在巡视器原地不动或在车轮打滑的时间段内，IMU 会产生较大的偏差；而视觉 SLAM 对于巡视器微小的动态变化具有较好的定位精度，可以修正 IMU 的读数误差，从而提高慢速运动的定位精度。

因此，将 IMU 与视觉 SLAM 进行联合定位，既可以提高快速运动的定位精度，又可以解决慢速运动下模拟巡视器的导航定位问题。

6.1.3 图像特征信息提取与图匹配算法

视觉定位中的输入为相机获取的图像信息。因此对图像中有效信息的准确提取和合适描述，对相机位姿的估计、路径的规划以及导航避障等算法的开发和研究都是十分必要的。本节介绍 SIFT（scale-invariant feature transform）、SURF（speeded up robust features）、ORB（oriented FAST and rotated BRIEF）三种较为突出的特征提取算法和图匹配算法，仿真实验分析 SIFT、SURF 和 ORB 特征提取算法以及改进的 ORB 特征提取算法和图匹配算法相结合的有效性。

1．SIFT 特征提取算法

SIFT 是一种尺度不变性特征变换算子，其优点是对图像旋转、尺度变化以及光照亮度变化等具有一定的鲁棒性，可以为目标图像提供大量的特征信息，具有较好的精确性和稳定性；其缺点是计算复杂度高，特征点描述子的维度较大，对于纹理较多、信息内容较复杂的图像，无论在向量的形成还是特征点匹配过程中，都需要付出较大的时间代价。SIFT 特征提取算法主要包含三个步骤：尺度空间的构建、关键点位置的确定和特征描述子的生成[32]。

（1）尺度空间的构建

SIFT 特征提取算法采用高斯卷积核和高斯金字塔下采样两种方法来构建尺度空间。尺度空间由高斯卷积核中的方差 σ 决定，σ 的大小决定高斯卷积核对应的图像平滑程度。σ 值越大，对应的图像越粗糙（即分辨率较低），相反对应的图像越细致（分辨率较高）。为了提高特征点的极值稳定性、唯一性和求解简洁性，算法利用高斯差分算子构建高斯差分（difference of Gaussian, DoG）尺度空间，并求取极值点。DoG 尺度空间建立的数学表示方法如下：

$$D(x,y,\sigma) = \left[G(x,y,k\sigma) - G(x,y,\sigma)\right] \times I(x,y)$$
$$= L(x,y,k\sigma) - L(x,y,\sigma)$$

（6.1）

式中，(x,y) 为图像中的像素点坐标；$I(x,y)$ 为对应像素点坐标的灰度值；$G(x,y,\sigma)$ 为尺度可变的高斯函数；$L(x,y,\sigma)$ 为不同尺度下的图像（也称为子八度）；$D(x,y,\sigma)$ 为不同尺度下的高斯差分图像。

尺度空间的所有取值可以表示为：

$$2^{i-1}(\sigma, k\sigma, k^2\sigma, \cdots, k^{n-1}\sigma), \quad k = 2^{1/s}$$

（6.2）

式中，s 为第 i 个子八度中图像的层数。在同一个子八度中，大尺度图像是由小尺度图像通过高斯低通滤波的方式取得的，而在不同子八度之间，大尺度图像是通过图像下采样获得的。SIFT 特征提取算法尺度空间的构建如图 6.2 所示，利用该构建方式，可以使图像在 DoG 尺度空间具有尺度连续性。

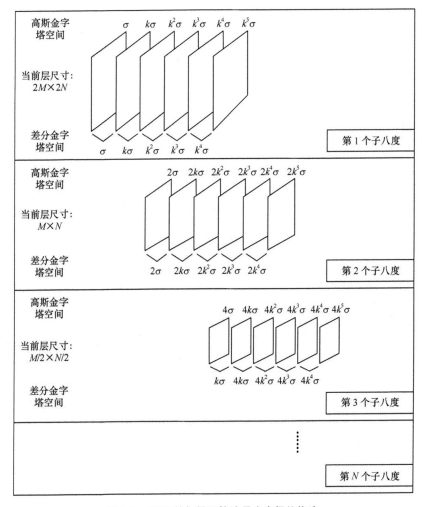

图 6.2　SIFT 特征提取算法尺度空间的构建

（2）关键点位置的确定

　　SIFT 特征提取算法通过在高斯差分图像的尺度空间中寻找极值点来确定关键点。在建立了一帧图像尺度空间的基础上，根据每一子八度空间内图像大小不变而尺度变化的特性，可计算空间极值点，并作为待求取的关键点。在极值比较过程中，只能在中间层检测跨尺度极值点。具体方式为：将每一个采样点与周围同尺度的 8 个相邻点和上下相邻尺度的 18 个像素点进行比较,若待检测采样点的响应值在上下尺度空间中是最大值或最小值，就认为该点是对应尺度图像下的一个关键点。这种关键点求取方式可以确保检测点在二维图像空间和尺度空间都具有极值特性。

$$D(x, y, \sigma) = \max/\min \left[D(x, y, \sigma), D(x, y, k\sigma), D(x, y, k^2\sigma) \right]$$
$$\text{s.t. } x \in \left[x-1, x+1 \right];$$
$$y \in \left[y-1, y+1 \right] \tag{6.3}$$

通过上述方法求取的尺度空间极值点是离散空间的极值点，并非真正意义上的特征点。通过将极值点周围的采样点进行曲线拟合，构建相应的拟合函数，精确求解关键点的位置与尺度，利用已知离散空间点插值就可得到连续空间极值点，如图 6.3 所示。

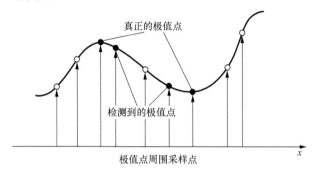

真正的极值点

检测到的极值点

极值点周围采样点

图 6.3　获取连续空间极值点

由于 DoG 算子具有强烈的边缘响应，故在取得连续空间极值点的基础上还需进一步剔除稳定性较差的边缘响应点。根据高斯差分函数的泰勒展开公式，求解对应偏移量参数的 Hessian 矩阵 $\boldsymbol{H}$，利用不稳定 DoG 极值点在不同方向上的曲率特性和矩阵 $\boldsymbol{H}$ 的极值特性关系，可剔除不稳定的边缘点。DoG 函数的泰勒展开式如下：

$$D(\boldsymbol{X} + \Delta\boldsymbol{X}) = D(\boldsymbol{X}) + \frac{\partial D^{\mathrm{T}}}{\partial \boldsymbol{X}} \Delta\boldsymbol{X} + \frac{1}{2} \Delta\boldsymbol{X}^{\mathrm{T}} \frac{\partial^2 D}{\partial \boldsymbol{X}^2} \Delta\boldsymbol{X} \tag{6.4}$$

式中，$\boldsymbol{X} = \left[x, y, \sigma \right]^{\mathrm{T}}$。

对式（6.4）关于 $\Delta\boldsymbol{X}$ 求导并置一阶导函数为零，即可求得关于离散空间极值点的偏移量和子像素插值处的极值。

$$\Delta\boldsymbol{X} = -\frac{\partial^2 D^{-1}}{\partial \boldsymbol{X}^2} \frac{\partial D}{\partial \boldsymbol{X}} \tag{6.5}$$

$$D(\boldsymbol{X} + \Delta\boldsymbol{X}) = D(\boldsymbol{X}) + \frac{1}{2} \frac{\partial D^{\mathrm{T}}}{\partial \boldsymbol{X}} \Delta\boldsymbol{X} \tag{6.6}$$

考虑到不稳定的高斯差分算子极值点在横跨边缘和垂直边缘方向的梯度

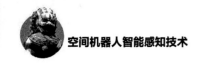

特性，SIFT 算子可利用该点处的 Hessian 矩阵 $\boldsymbol{H}$ 进行求取，假设矩阵 $\boldsymbol{H}$ 的特征值为 α 和 β，且令 $\alpha = r\beta$，则不稳定边缘响应点的剔除阈值 t 为：

$$t = \frac{\mathrm{tr}^2(\boldsymbol{H})}{\mathrm{Det}(\boldsymbol{H})} = \frac{(\alpha + \beta)^2}{\alpha\beta} = \frac{(r\beta + \beta)^2}{r\beta^2} = \frac{(r+1)^2}{r} \qquad (6.7)$$

由式（6.7）可知，阈值 t 与 r 具有一致的增减性。r 值越大，矩阵 $\boldsymbol{H}$ 的两个特征值比值越大，越符合边缘点方向梯度特性。因此为了更有效地剔除具有干扰特性的边缘点，阈值 t 应小于给定的经验值。

（3）特征点描述子的生成

为了使选取的关键点具有旋转不变性、尺度不变性和仿射不变性，就需要利用关键点周围局部图像区域像素点信息为每一个关键点指定一个特征方向和 SIFT 描述子。

关于特征点方向参数的计算，可综合采用关键点周围区域的梯度方向和幅值进行直方图统计，其中梯度方向将 0～360° 平均划分为 36 块（bins），每个块包含 10°。梯度幅值需根据像素点到中央关键点的距离进行加权累积。根据直方图统计结果，确定直方图中累积最大值对应的角度作为该特征点的主方向参数，大于主方向峰值 80% 的峰值对应的角度作为特征点的辅助方向参数，利用多方向参数的引入增强特征点的匹配鲁棒性。

SIFT 描述子实质上就是利用梯度直方图统计局部区域采样点的梯度方向和大小，为每一个关键点形成一个多维的描述子向量。在 SIFT 描述子的生成过程中，特征点的梯度方向将 0～360° 平均划分为 8 个块（bins），每个块用一个 8 维的向量进行表征。由于 SIFT 特征提取算法在描述子提取过程中，将包含关键点的局部区域以关键点为中心划分为 4×4 块，那么一个关键点最终可以用 4×4×8 = 128 维的特征向量进行描述，然后对其进行归一化处理，去除光照变化的影响。

2．SURF 特征提取算法

SURF 特征提取算法与 SIFT 特征提取算法具有一定的相似性，都可以在一定程度上实现尺度、旋转、仿射不变的特征检测与匹配。该算法于 2006 年由 Bay 首次提出[33]，在算法实现性能和可行性上得到了广大研究者的肯定，考虑到其算法本身的快速性和鲁棒性，现阶段已经在计算机视觉领域的物体识别和三维重建中进行了应用。但是该方法在特征点匹配时，容易产生误匹配现象。

SURF 算子主要利用 Hessian 矩阵与积分图像的卷积获取尺度空间的极值点。在尺度空间的建立中，SURF 算子通过改变高斯模板的大小来改变高斯金字塔中不同层级图像的尺度，且各层级图像尺寸大小保持不变。在特征点主方向确定上，SURF 算子采用以 60° 为基准的块累积 Harr 小波特征响应，最终将不同方向块中 Harr 小波特征响应累积的最大值作为该特征点的主方向。对于描述子的生成，虽然 SURF 与 SIFT 整体框架思路一致，但具体的描述方式却存在很大的差异。

（1）尺度空间极值点检测

在尺度空间极值点检测中，最重要的两个解算环节就是积分图像的生成与尺度空间的建立。在积分图像的基础上，利用方块滤波器对图像窗口进行滑动滤波，获取每个像素点的 Hessian 矩阵行列式值，具体计算方式如下。

假设图像中像元 (x,y) 的像素值为 $f(x,y)$，则其对应的 Hessian 矩阵为：

$$H\big[f(x,y)\big] = \begin{bmatrix} \dfrac{\partial^2 f}{\partial x^2} & \dfrac{\partial^2 f}{\partial x \partial y} \\ \dfrac{\partial^2 f}{\partial x \partial y} & \dfrac{\partial^2 f}{\partial y^2} \end{bmatrix} \tag{6.8}$$

其对应的行列式为：

$$\det(H) = \dfrac{\partial^2 f}{\partial x^2}\dfrac{\partial^2 f}{\partial y^2} - \left(\dfrac{\partial^2 f}{\partial x \partial y}\right)^2 \tag{6.9}$$

为了使获取的特征点具备尺度无关性，在对 Hessian 矩阵 H 进行构造前，需要对离散的二维矩阵图像进行高斯滤波。滤波之后再进行矩阵 H 的计算，其公式如下：

$$L(x,\sigma) = G(\sigma) \times I(x,\sigma) \tag{6.10}$$

$$H(x,\sigma) = \begin{bmatrix} L_{xx}(x,\sigma) & L_{xy}(x,\sigma) \\ L_{xy}(x,\sigma) & L_{yy}(x,\sigma) \end{bmatrix} \tag{6.11}$$

为了简化计算，Bay 提出用近似值 $L(x,\sigma)$ 代替 $f(x,y)$，并且通过引入误差权值 λ，以提高计算精度。近似简化后，矩阵 H 的行列式可表示为：

$$\det(H) = L_{xx}L_{yy} - (\lambda L_{xy})^2 \tag{6.12}$$

式中，λ 值由经验值给定，通常取 0.9，目的是为了平衡因使用盒式滤波器近似代替高斯滤波所带来的误差。

利用上述方法进行滑动处理，获得 Hessian 矩阵 H 的行列式图，其作用效果类似于 SIFT 算法中的 DoG 图像。同理为了求解尺度空间的极值点，对该图像构造高斯金字塔尺度空间。不同于 SIFT 特征提取算法，在 SURF 特征提取算法中只通过改变高斯模糊尺寸大小（滤波器）对原 Hessian 矩阵 H 行列式图进行滤波获取待检测图像，图像尺寸大小保持不变。然后根据二阶导函数求解极值定理，利用矩阵 **H** 的行列式近似值图计算出图像的极值点。根据判定结果的正负号对所有采样点进行分类，然后与同尺度相邻像素点和不同尺度间的周围像素点进行比较，从而实现对对应采样点是否为极值点的判定。

（2）主方向的确定

在不同位姿下获取的同一区域的图像存在一定的旋转差异性，若直接对获取的图像进行特征点提取与描述，那么特征点附近的信息可能会有所缺失，因此为每一个特征点分配一个主方向，利用主方向对图像执行相应的旋转，使其具备旋转不变性。

在 SURF 算法中主要是通过统计特征点领域内的 Harr 小波特征计算方向参数。具体统计方式为：在半径为 $6s$（s 为待检测图像的尺度）的圆形区域内，以 60°扇形为单位，统计其子区域内的所有采样点的水平 Harr 小波特征和垂直 Harr 小波特征总和，这样一个单位区域的 Harr 小波特征将会由一个相应的统计值进行表示，然后将 60°扇形区域以一定的角度进行旋转，该过程如图 6.4 所示，最后选择统计的累积最大值作为该特征点的主方向。

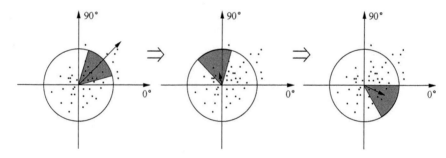

图 6.4　选取特征点主方向

（3）特征描述子的生成

SURF 描述子的生成，与 SIFT 特征提取算法的求解方式类似。同样在特征点附近截取一个边长为 $20s$ 的正方形子区域。将该正方形子区域的方向旋转至特征点所求的主方向上，对描述特征点区域的矩形框进行分割，然后将其划分为 4×4 个块，每个块中选取 25 个像素点计算相对于主方向而言的水平和垂直方向的小波特征，并将累积的水平方向和垂直方向特征以及水平方向特征的绝对值和垂直方向绝对值之和组成一个 4 维的向量，如图 6.5 所示。

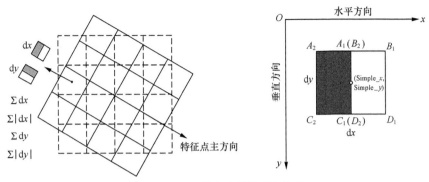

图 6.5　SURF 特征点描述子的构建

针对每一个子区域中的采样点，建立以采样点为中心，边长 $s' = 2s$ 的矩形框，然后计算其在水平方向和垂直方向上的小波变换。本节以水平方向为例，其小波响应的计算方式类似于求采样点沿 x 方向在 s 范围内的灰度变化。考虑到各采样点与特征点之间的距离差异，所以为每一个子区域形成的描述子元素分配一个高斯权重进行加权运算。其具体计算公式为：

$$(\text{simple}\_y, \text{simple}\_x) = (y, x)\begin{bmatrix} \cos\theta & \sin\theta \\ -\sin\theta & \cos\theta \end{bmatrix} \tag{6.13}$$

$$\sum I(y, x) = I(A_1) + I(D_1) - I(B_1) - I(C_1)$$

$$\text{s.t. } y \in \left(\text{simple}\_y - \frac{s}{2}, \text{simple}\_y + \frac{s}{2}\right);$$

$$x \in \left(\text{simple}\_x, \text{simple}\_x + \frac{s}{2}\right) \tag{6.14}$$

$$\sum I'(y, x) = I(A_2) + I(D_2) - I(B_2) - I(C_2)$$

$$\text{s.t. } y \in \left(\text{simple}\_y - \frac{s}{2}, \text{simple}\_y + \frac{s}{2}\right);$$

$$x \in \left(\text{simple}\_x - \frac{s}{2}, \text{simple}\_x\right) \tag{6.15}$$

$$r_x = \left(\sum I(y, x) - \sum I'(y, x)\right) \times \frac{1}{2\pi\sigma^2} e^{-\frac{x^2 + y^2}{2\sigma^2}} \tag{6.16}$$

式中，(x, y) 为采样点的原始坐标；$(\text{simple}\_x, \text{simple}\_y)$ 为采样点进行旋转之后的坐标；$\begin{bmatrix} \cos\theta & \sin\theta \\ -\sin\theta & \cos\theta \end{bmatrix}$ 为坐标系之间的旋转变换矩阵；$I(x, y)$ 为对应坐标在积分图像上的像素值；r_x 为采样点在水平方向的 Harr 小波特征值。

同理可求得采样点在垂直方向的小波特征值 r_y 以及两种特征值对应的绝对值。

根据上述采样点描述子的提取方式，每一子区域可以构建一个 4 维向量，那么一个特征点利用其周围图像区域可以由 $4 \times 4 \times 4 = 64$ 维的向量进行描述。与 SIFT 特征提取算法相比，一个特征描述子的向量维度减少一半，那么对于整个算法的运行，必然速率倍增。

3. ORB 特征提取算法

ORB 特征提取算法被称为是一种能有效替代 SURF 和 SIFT 特征提取算法的方法[34]。ORB 特征提取算法常被用于检测局部像素灰度变化明显的地方。其核心思想是将灰度图像中的每一像素点与其周围的像素点进行对比，如果该点的像素值比周围百分之八十的像素点的像素值都大，则该点被认为是初步极值点，反之，则不是极值点。由于该方法在极值求取过程中直接对灰度图像进行处理，没有进行高斯滤波以及尺度空间的建立，因此特征点检测十分迅速。但其存在的不足是局部极值点数量过于庞大，会出现"拥簇"现象，大部分极值点只是局部狭小区域中的极值点，并非真正的特征点。因此需要对其进行局部极大值抑制，以获得有效的极值点。值得注意的是该极值点并不具备尺度不变性和旋转不变性。

（1）FAST 角点的提取

ORB 特征提取算法通过 FAST 算法提取特征点，并在原始 FAST 算法的基础上为特征点增加了主方向，以改善特征点的旋转不变性。FAST 算法以像素点 p 为中心，3 个像素点长度为半径，获取采样点周围的 16 个像素点，进行灰度值比较。如图 6.6 所示，若周围 16 个像素点中有 N 个像素点的灰度值一致大于或小于采样点的像素值，那么称该点为初步极值点。

其中，N 通常取 9，11，12 等，对应方法简称为 FAST-9，FAST-11，FAST-12 等。为了快速排除不是角点的像素点，在 FAST 关键点求取前增加一项粗略估计，将待求取的采样点与周围邻域 $\{1,5,9,13\}$ 的灰度值进行比较，只有当其中三个

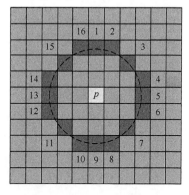

图 6.6　FAST 特征提取模板

像素点的灰度值同时大于或小于设定的阈值，则继续执行特征点检测步骤，否则进行下一个采样点的极值判定。以此类推，遍历整幅图像，即可获得初步的关键点。

然而，这样获取的关键点数量较多，甚至在图像中会出现"拥簇""扎堆"的现象。因此对初步确定的关键点进行进一步的非极大值抑制，保留每个区域内 Harris 响应极大值的点，使获取的角点可以离散化。具体实现方式为：首先设定 ORB 特征点的提取数量；其次利用 Harris 模板对原始 FAST 角点进行检测，获取的 Harris 矩阵 M 为：

$$M = \begin{bmatrix} I_x^2 & I_x I_y \\ I_x I_y & I_y^2 \end{bmatrix} \qquad (6.17)$$

式中，I_x、I_y 是通过水平或垂直差分算子对图像中每个像素进行滤波获得的。

对应的 FAST 角点的 Harris 响应值为：

$$R = \det M - k(\text{tr}M)^2 \qquad (6.18)$$

式中，k 为系数，一般取为 $0.04 \sim 0.06$。最后将图像中前 N 个 Harris 响应值的关键点作为最终的关键点集。

由于原始的 FAST 角点不具有旋转不变性，ORB 特征提取算法利用灰度质心法为每一个 FAST 角点增加一个主方向，使其成为具有方向性的 FAST 角点。首先在特征点的局部区域计算图像块的几何矩；其次以灰度值作为函数值，利用一阶矩计算局部图像区域的质心（指以图像块灰度值作为权重的中心）；最后从包含特征点的几何中心到灰度质心建立一个向量，作为关键点的主方向。

（2）Brief 特征描述子构建

Brief 作为一种二进制编码描述子，主要用于描述已检测到的关键点附近的图像信息。在 ORB 特征提取算法中，用具有旋转不变性的 Brief 特征描述子对 FAST 角点进行描述，可丰富特征点信息的表达。

Brief 算法利用高斯分布采样方式随机选择以关键点为中心的局部区域内的 k 对像素点进行编码，以 p 和 q 一对点为例，如果选取的点 p 的灰度值大于点 q 的灰度值，则得到二进制编码为 1，反之则为 0。因此 Brief 特征描述子将由许多个 0 和 1 组成，对应的二进制编码反应了特征点周围像素点之间的对应关系，映射了特征点周围的内在信息，体现出每一个特征点的独特性、唯一性。由于 Brief 算法采用二进制的表达方法，因此存储起来较为方便，且计算速度也十分迅速。经实验验证将 FAST 角点和 Brief 描述子结合的 ORB 特征提取算法具有很好的实用性。

4. 改进的 ORB 特征提取算法

ORB 特征提取算法在无人驾驶的 SLAM 中已被广泛采用。但月面巡视器下传图像的视场大、重叠度低，如果将 ORB 特征提取算法应用于月球表面图像识别，就需要解决 ORB 特征提取算法的旋转和尺度性问题。针对旋转问题，可以采用 ORB-SLAM 给出的灰度质心法；针对尺度性问题，下面介绍通过改进 FAST 角点提取的阈值条件，并基于 SIFT 跨尺度提取特征点的思想改善 ORB 特征提取算法存在的尺度性问题。

（1）自动阈值求解方法

在 FAST 角点的预检测阶段，角点的阈值靠经验值设定，存在一定的弊端。

对于同一种阈值的设定标准，随着图像对比度的降低，检测到的图像特征点数量会减少。为了减少图像对比度和人为因素对图像特征点提取的影响，可按照下式根据不同的区域，自动选择不同的阈值 T。

$$T = s \times \frac{1}{n} \sum_{i=1}^{n} \left[I(x_i) - I(p) \right]^2 \tag{6.19}$$

式中，s 为该图像对应的尺度因子；n 为以点 P 为中心，取边长为 3 个像素点长度的正方形区域的像素点 (x_i) 个数之和；$I(p)$ 为点 p 的亮度函数值。

（2）ORB 特征提取算法多尺度空间的建立

多尺度空间的基本思想是通过引入一个尺度参数，获取图像在不断变化的尺度空间中的特征信息，从而更深入地获取图像的本质特征。不同尺度空间的图像通常由不同尺度因子的高斯卷积核生成，然后基于不同尺度的图像进行处理。

传统 ORB 特征提取算法只解决了特征点的旋转不变性问题，未考虑尺度问题。本节在 ORB 特征提取算法基础上，结合 SIFT 特征提取算法中高斯金字塔尺度空间的构造理念以及图匹配思想，引入了多尺度空间的层级图匹配策略。

具体算法步骤为：

① 假设总共构造 n 层金字塔，每层只有一幅图像（图像原始尺寸为 $W \times L$ ）。

② 第 0 层的尺度为 1.2，第 s 层尺度为 $Scale_s$ ，则第 s 层的图像大小为：

$$Size_s = \left(L \times \frac{1}{Scale_s} \right) \times \left(W \times \frac{1}{Scale_s} \right) \tag{6.20}$$

③ 在每层图像上利用 ORB 特征提取算法，计算 ORB 特征极值点位置和描述子。

④ 采用层级图匹配模式，对不同尺度间的图像特征点进行匹配。

⑤ 利用非凸渐凹过程（graduated non-convex concave procedure, GNCCP）对匹配好的特征点进行优化。

根据多尺度空间的建立，使得每个检测到的特征点都伴随有相应的尺度因子，从而获取具有尺度不变性的特征点。

5. 图匹配算法

图匹配算法是一种将图论与特征描述子结合起来的一种算法，该匹配算法相比于关键点匹配思想，增加了图像特征点间的结构信息约束，提高了图像特征点间的匹配准确度。

（1）图论与图匹配的相关基础知识

图论（graph theory）为一种表达数据结构的图。图由节点和边组成，通常用 $G = (V, E)$ 进行表示。其中，节点集 $V = \{v_1, v_2, \cdots, v_n\}$ 由若干个给定的点组成，

边集 $E = \{e_1, e_2, \cdots, e_m\}$ 由节点之间的连线组成。在图匹配中，可以利用以下方式将一幅图像抽象为一个图。首先将假设已提取到的关键点集作为图的节点，然后在点集的基础上，连接节点之间的边构造带标签的权重图 G。节点的标签权重用 $f^l(i) \in R^{d_l}$ 进行表示，边权重用 $f^w(e_k) = f^w(\langle i, j \rangle) \in R^{d_w}$ 表示。式中，d_l 和 d_w 分别表示标签权重和边权重的维度。图 6.7 所示为一个简单图及其邻接矩阵和度矩阵：

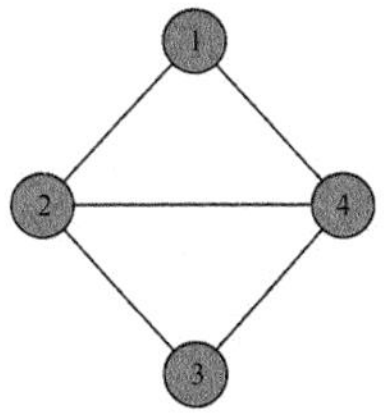

$$G = \begin{bmatrix} 0 & 1 & 0 & 1 \\ 1 & 0 & 1 & 1 \\ 0 & 1 & 0 & 1 \\ 1 & 1 & 1 & 0 \end{bmatrix} \quad D = \begin{bmatrix} 2 & 0 & 0 & 0 \\ 0 & 3 & 0 & 0 \\ 0 & 0 & 2 & 0 \\ 0 & 0 & 0 & 3 \end{bmatrix}$$

图 6.7　简单图及其邻接矩阵和度矩阵

图匹配的最终目标是寻找两个图节点集之间的最优匹配关系，假设有规模为 M 的图 G_1 和规模为 N 的图 G_2，两图中节点集之间的对应关系可以通过矩阵 X 进行描述，X 为一个 $M \times N$ 的矩阵。当 $x_{ia} = 1$，则表示图 G_1 中的节点 i 与图 G_2 中的节点 a 在一定的约束条件下最优满足设定的规则；当 $x_{ia} = 0$，则表示匹配无效，两节点之间并非对应点。匹配矩阵的基本约束为：

$$\sum_{i=1}^{M} x_{ia} \leqslant 1, \sum_{a=1}^{N} x_{ia} \leqslant 1, x_{ia} \in \{0,1\} \qquad (6.21)$$

式中，当图 G_1 中的节点 i 被分配与图 G_2 中其中一个节点匹配时，$\sum_{a=1}^{N} x_{ia} = 1$，否则 $\sum_{a=1}^{N} x_{ia} = 0$。相似地，当图 G_2 中的节点 a 被分配与图 G_1 中的其中一个节点匹配时，$\sum_{i=1}^{M} x_{ia} = 1$，否则 $\sum_{i=1}^{M} x_{ia} = 0$。

图匹配主要划分为同规模图匹配和共同子图匹配子问题。在同规模图匹配中，上述定义的两个图之间的节点个数相同，即 $M = N$。此时图 G_1 中的节点与图 G_2 中的节点一一对应，相应的匹配矩阵 X 为置换矩阵，即 $X^T X = E$。在共同子图匹配中，假设图对应的匹配节点数量为 L，则 $L \leqslant M \leqslant N$，所以匹配矩阵并不满足置换矩阵的条件。因此，匹配矩阵 X 的求解将变得更加复杂。

由于图自身的结构属性，可以利用节点和边之间的对应关系来表达数据的内部结构。因此在图像特征点匹配中，可以利用图来聚类关键点之间的关系。在匹配过程中不仅仅只考虑图与图中节点之间的相关约束，而且还可以通过与节点相邻的边之间的差异性，来提高特征点得匹配精度。

在图匹配中构造图时赋予的节点标签和边权重属性也称为节点特征和边的特征。节点的特征通常由节点周围的局部表观特征定义，一般由多维实数向量进行表示；而边的特征一般由节点之间的距离、方向或者 LineBP 表示，故其可以是一个实数也可以是一个多维实数向量。本节中使用的带标签的权重图，以 ORB 特征作为节点标签，LineBP 线性特征表示边之间的权重。

为了方便表示，图 G 和图 H 中节点之间的相似性（差异性）经常被安置在相似矩阵（差异矩阵）中，相似矩阵 $\boldsymbol{A}$ 可以定义为：

$$
\begin{aligned}
A_{ij,ab} &= A_{(i-1)N+a,(j-1)N+b} \\
&= \begin{cases}
(1-\alpha)s_l(i,a) & \text{，当} i=j, a=b\text{；} \\
\alpha s_w(\langle i,a \rangle, \langle j,b \rangle) & \text{，当} i \neq j, a \neq b\text{时，边} \langle i,j \rangle \text{和} \langle a,b \rangle \text{均存在；} \\
0 & \text{，其他}
\end{cases}
\end{aligned} \tag{6.22}
$$

式中，$s_l(i,a)$ 和 $s_w(\langle i,a \rangle, \langle j,b \rangle)$ 分别表示标签之间和权重之间的相似性；α 为权重系数。

差异矩阵 $\boldsymbol{K}$ 可以定义为：

$$
\begin{aligned}
K_{ij,ab} &= K_{(i-1)N+a,(j-1)N+b} \\
&= \begin{cases}
(1-\alpha)d_l(i,a) & \text{，当} i=j, a=b\text{；} \\
\alpha d_w(\langle i,a \rangle, \langle j,b \rangle) & \text{，当} i \neq j, a \neq b\text{时，边} \langle a,b \rangle, \langle i,j \rangle \text{均存在；} \\
0 & \text{，其他}
\end{cases}
\end{aligned} \tag{6.23}
$$

式中，$d_l(i,a)$ 和 $d_w(\langle i,a \rangle, \langle j,b \rangle)$ 分别表示标签和权重之间的差异性。

（2）目标函数的构建

求解图匹配问题最基本的思想依然是设定某种指标和约束，使匹配结果能够在该约束条件下满足设定的指标。本节内容将阐述多种约束（一阶约束和二阶约束）构建的匹配代价函数，充分利用图所涵盖的图像数据结构信息，提高特征点的匹配精度。

一阶约束指的是图 G_1 中的节点与图 G_2 中的节点之间进行匹配，该约束匹配模式类似于对两幅图像之间关键点进行匹配，只与节点和标签有关而与边及其权重无关。其相应的代价函数可以表示为：

$$
F = \sum_{i,a\text{之间存在匹配关系}} \left\| \boldsymbol{f}^l(i) - \boldsymbol{f}^l(a) \right\|_F^2 \tag{6.24}
$$

式中，$\boldsymbol{f}^l(i)$ 为图 G_1 顶点集中节点 v_i 的描述子；$\boldsymbol{f}^l(a)$ 为图 G_2 顶点集中节点 v_a

的描述子；l 表示顶点描述子的维度。

二阶约束指的是图 G_1 中的两个节点与图 G_2 中的两个节点之间对应的匹配约束，图 G_1、G_2 中对应两两节点之间的匹配可以用边之间的差异性进行度量，这种约束相应的代价函数可以表述为：

$$F_{\text{pair}} = \sum_{\substack{i,a之间存在匹配关系 \\ j,b之间存在匹配关系 \\ i,j和a,b分别邻接}} \left\| \boldsymbol{f}^w(i,j) - \boldsymbol{f}^w(a,b) \right\|_{\text{F}}^2 \tag{6.25}$$

式中，$\boldsymbol{f}^w(i,j)$ 为图 G_1 中边 $e_{i,j}$ 的描述子；$\boldsymbol{f}^w(a,b)$ 为图 G_2 中边 $e_{a,b}$ 的描述子；w 为边描述子的维度。

基于一阶约束的图匹配方式的矩阵有较好的物理结构信息，但是，当图片存在重复纹理、模糊和光照条件差等噪声产生具有歧义性的关键点时，局部特征失去判别性，会导致算法失效。基于二阶约束建立图匹配优化目标函数，利用邻接矩阵和相似矩阵（差异矩阵）两种方式进行表示，能够改进一阶约束图匹配的缺点，具体的方法描述如下。

假设图 G_1 的邻接矩阵为 $\boldsymbol{G}$，图 G_2 中的邻接矩阵为 $\boldsymbol{H}$。在考虑同规模图匹配问题时，基于邻接矩阵的图匹配表达式为：

$$\min F(\boldsymbol{X}) = \left\| \boldsymbol{G} - \boldsymbol{X}\boldsymbol{H}\boldsymbol{X}^{\text{T}} \right\|_{\text{F}}^2 = \left\| \boldsymbol{G}\boldsymbol{X} - \boldsymbol{X}\boldsymbol{H} \right\|_{\text{F}}^2$$
$$= \boldsymbol{x}^{\text{T}}(\boldsymbol{I} \otimes \boldsymbol{G} - \boldsymbol{H}^{\text{T}} \otimes \boldsymbol{I})^{\text{T}}(\boldsymbol{I} \otimes \boldsymbol{G} - \boldsymbol{H}^{\text{T}} \otimes \boldsymbol{I})\boldsymbol{x} \tag{6.26}$$

式中，$\boldsymbol{X}$ 为置换矩阵；$\boldsymbol{x}$ 为矩阵 $\boldsymbol{X}$ 的向量化形式。

基于相似矩阵（差异矩阵）的优化目标函数可以表示为更一般、灵活的二次型形式：

$$\max \boldsymbol{x}^{\text{T}}\boldsymbol{A}\boldsymbol{x} \ \text{或} \ \min \boldsymbol{x}^{\text{T}}\boldsymbol{K}\boldsymbol{x} \tag{6.27}$$

式中，$\boldsymbol{x} \in \mathbb{R}^{MN}$ 为匹配矩阵 $\boldsymbol{X}$ 的向量化；$\boldsymbol{A}$ 和 $\boldsymbol{K}$ 分别为相似矩阵和差异矩阵。该相似矩阵（差异矩阵）皆是通过一阶约束与二阶约束融合构建的。差异矩阵的具体表达方式为：

$$K_{ij,ab} = K_{(i-1)N+a,(j-1)N+b}$$
$$= \begin{cases} \left[f^l(i) - f^l(a) \right]^2 & \text{，当} i = j, a = b \text{；} \\ \left[f^w(\langle i,j \rangle) - f^w(\langle a,b \rangle) \right]^2 & \text{，当} i \neq j, a \neq b \text{时，边} \langle i,j \rangle, \langle a,b \rangle \text{均存在；} \\ 0 & \text{，其他} \end{cases} \tag{6.28}$$

在同规模图匹配中，基于邻接矩阵和基于相似矩阵（差异矩阵）的优化目

标函数是等价的，即

$$x^{\mathrm{T}}Kx = \left\| G - XHX^{\mathrm{T}} \right\|_{\mathrm{F}}^{2} \qquad （6.29）$$

然而在共同子图匹配中这种等价关系将不一定存在。基于相似矩阵（差异矩阵）的目标优化函数，在许多年研究领域已经越来越多地被采用，如谱图匹配算法、逐步分配算法和基于半正定矩阵规划算法等。该目标优化函数中相似矩阵（差异矩阵）可以直观地表明图匹配所展现的物理意义，并且对于图中边与边之间的相似性和差异性度量可以自行设置，这区别于邻接矩阵的 1-范数和 F-范数等。

上述二次型的目标优化函数具有一定的灵活性，整体目标函数的最优解不仅包含有节点之间的最优匹配，而且与节点相连的边也会对匹配起到关键性作用。由于边结构中隐藏着关键点之间图像信息的连续相对特性，故一幅图像亮度发生变化，那么在图像的局部区域也将会整体发生相应的变化。

（3）实验对比分析

采用 VS 2017+OpenCV 3.2.0 编译环境和 MATLAB 编程环境分别对 SIFT、SURF、ORB 特征提取算法以及改进的 ORB 特征提取与图匹配结合算法进行实验分析。针对巡视器采集的两幅不同尺度的图像进行特征提取与匹配，实验结果如图 6.8 所示。

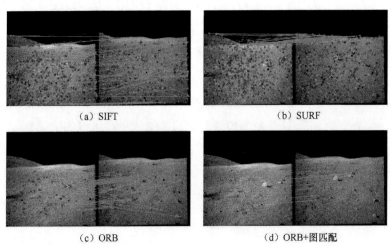

（a）SIFT　　　　　　　　　（b）SURF

（c）ORB　　　　　　　　　（d）ORB+图匹配

图 6.8　分别采用 SIFT、SURF、ORB 和 ORB+图匹配算法的结果

实验结果显示，SIFT、SURF 特征提取算法对于纹理单一的月面图像依然可以获取较多的特征点，但对于尺度差异较大的图像对，出现了错配率较高的现象，且最优匹配结果基本上均分布于图像的边缘区域。而 ORB 特征提取

算法虽然特征点数量较少，但分布均匀且稀疏，可以使最优匹配结果分布于月面上突出的石头以及凹陷区域，这样在巡视器不断行走的过程中，可以很好地在连续帧构成的影像网中进行特征点追踪，进而通过共视区域中特征点的变化估计出巡视器的位置。图 6.8 所示四种匹配算法的匹配准确率如表 6.1 所示。

表 **6.1** 四种匹配算法的匹配准确率

特征提取与匹配算法	SIFT	SURF	ORB	ORB+图匹配
准确率/%	0.40	0.28	0.24	0.38

由表 6.1 所示可知，针对具有一定尺度变化、纹理单一的月面图像，ORB 与图匹配结合的算法的匹配准确率优于原始的 ORB 特征提取算法，但却略低于 SIFT 特征提取算法。

| 6.2 两帧之间的运动估计问题 |

6.2.1 基于对极几何约束的运动估计

根据约束性质，如果在两张二维图像中可以找到若干个匹配的特征点对，那么利用对极几何约束性质推出的约束方程就可以求出相机在前后帧间的运动。

如图 6.9 所示，I_1、I_2 为相邻的两帧图像，O_1、O_2 为对应图像的摄影中心，p_1、p_2 为空间点 P 分别在两个像平面上的投影点，且两者通过特征匹配得到，O_1O_2 为摄影中心的连线也称基线，O_1O_2 的连线与点 P 构成的平面称为极平面，极平面与像平面的交线称为极线，极线与像平面的交点称为极点。

设空间点在第一帧空间坐标系的坐标 P，对应的两个像平面的像素坐标为 p_1、p_2。根据针孔相机投影模型，可求解出像坐标与空间点坐标之间满足如下关系：

$$\lambda_1 p_1 = KP \qquad (6.30)$$

$$\lambda_2 p_2 = K(RP + t) \qquad (6.31)$$

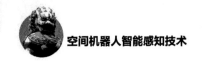

式中，λ_1、λ_2为像素点的深度信息。

设两个像素点在相机归一化平面上的坐标为x_1、x_2，K为相机内参矩阵，R、t为两个相机坐标系之间的运动参数[35]，则：

$$x_1 = K^{-1}p_1, \quad x_2 = K^{-1}p_2 \tag{6.32}$$

在齐次坐标系下，则可以转化为：

$$x_2 = Rx_1 + t \tag{6.33}$$

可将式（6.33）转化为基于归一化坐标的约束方程：

$$x_2^{\mathrm{T}}t^{\wedge}Rx_1 = 0 \tag{6.34}$$

式中，$t^{\wedge}$表示反对称矩阵。

将式（6.32）代入式（6.34），可以转化为关于像素坐标的约束方程：

$$p_2^{\mathrm{T}}K^{-\mathrm{T}}t^{\wedge}RK^{-1}p_1 = 0 \tag{6.35}$$

从式（6.32）～式（6.35）可以看出，约束方程（6.35）中同时含有旋转矩阵和平移向量。令中间部分$E = t^{\wedge}R$为基础矩阵，$F = K^{-\mathrm{T}}EK^{-1}$为本质矩阵，代入约束方程（6.34）和（6.35）可得：

$$x_2^{\mathrm{T}}Ex_1 = p_2^{\mathrm{T}}Fp_1 = 0 \tag{6.36}$$

从而在整个运动参数的求解过程中，可以首先根据已匹配好的对应特征点求取本质矩阵和基础矩阵，然后利用矩阵奇异值分解获取R、t，恢复相机运动信息。

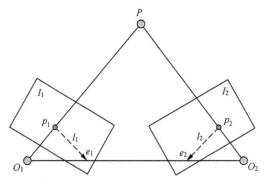

图6.9 对极几何约束

6.2.2 基于 PNP 运动估计

PNP 运动估计方法是指利用 n 个已知三维空间的点和其对应的投影像素点

估计相机的位姿。由于相机外参数包含 6 个未知数，因此选取的三维空间点的个数应该大于等于 3，常用的 PNP 求解方法主要有 P3P、DLT、EPNP 和 UPNP 等，在此以 P3P 为例求解相机的位姿。

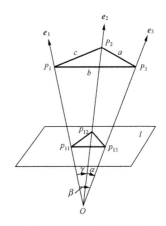

假设三个已知的空间点 P_1、P_2、P_3，其在归一化平面上的对应坐标为 $\boldsymbol{p}_{11}$、$\boldsymbol{p}_{12}$、$\boldsymbol{p}_{13}$，与摄影中心 O 对应的方向向量分别为 $\boldsymbol{e}_1$、$\boldsymbol{e}_2$、$\boldsymbol{e}_3$。方向向量之间的夹角分别用 α、β、γ 表示；P_1、P_2、P_3 之间的距离分别用 a、b、c 来表示，如图 6.10 所示。

图 6.10　P3P 投影示图

假设空间点 P_i（$i=1，2，3$）在像平面上的投影 $\boldsymbol{p}_i = \left[\mu_i, v_i, 1 \right]^{\mathrm{T}}$，则利用像平面坐标与归一化平面坐标之间的内参变换矩阵 $\boldsymbol{M}$，可以获取归一化平面坐标 $\boldsymbol{p}_{1i} = \left[x_{1i}, y_{1i}, z_{1i} \right]^{\mathrm{T}}$，具体转化公式为：

$$\boldsymbol{p}_{1i} = \boldsymbol{M}^{-1} \boldsymbol{p}_i \tag{6.37}$$

由归一化坐标，可以求得摄影中心到任一空间点的单位方向向量：

$$\boldsymbol{e}_i = \frac{1}{\sqrt{x_{1i}^2 + y_{1i}^2 + z_{1i}^2}} \begin{bmatrix} x_{1i} \\ y_{1i} \\ z_{1i} \end{bmatrix} \tag{6.38}$$

利用向量内积公式和反三角函数可以等价转化出两向量之间的夹角，以 α 角为例：

$$\alpha = \arccos \frac{\boldsymbol{e}_1^{\mathrm{T}} \boldsymbol{e}_2}{|\boldsymbol{e}_1||\boldsymbol{e}_2|} = \arccos \boldsymbol{e}_1^{\mathrm{T}} \boldsymbol{e}_2 \tag{6.39}$$

同理可求出 β、γ。在空间点已知的情况下，a、b、c 可作为已知条件，根据三角余弦公式可以求出摄影中心点到空间点 P_1、P_2、P_3 的距离 OP_1、OP_2、OP_3。从而求出空间一点在相机坐标系下的坐标[35]，具体推算过程如下：

$$OP_2^2 + OP_3^2 - 2OP_2 \cdot OP_3 \cdot \cos \alpha = a^2 \tag{6.40}$$

$$OP_1^2 + OP_3^2 - 2OP_1 \cdot OP_3 \cdot \cos \beta = b^2 \tag{6.41}$$

$$OP_1^2 + OP_2^2 - 2OP_1 \cdot OP_2 \cdot \cos \gamma = c^2 \tag{6.42}$$

设 $x = OP_2 / OP_1$，$y = OP_3 / OP_1$，代入上式可求得：

$$OP_1^2 = \frac{a^2}{x^2 + y^2 - 2xy \cos \alpha} \tag{6.43}$$

$$OP_1^2 = \frac{b^2}{1 + y^2 - 2y \cos \beta} \tag{6.44}$$

$$OP_1^2 = \frac{c^2}{x^2 + 1 - 2x\cos\gamma} \tag{6.45}$$

联合式（6.43）~式（6.45），可推导出：

$$x^2 = 2xy\cos\alpha - \frac{2a^2}{b^2}y\cos\beta + \frac{a^2 - b^2}{b^2}y^2 + \frac{a^2}{b^2} \tag{6.46}$$

$$x^2 = 2x\cos\gamma - \frac{2c^2}{b^2}y\cos\beta + \frac{c^2}{b^2}y^2 + \frac{c^2 - b^2}{b^2} \tag{6.47}$$

联合式（6.46）和式（6.47）消去 x^2，可以求得

$$x = \frac{\dfrac{a^2 - b^2 - c^2}{b^2}y^2 - 2\dfrac{a^2 - c^2}{b^2}y\cos\beta + \dfrac{a^2 + b^2 - c^2}{b^2}}{2(\cos\gamma - y\cos\alpha)} \tag{6.48}$$

将式（6.48）代入式（6.47）中可化简得到关于 y 的方程，从而求得 y 值。将求出的 y 值代入式（6.48）即可求得 x 值。再将求出的 x、y 值代入式（6.43）就求得 OP_1 的长度。根据 OP_1 的值与假设约束条件，可求出 OP_2、OP_3 的长度。进而可以解算得真实三维空间点 P_1、P_2、P_3 在相机坐标系下的坐标为：

$$\boldsymbol{p}_{ci} = OP_i \cdot \boldsymbol{e}_i, \quad i = 1,2,3 \tag{6.49}$$

综上可知，P3P 主要利用已知的真实三维空间点坐标和三角形几何性质求得空间点在相机坐标系下的坐标，进而求解相机的位姿。该方法是较为经典的 PNP 求解方法，将具体问题以数学模型表达求解，思路清晰，推理严谨。但是该方法采用的配对点数较少，无法结合更多的有效数据信息对位姿进行调整。如果一旦出现误匹配现象，则会给整个运动轨迹的估计带来很大的偏差。

6.2.3 基于 ICP 运动估计

3D-3D 的位姿估计问题，无需涉及相机的投影模型。对于已经给定匹配信息的对应点，只需考虑三维点之间的转换误差问题，因此针对该问题可通过迭代最近点（ICP）的方法进行求解。该模型从代数的角度看，其实就是最小二乘问题，因此可通过线性和非线性两种方式求解。

假设在相邻两帧图像中，有一组已匹配好的投影点对，其在相机坐标系中的坐标分别表示为：

$$\boldsymbol{P}_c = \{\boldsymbol{P}_{c1}, \boldsymbol{P}_{c2}, \cdots, \boldsymbol{P}_{cn}\}, \quad \boldsymbol{P}_c' = \left\{\boldsymbol{P}_{c1}', \boldsymbol{P}_{c2}', \cdots, \boldsymbol{P}_{cn}'\right\} \tag{6.50}$$

假设存在旋转矩阵 $\boldsymbol{R}$ 和平移向量 $\boldsymbol{t}$，使得两相机坐标系之间的变换关系可表示为：

$$P_{ci} = RP_{ci}' + t \tag{6.51}$$

由于匹配关系已给定，因此在这一组数据中，任意一点的匹配误差为：

$$e_i = P_{ci} - \left(RP_{ci}' + t \right) \tag{6.52}$$

然后构建最小二乘问题，可得当误差项达到最小时，求解出的 $\boldsymbol{R}$、$\boldsymbol{t}$ 即为前后两帧之间的运动参数：

$$\min_{\boldsymbol{R},\boldsymbol{t}} E = \frac{1}{2} \sum_{i=1}^{n} \left\| \left(P_{ci} - \left(RP_{ci}' + t \right) \right) \right\|_2^2 \tag{6.53}$$

若利用 SVD 方式求解，可以先对式（6.53）进行巧妙化简。在此我们引入两组数据点的质心，根据质心定义方式可得：

$$P_{\mathrm{c}} = \frac{1}{n} \sum_{i=1}^{n} \left(P_{ci} \right), \quad P_{\mathrm{c}}' = \frac{1}{n} \sum_{i=1}^{n} \left(P_{ci}' \right) \tag{6.54}$$

然后对误差函数做以下巧妙的化简：

$$
\begin{aligned}
\frac{1}{2} \sum_{i=1}^{n} \left\| P_{ci} - \left(RP_{ci}' + t \right) \right\|^2 &= \frac{1}{2} \sum_{i=1}^{n} \left\| P_{ci} - RP_{ci}' - t - P_{\mathrm{c}} + RP_{\mathrm{c}}' + P_{\mathrm{c}} - RP_{\mathrm{c}}' \right\|^2 \\
&= \frac{1}{2} \sum_{i=1}^{n} \left\| \left(P_{ci} - P_{\mathrm{c}} - R\left(P_{ci}' - P_{\mathrm{c}}' \right) \right) + \left(P_{\mathrm{c}} - RP_{\mathrm{c}}' - t \right) \right\|^2 \\
&= \frac{1}{2} \sum_{i=1}^{n} \left(\begin{array}{l} \left\| P_{ci} - P_{\mathrm{c}} - R\left(P_{ci}' - P_{\mathrm{c}}' \right) \right\|^2 + \left\| P_{\mathrm{c}} - RP_{\mathrm{c}}' - t \right\|^2 + \\ 2\left(P_{ci} - P_{\mathrm{c}} - R\left(P_{ci}' - P_{\mathrm{c}}' \right) \right)^{\mathrm{T}} \left(P_{\mathrm{c}} - RP_{\mathrm{c}}' - t \right) \end{array} \right)
\end{aligned}
\tag{6.55}
$$

然而，在展开式的最后一项中，由于存在 $\sum\limits_{i=1}^{n} P_{ci} = nP_{\mathrm{c}}$，$\sum\limits_{i=1}^{n} P_{ci}' = nP_{\mathrm{c}}'$，所以最后一项在求和之后为零。故原目标函数可以简化为上式前两项之和，通过观察可知第一项仅与旋转矩阵有关，第二项与两运动参数均有关，若要使误差项求和达到最小值，则需要使每一项求和达到最小值。那么很显然可以通过表达式的第一项求得旋转参数矩阵 $\boldsymbol{R}$，之后令第二项值为零，即求出平移向量 $\boldsymbol{t}$。

因此在利用 ICP 算法求解运动参数问题中，首先需要将计算重心放在旋转矩阵 $\boldsymbol{R}$ 的求解上，展开其对应的目标函数为：

$$\frac{1}{2} \sum_{i=1}^{n} \left\| P_{ci} - P_{\mathrm{c}} - R\left(P_{ci}' - P_{\mathrm{c}}' \right) \right\|^2 \tag{6.56}$$

令 $P_{ci} - P_{\mathrm{c}} = Q_{ci}$，$P_{ci}' - P_{\mathrm{c}}' = Q_{ci}'$，则该目标函数可以转化为以下形式，并转

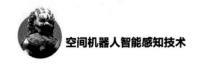

化为：

$$\frac{1}{2}\sum_{i=1}^{n}\left\|P_{ci}-P_c-R\left(P_{ci}'-P_c'\right)\right\|^2=\frac{1}{2}\sum_{i=1}^{n}\left\|Q_{ci}-RQ_{ci}'\right\|^2$$
$$=\frac{1}{2}\sum_{i=1}^{n}\left(Q_{ci}^{\mathrm{T}}Q_{ci}-2Q_{ci}^{\mathrm{T}}RQ_{ci}'+Q_{ci}'^{\mathrm{T}}R^{\mathrm{T}}RQ_{ci}'\right)$$

（6.57）

从式（6.57）可知，要求解旋转矩阵 R，只需要进一步优化目标函数（6.57）的第二项即可。利用矩阵迹运算和 SVD 方法，即可解算出 R。

由矩阵迹运算性质：

$$\mathrm{tr}\left(\sum_{i=1}^{n}F^{(i)}\right)=\mathrm{tr}\left(F^{(n)}\sum_{i=1}^{n-1}F^{(i)}\right)$$

（6.58）

因此，实际的目标函数将转化为：

$$\sum_{i=1}^{n}-Q_{ci}^{\mathrm{T}}RQ_{ci}'=\sum_{i=1}^{n}-\mathrm{tr}\left(RQ_{ci}'Q_{ci}^{\mathrm{T}}\right)=-\mathrm{tr}\left(R\sum_{i=1}^{n}Q_{ci}'Q_{ci}^{\mathrm{T}}\right)$$

（6.59）

为解算目标函数中的 R，则令该函数的系数矩阵为 A，即：$\sum_{i=1}^{n}Q_{ci}'Q_{ci}^{\mathrm{T}}=A$，并将其进行 SVD 得：$A=U\Sigma V^{\mathrm{T}}$。根据矩阵 SVD 特性，$\Sigma$ 为由奇异值从大到小排列组成的对角矩阵，且 U、V 同样也为对角阵。当 A 为满秩时，可推导出旋转矩阵 R 为：

$$R=UV^{\mathrm{T}}$$

（6.60）

得到 R 矩阵之后，代入原始目标函数（6.55），令 $P_c-RP_c'-t=0$，就可求出平移向量 t 为：

$$t=P_c-RP_c'$$

（6.61）

至此，就可以求解得出两相机之间的运动参数 R、t。同样基于 PNP 和 ICP 的运动估计方法，也可以利用非线性方式求解。

6.3　位姿和位置信息的捆绑约束调整

6.3.1　光束法解析摄影测量

光束法平差定位主要是对估计的初始相机位姿和 3D 空间点位置进行联合优

化，从而利用观测方程重建最优的地图模型。由于每一个特征点反射出来的光线束，满足像点、物点和摄影中心在一条直线上，因此可根据三角形相似原理构建共线方程，使物点、像点和摄影中心满足直线约束条件。最后，经过一定次数的迭代优化，对相机姿态和特征点空间位置做出最优调整。

根据中心投影构像关系可知共线方程为：

$$x = -f \frac{a_1(X_A - X_S) + b_1(Y_A - Y_S) + c_1(Z_A - Z_S)}{a_3(X_A - X_S) + b_3(Y_A - Y_S) + c_3(Z_A - Z_S)} \tag{6.62}$$

$$y = -f \frac{a_2(X_A - X_S) + b_2(Y_A - Y_S) + c_2(Z_A - Z_S)}{a_3(X_A - X_S) + b_3(Y_A - Y_S) + c_3(Z_A - Z_S)} \tag{6.63}$$

式中，f 为相机焦距；x、y 为控制点 A（已知的三维空间点）在像平面上的投影点坐标；$(X_A, Y_A, Z_A)^\mathrm{T}$ 和 $(X_S, Y_S, Z_S)^\mathrm{T}$ 分别为控制点 A 和摄影中心点 S 在世界坐标系下的坐标；$\{a_1, b_1, c_1; a_2, b_2, c_2; a_3, b_3, c_3\}$ 为旋转矩阵 **R** 的内部元素，具体表达式如表 6.2 所示。

表 6.2　旋转矩阵 **R** 参数

参数	表达式	参数	表达式	参数	表达式
a_1	$\cos\varphi\cos\kappa - \sin\varphi\sin\omega\sin\kappa$	b_1	$\cos\omega\sin\kappa$	c_1	$\cos\varphi\sin\omega\sin\kappa$
a_2	$-\cos\varphi\sin\kappa - \sin\varphi\sin\omega\cos\kappa$	b_2	$\cos\omega\cos\kappa$	c_2	$-\sin\varphi\sin\kappa + \cos\varphi\sin\kappa\cos\kappa$
a_3	$-\sin\varphi\cos\omega$	b_3	$-\sin\omega$	c_3	$\cos\varphi\cos\omega$

注：φ、ω、κ 为相机位姿。

为了便于进一步计算求解，将式（6.62）和式（6.63）非线性函数按泰勒级数展开，只保留一次项，转化为线性函数。由于在光束法平差算法中需同时调整相机位姿和空间点位置，从而除了相机的 6 个外参数以外，还有空间点三维坐标 X、Y、Z 为待优化的未知参数，因此展开的一次项表达式为：

$$x = x_0 + \frac{\partial x}{\partial X_S}\mathrm{d}X_S + \frac{\partial x}{\partial Y_S}\mathrm{d}Y_S + \frac{\partial x}{\partial Z_S}\mathrm{d}Z_S + \frac{\partial x}{\partial \varphi}\mathrm{d}\varphi +$$
$$\frac{\partial x}{\partial \omega}\mathrm{d}\omega + \frac{\partial x}{\partial \kappa}\mathrm{d}\kappa + \frac{\partial x}{\partial X}\mathrm{d}X + \frac{\partial x}{\partial Y}\mathrm{d}Y + \frac{\partial x}{\partial Z}\mathrm{d}Z \tag{6.64}$$

$$y = y_0 + \frac{\partial y}{\partial X_S}\mathrm{d}X_S + \frac{\partial y}{\partial Y_S}\mathrm{d}Y_S + \frac{\partial y}{\partial Z_S}\mathrm{d}Z_S + \frac{\partial y}{\partial \varphi}\mathrm{d}\varphi +$$
$$\frac{\partial y}{\partial \omega}\mathrm{d}\omega + \frac{\partial y}{\partial \kappa}\mathrm{d}\kappa + \frac{\partial y}{\partial X}\mathrm{d}X + \frac{\partial y}{\partial Y}\mathrm{d}Y + \frac{\partial y}{\partial Z}\mathrm{d}Z \tag{6.65}$$

式中，x、y 为观测值；x_0、y_0 为近似值；$\mathrm{d}X_s$、$\mathrm{d}Y_s$、$\mathrm{d}Z_s$、$\mathrm{d}\varphi$、$\mathrm{d}\omega$、$\mathrm{d}\kappa$ 是相机位姿的修正量；$\mathrm{d}X$、$\mathrm{d}Y$、$\mathrm{d}Z$ 为空间点坐标修正量。

在共线情况下，由共线方程可知：

$$\frac{\partial x}{\partial X} = -\frac{\partial x}{\partial X_s}; \frac{\partial x}{\partial Y} = -\frac{\partial x}{\partial Y_s}; \frac{\partial x}{\partial Z} = -\frac{\partial x}{\partial Z_s} \tag{6.66}$$

同理，在 y 方向上也满足同样的约束条件。将此条件代入泰勒级数展开式（6.64）和式（6.65），不失一般性地表示为：

$$v_x = a_{11}\mathrm{d}X_s + a_{12}\mathrm{d}Y_s + a_{13}\mathrm{d}Z_s + a_{14}\mathrm{d}\varphi + a_{15}\mathrm{d}\omega + a_{16}\mathrm{d}\kappa - a_{17}\mathrm{d}X - a_{18}\mathrm{d}Y - a_{19}\mathrm{d}Z \tag{6.67}$$

$$v_y = a_{21}\mathrm{d}X_s + a_{22}\mathrm{d}Y_s + a_{23}\mathrm{d}Z_s + a_{24}\mathrm{d}\varphi + a_{25}\mathrm{d}\omega + a_{26}\mathrm{d}\kappa - a_{27}\mathrm{d}X - a_{28}\mathrm{d}Y - a_{29}\mathrm{d}Z \tag{6.68}$$

式（6.67）和式（6.68）中的新符号表示各偏导数系数，具体解算如下：

$$a_{11} = \frac{\partial x}{\partial X_s} = \frac{\partial\left(-f\dfrac{a_1(X_A-X_s)+b_1(Y_A-Y_s)+c_1(Z_A-Z_s)}{a_3(X_A-X_s)+b_3(Y_A-Y_s)+c_3(Z_A-Z_s)}\right)}{\partial X_s} \tag{6.69}$$

$$= \frac{(a_1 f + a_3 x)}{a_3(X_A-X_s)+b_3(Y_A-Y_s)+c_3(Z_A-Z_s)}$$

根据同样的求导法则，可以求出其他的偏导数系数。若令

$$\bar{Z} = a_3(X_A-X_s)+b_3(Y_A-Y_s)+c_3(Z_A-Z_s) \tag{6.70}$$

则可得各偏导系数如表 6.3 所示。

表 6.3 各偏导系数

参数	表达式	参数	表达式
a_{11}	$\dfrac{1}{\bar{Z}}(a_1 f + a_3 x)$	a_{14}	$y\sin w - \left[\dfrac{x}{f}(x\cos\kappa - y\sin\kappa) + f\cos\kappa\right]\cos\omega$
a_{12}	$\dfrac{1}{\bar{Z}}(b_1 f + b_3 x)$	a_{15}	$-f\sin\kappa - \dfrac{x}{f}(x\sin\kappa + y\cos\kappa)$
a_{13}	$\dfrac{1}{\bar{Z}}(c_1 f + c_3 x)$	a_{16}	y
a_{21}	$\dfrac{1}{\bar{Z}}(a_2 f + a_3 y)$	a_{24}	$-x\sin\omega - \left[\dfrac{x}{f}(x\cos\kappa - y\sin\kappa) - f\sin\kappa\right]\cos\omega$
a_{22}	$\dfrac{1}{\bar{Z}}(b_2 f + b_3 y)$	a_{25}	$-f\cos\kappa - \dfrac{y}{f}(x\sin\kappa + y\cos\kappa)$
a_{23}	$\dfrac{1}{\bar{Z}}(c_2 f + c_3 y)$	a_{26}	$-x$

根据相机位姿初始值、空间点初始位置和相应的像点坐标，就可以求出改正数变量的系数矩阵。

　　对于相邻站点相机各变量元素用加撇符号进行表示，因此利用该相机的像点坐标，列出相应的误差方程为：

$$v_x' = a_{11}'\mathrm{d}X_S' + a_{12}'\mathrm{d}Y_S' + a_{13}'\mathrm{d}Z_S' + a_{14}'\mathrm{d}\varphi' + a_{15}'\mathrm{d}\omega' + a_{16}'\mathrm{d}\kappa' - a_{17}'\mathrm{d}X' - a_{18}'\mathrm{d}Y' - a_{19}'\mathrm{d}Z'$$

（6.71）

$$v_y' = a_{21}'\mathrm{d}X_S' + a_{22}'\mathrm{d}Y_S' + a_{23}'\mathrm{d}Z_S' + a_{24}'\mathrm{d}\varphi' + a_{25}'\mathrm{d}\omega' + a_{26}'\mathrm{d}\kappa' - a_{27}'\mathrm{d}X' - a_{28}'\mathrm{d}Y' - a_{29}'\mathrm{d}Z'$$

（6.72）

　　对于相邻的两个站点而言，一对空间点可以列出 4 个方程，然而前后两站之间的相机，总共包含 12 个外方位元素，因此至少需要 3 个地面控制点进行解算。对于前后两站中假设有 n 个待求点，则需要求解的未知参数共有 $12+n$ 个，误差方程个数为 $16+n$ 个。

　　相邻两站图像之间的共视特征点数量越多时，误差方程的总数将远大于待求的未知数的个数，即常常存在多余的观测方程，属于超定方程的求解范畴。故需要通过最小二乘平差计算方式不断地迭代优化，直到满足一定的误差范围，停止迭代，得到最优解。

　　将式（6.71）和式（6.72）简化为下列矩阵的形式：

$$\begin{bmatrix} V_1 \\ V_2 \end{bmatrix} = \begin{bmatrix} A_1 & 0 & B_1 \\ 0 & A_2 & B_2 \end{bmatrix} \begin{bmatrix} t_1 \\ t_2 \\ X \end{bmatrix} - \begin{bmatrix} l_1 \\ l_2 \end{bmatrix}$$

（6.73）

式中，V_1 为当前站投影像点列出的误差方程；V_2 为前一站投影像点列出的误差方程；t_1 为当前帧图像对应的相机的位姿改正数；t_2 为前一站点相机的位姿改正数；X 为待求点坐标改正数组成的列矩阵；l_1 和 l_2 分别为 V_1 与 V_2 对应的误差方程式常数项。用矩阵表示总误差方程为：

$$V = \begin{bmatrix} A & B \end{bmatrix} \begin{bmatrix} t \\ X \end{bmatrix} - L$$

（6.74）

　　根据系数矩阵的伪逆求解方程组，得相应的方程为：

$$\begin{bmatrix} A & B \end{bmatrix}^{\mathrm{T}} \begin{bmatrix} A & B \end{bmatrix} \begin{bmatrix} t \\ X \end{bmatrix} = \begin{bmatrix} A & B \end{bmatrix}^{\mathrm{T}} L$$

（6.75）

　　利用线性方程的求解思路，观察方程整体变量，可以划分为两类。采用消元法，只保留其中的一类进行解算，得到最终的改正数。求得所有未知数以后，加到近似值上作为新的近似值，反复迭代计算趋近，直到满足精度要求为止[36]。

光束法平差定位技术的精确性和快速收敛性，取决于给定初始值的质量，往往较好的初始值会伴随着较快的收敛性。光束法平差的输入通常由多视图几何中的八点法、五点法或摄影测量中的前后方交会给定。

6.3.2　BA 稀疏性与图优化

在 SLAM 后端优化过程中，目前主流的求解方法为非线性优化。针对巡视器行驶的局部关键帧和全局关键帧进行位姿优化，因此对于每帧图像上大量的特征点开展光束法平差，计算量将显得十分庞大，大大增加了整个线性方程的规模。后来 SLAM 的研究者发现，尽管误差项都是针对单个位姿和路标点的，但是该问题构建的结构图（图论意义下的图）并非全连通图，每帧图像中只能看到一小部分路标点，因此在求解过程中 Hessian 矩阵的分布具有一定的稀疏性。在雅可比矩阵求解过程中，许多无关的边和点对应的雅可比矩阵直接为零矩阵。相应的二阶导数中大部分也是零元素。Hessian 矩阵的稀疏性为 BA 的求解提出了可能，本节将 BA 利用图优化框架进行求解。

对于 m 帧连续图像，假设每帧图像有 n 个特征点，则相应的优化目标函数为

$$\frac{1}{2}\sum_{i=1}^{m}\sum_{j=1}^{n}\left\|e_{ij}\right\|^{2}=\frac{1}{2}\sum_{i=1}^{m}\sum_{j=1}^{n}\left\|z_{ij}-g\left(\xi_{i},P_{j}\right)\right\|^{2} \tag{6.76}$$

式中，z_{ij} 表示第 j 个路标点在第 i 个相机中的观测方程；ξ_{i} 为第 i 个相机外参数对应的李代数位姿；P_{j} 为第 j 个空间点的位置坐标；$g\left(\xi_{i},P_{j}\right)$ 表示空间投影方程。考虑到优化目标函数的标量性，将误差项进行平方化处理。该目标函数类似于将相机位姿和路标点 $x=(\xi,P)$ 进行批处理解算[37]。

利用非线性优化的思想，我们从某个初始值开始，不断地寻求下降方向 Δx 来找到目标函数的最优解，即不断地求解增量方程中的增量 Δx。当给定一个增量时，目标函数将变为：

$$\frac{1}{2}\sum_{i=1}^{m}\sum_{j=1}^{n}\left\|e_{ij}\right\|^{2}\approx\frac{1}{2}\sum_{i=1}^{m}\sum_{j=1}^{n}\left\|e_{ij}+C_{ij}\Delta\xi_{i}+L_{ij}\Delta P_{j}\right\|^{2} \tag{6.77}$$

式中，C_{ij} 表示目标函数在当前时刻对相机姿态的偏导；L_{ij} 表示该目标函数对路标点位置的偏导。该表达式将许多个小型二次项之和，变成一个更整体的形式，并不需要将具体的误差项进行详细的展开。最终的解算目标为增量方程的值，在此需要着重关注的是关于该增量方程，选择什么迭代方式，高斯牛顿法还是列文伯格-马夸尔特法，两者的主要区别在于矩阵 H 是 $J^{\mathrm{T}}J$ 还是 $J^{\mathrm{T}}J+\lambda I$ 的形式。

无论选择何种迭代方式寻求梯度增量，都需要对雅可比矩阵进行解算。整

体目标函数的雅可比矩阵可以由位姿偏导和位置偏导两个一阶偏导分量拼接组合形成，即 $J = \begin{bmatrix} C & L \end{bmatrix}$，那么可以直观地求出关于高斯-牛顿法的矩阵 H 为：

$$H = J^{\mathrm{T}}J = \begin{bmatrix} C^{\mathrm{T}} \\ L^{\mathrm{T}} \end{bmatrix} \begin{bmatrix} C & L \end{bmatrix} = \begin{bmatrix} C^{\mathrm{T}}C & C^{\mathrm{T}}L \\ L^{\mathrm{T}}C & L^{\mathrm{T}}L \end{bmatrix} \qquad (6.78)$$

然后利用矩阵 H 的特殊结构，进行求解。其结构的特殊性是由雅可比矩阵引起的，对于其中某一个误差项 e_{ij}，由于其仅描述了 ξ_i 看到 P_j 这个事件，因此仅关于这两项优化变量的偏导数为非零，其余部分均为零矩阵。所以对于任意一个误差项对应的雅可比矩阵可以表示为：

$$J_{ij}(x) = \left(0_{2\times 6}, \cdots, \frac{\partial e_{ij}}{\partial \xi_i}, \cdots, 0_{2\times 6}, \cdots, 0_{2\times 3}, \cdots, \frac{\partial e_{ij}}{\partial P_j}, \cdots, 0_{2\times 3} \right) \qquad (6.79)$$

雅可比矩阵的零矩阵元素特性会导致矩阵 H 为稀疏特性结构。根据矩阵 H 中子模块元素特性，可以将矩阵 H 划分为以下四个部分：

$$H = \begin{bmatrix} H_{11} & H_{12} \\ H_{21} & H_{22} \end{bmatrix} \qquad (6.80)$$

式中，H_{11} 只与相机位姿有关，且为块对角阵，每个对角块包含 6×6 个元素，而 H_{22} 只与空间点有关，同样也是块对角阵，该模块中每个对角块包含 3×3 个元素。对于 H_{12} 和 H_{21} 这两个子区域是完全对称的，但它们的稀疏程度应由观测数据而定。正是由于这种稀疏结构的表示，使得 SLAM 视觉定位技术在后端优化部分能够得以实时处理。

对于具有稀疏结构的增量方程 $H\Delta x = g$，考虑到方程组中包含有两种类型的优化变量，采用高斯消元法，获得只有位姿部分的增量方程，然后根据解线性方程组的思路，分别解算出位姿增量和空间点位置增量。根据增量约束限定值，进行迭代运算，直到满足条件为止。

光束法平差的目标函数为最小化误差项 2-范数的平方和，对于这一目标函数存在一个很严重的问题，如果出现误匹配的情况，将会把错误的数据当作误差项来处理，使整个目标函数的优化目标偏离正确的方向。因为当出现的误差数据很大时，其 2-范数增长很快，对总体误差项之和的影响很大，因此为了削弱这一错误的影响，可以引入了鲁棒核函数的概念，保证出现错误时误差不会无休止地大幅增长，从而使优化目标函数能够以正确的方向收敛。

最常用的鲁棒核函数 Huber 的表达式为：

$$H(e) = \begin{cases} \dfrac{1}{2}e^2 & ,当 |e| \leqslant \delta \\ \delta\left(|e| - \dfrac{1}{2}\delta\right) & ,其他 \end{cases} \qquad (6.81)$$

从式（6.81）中可以观察到当误差 e 大于某阈值 δ 后，目标误差函数将由二次型降为一次型进行处理，削弱了大值误差项在全局优化中的分量，弥补了目标函数中可能存在的错误数据类型。当然关于鲁棒核函数，除了 Huber 之外，还有 Cauchy 核、Tukey 核等模型[37]。

在 SLAM 问题中，光束法平差的求解采用图优化处理，图优化是一种将非线性优化与图论结合起来的理论。BA 中将待优化的变量表示为顶点，误差项表示为边，这样一个以观测方程为主的最小二乘问题就转化为图优化的问题，优化问题的图模型结构表述更加直观地表明了问题的结构，如图 6.11 所示。关于图优化的解算方法，有较为成熟的 G2O 优化库。图优化的具体流程如图 6.12 所示。

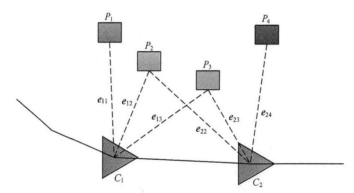

图 6.11　图优化简单模型结构

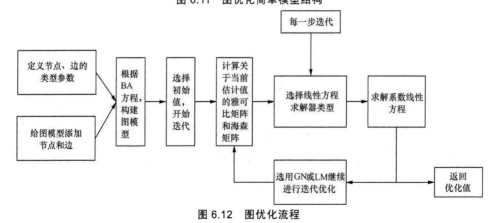

图 6.12　图优化流程

|6.4 位姿图优化|

在局部位姿优化过程中，我们更侧重选择光束法平差进行优化。然而针对巡视器长距离行驶的全局位姿优化，随着时间的增长，地图规模越来越大，涉及关键帧和空间路标点越来越多，整体的优化时间将无法达到实时性的效果。根据 BA 算法可知，在每一帧图像的优化过程中，相机位姿仅包含 6 个变量，其余均为特征点的优化变量。而实际上，经过若干次观测之后，有效匹配的特征点的空间位置会收敛，从而达到一个稳定的值；而发散的外点将会被算法剔除。如果继续对空间位置进行优化，不仅是时间上的浪费，而且无法取得更好的效果。因此我们提出在全局优化过程中，构建只有轨迹的图优化即位姿图优化进行处理。

与光束法平差不同的是，在位姿图优化中我们舍弃了观测方程，利用了两帧之间的运动方程。如图 6.13 所示，图模型结构中的节点为相机的位姿 $\boldsymbol{X} = \{\boldsymbol{\xi}_1, \boldsymbol{\xi}_2, \cdots, \boldsymbol{\xi}_n\}$，边为两个节点之间的相机位姿的运动估计，可由匹配的特征点进行运动估算。

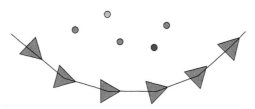

图 6.13 位姿图（pose graph）

如图 6.14 所示，由相机空间位姿转换关系 $\boldsymbol{T}_j = \boldsymbol{T}_i \boldsymbol{T}_{ij}$，可推导出相邻两帧图像之间的运动 $\boldsymbol{T}_{ij} = \boldsymbol{T}_i^{-1} \boldsymbol{T}_j$，转化为李代数的形式可以表示为：

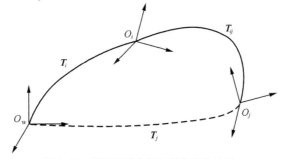

图 6.14 相邻两帧之间的位姿变换关系

$$\Delta\boldsymbol{\xi}_{ij} = \boldsymbol{\xi}_i^{-1}\boldsymbol{\xi}_j = \ln\left(\exp\left((-\boldsymbol{\xi}_i)^{\wedge}\right)\exp\left(\boldsymbol{\xi}_j^{\wedge}\right)\right)^{\vee} \tag{6.82}$$

由于图像中特征点匹配误差和观测点噪声的存在，使该等式不会精确地成立，因此我们基于相邻帧之间的运动方程建立误差函数 $\boldsymbol{e}_{ij}$，同样将误差项之和确立为待优化的目标函数，相机位姿 $\boldsymbol{\xi}_i$ 和 $\boldsymbol{\xi}_j$ 为优化变量，构成一个最小二乘问题，同样可以转化为图优化的思想进行求解。

$$\boldsymbol{e}_{ij} = \ln\left(\boldsymbol{T}_{ij}^{-1}\boldsymbol{T}_i^{-1}\boldsymbol{T}_j\right)^{\vee} = \ln\left(\exp\left((-\boldsymbol{\xi}_{ij})^{\wedge}\right)\exp\left((-\boldsymbol{\xi}_i)^{\wedge}\right)\exp\left(\boldsymbol{\xi}_j^{\wedge}\right)\right)^{\vee} \tag{6.83}$$

关于误差项对优化变量的导数，可以按照李代数方式进行求导运算，即分别给 $\boldsymbol{\xi}_i$ 和 $\boldsymbol{\xi}_j$ 一个左扰动量 $\Delta\boldsymbol{\xi}_i$、$\Delta\boldsymbol{\xi}_j$，于是误差项将变为：

$$\hat{\boldsymbol{e}}_{ij} = \ln\left(\boldsymbol{T}_{ij}^{-1}\boldsymbol{T}_i^{-1}\exp\left((-\Delta\boldsymbol{\xi}_i)^{\wedge}\right)\exp\left(\Delta\boldsymbol{\xi}_j^{\wedge}\right)\boldsymbol{T}_j\right)^{\vee} \tag{6.84}$$

其具体的求解思路和普通的图优化是一致的，图优化问题本质上就是最小二乘问题。若假设所有顶点集合为 N，所有边集合为 E，那么总目标函数为

$$\min_E \frac{1}{2}\sum_{i,j\in N} \boldsymbol{e}_{ij}^{\mathrm{T}}\sum_{ij}^{-1}\boldsymbol{e}_{ij} \tag{6.85}$$

然后利用 G2O 优化库进行解算，可优化全局姿态。

| 6.5 惯性导航技术 |

6.5.1 惯性导航系统的位姿解算原理

惯性导航技术是一种实时、自主的导航定位技术。惯性导航系统位姿求解的基本思路是利用车载惯性测量单元加速度计测得的力加速度进行运算获得巡视器的速度与位置信息，利用陀螺仪测得的角速度进行积分运算获得巡视器的姿态信息。但是从加速度计和陀螺仪测量得到的参数信息不仅包含各种冗余信息而且载体参数响应值是基于惯性坐标系的，因此在求解过程中，首先需要去掉这些不利的信息，得到运行载体在导航系统坐标系下的加速度和角速度，然后再进行进一步解算[38]，惯性导航系统位姿解算过程如图 6.15 所示。

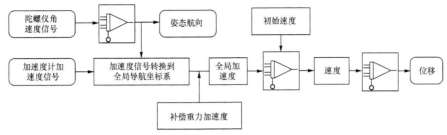

图 6.15　惯性导航系统位姿解算过程

在惯性导航系统中，为了实现位姿参数的正确解算，常用到旋转向量的表示方法有四元数、旋转矩阵、欧拉角等。由于不论是载体的运动还是坐标之间的转换归根溯源都是角度之间的转换与位置之间的平移，为了后续理解以及运算方便，下面给出不同角度表示方法之间的转换关系。

欧拉角是一种非常直观的表示旋转的角度参数，对于任何一种刚体旋转变化，都可清晰地描述为绕 X 轴旋转 θ 角，绕 Y 轴旋转 ϕ 角，绕 Z 轴旋转 ω 角，且三者分别在物理意义上被描述为滚动（roll）、俯仰（pitch）、偏航（yaw）。所有的坐标轴方向都以右手准则为标准。

欧拉角与旋转矩阵之间的关系：当某一载体绕坐标系 X 轴旋转角度 $\theta(-\pi/2 \leqslant \theta \leqslant \pi/2)$ 时，可以用旋转矩阵 $\boldsymbol{R}_X(\theta)$ 描述前、后坐标系间的旋转变换关系：

$$\boldsymbol{R}_X(\theta) = \begin{bmatrix} 1 & 0 & 0 \\ 0 & \cos\theta & \sin\theta \\ 0 & -\sin\theta & \cos\theta \end{bmatrix} \tag{6.86}$$

同理，当绕坐标系 Y 轴旋转角度 $\phi(-\pi/2 \leqslant \phi \leqslant \pi/2)$、$Z$ 轴旋转角度 $\omega(-\pi \leqslant \omega \leqslant \pi)$ 后，可以分别利用旋转矩阵 $\boldsymbol{R}_Y(\phi)$ 和 $\boldsymbol{R}_Z(\omega)$ 描述旋转前、后坐标系之间的变换关系。

$$\boldsymbol{R}_Y(\phi) = \begin{bmatrix} \cos\phi & 0 & -\sin\phi \\ 0 & 1 & 0 \\ \sin\phi & 0 & \cos\phi \end{bmatrix} \tag{6.87}$$

$$\boldsymbol{R}_Z(\omega) = \begin{bmatrix} \cos\omega & \sin\omega & 0 \\ -\sin\omega & \cos\omega & 0 \\ 0 & 0 & 1 \end{bmatrix} \tag{6.88}$$

考虑到载体在旋转过程中，绕不同顺序轴旋转最终得到的旋转方向是不一致的，从而得到的旋转矩阵必定存在很大差异，因此在利用给定的欧拉角求解对应的旋转矩阵时必须规定相应的旋转顺序。假设我们采用的旋转轴方向顺序为：偏航角-俯仰角-滚动角，那么通过欧拉角得到描述三维空间的旋转矩阵为：

$$R = R_X(\theta)R_Y(\phi)R_Z(\omega) = \begin{bmatrix} 1 & 0 & 0 \\ 0 & \cos\theta & \sin\theta \\ 0 & -\sin\theta & \cos\theta \end{bmatrix} \begin{bmatrix} \cos\phi & 0 & -\sin\phi \\ 0 & 1 & 0 \\ \sin\phi & 0 & \cos\phi \end{bmatrix} \begin{bmatrix} \cos\omega & \sin\omega & 0 \\ -\sin\omega & \cos\omega & 0 \\ 0 & 0 & 1 \end{bmatrix}$$

$$= \begin{bmatrix} \cos\phi\cos\omega & \sin\omega\cos\phi & -\sin\varphi \\ -\cos\omega\sin\omega & \cos\omega\cos\theta+\sin\omega\sin\phi\sin\theta & \cos\phi\sin\theta \\ \sin\omega\sin\theta+\cos\omega\sin\phi\cos\theta & -\cos\omega\sin\theta+\sin\omega\sin\phi\cos\theta & \cos\phi\cos\theta \end{bmatrix}$$

$$= \begin{pmatrix} r_{11} & r_{12} & r_{13} \\ r_{21} & r_{22} & r_{23} \\ r_{31} & r_{32} & r_{33} \end{pmatrix} \tag{6.89}$$

反之，旋转矩阵到欧拉角的转换形式为：

$$\begin{cases} \theta = \arctan\dfrac{r_{23}}{r_{33}} \\ \phi = \arcsin(-r_{13}) \\ \omega = \arctan\dfrac{r_{12}}{r_{11}} \end{cases} \tag{6.90}$$

欧拉角与四元数之间的关系：四元数的描述方式类似于复平面上的方向向量，用一个实部和三个虚部来表示一个三维向量。四元数用符号 q 表示，是一个四元数矢量，具体表示方式为：

$$q = q_0 + q_1 i + q_2 j + q_3 k \tag{6.91}$$

且三个虚部满足以下运算规则：

$$\begin{cases} i^2 = j^2 = k^2 = -1 \\ ij = k, ji = -k \\ jk = i, kj = -i \\ ki = j, ik = -j \end{cases} \tag{6.92}$$

单位四元数可以表示空间中任意一个旋转向量，并且由约束方程可知 i 代表旋转 180°，所以虚部值不仅含有复数的性质，而且还具有方向性。

欧拉角到四元数的转化关系表示为：

$$\begin{cases} q_0 = \cos\dfrac{\theta}{2}\cos\dfrac{\phi}{2}\cos\dfrac{\omega}{2} + \sin\dfrac{\theta}{2}\sin\dfrac{\phi}{2}\sin\dfrac{\omega}{2} \\ q_1 = \sin\dfrac{\theta}{2}\cos\dfrac{\phi}{2}\cos\dfrac{\omega}{2} - \cos\dfrac{\theta}{2}\sin\dfrac{\phi}{2}\sin\dfrac{\omega}{2} \\ q_2 = \cos\dfrac{\theta}{2}\sin\dfrac{\phi}{2}\cos\dfrac{\omega}{2} + \sin\dfrac{\theta}{2}\cos\dfrac{\phi}{2}\sin\dfrac{\omega}{2} \\ q_3 = \cos\dfrac{\theta}{2}\cos\dfrac{\phi}{2}\sin\dfrac{\omega}{2} + \sin\dfrac{\theta}{2}\sin\dfrac{\phi}{2}\cos\dfrac{\omega}{2} \end{cases} \tag{6.93}$$

设一个向量绕单位向量 $\boldsymbol{e} = \begin{bmatrix} e_x & e_y & e_z \end{bmatrix}^{\mathrm{T}}$ 旋转了角度 θ，那么这个旋转四元数为：

$$q = \begin{bmatrix} \cos\dfrac{\theta}{2} & e_x \sin\dfrac{\theta}{2} & e_y \sin\dfrac{\theta}{2} & e_z \sin\dfrac{\theta}{2} \end{bmatrix}^{\mathrm{T}} \tag{6.94}$$

相反，可以从四元数中计算出对应的欧拉角和旋转轴：

$$\begin{cases} \theta = 2\arccos q_0 \\ \begin{bmatrix} e_x, e_y, e_z \end{bmatrix}^{\mathrm{T}} = [q_1, q_2, q_3]^{\mathrm{T}} \Big/ \sin\dfrac{\theta}{2} \end{cases} \tag{6.95}$$

四元数与旋转矩阵之间的关系：首先四元数同样也可以表示一个点的旋转，假设空间中有一个用四元数 $\boldsymbol{p}$ 表示的点，绕旋转轴 e 旋转 θ 角之后转化为 $\boldsymbol{p}'$，旋转表达式可以表示为：

$$\boldsymbol{p}' = \boldsymbol{q}\boldsymbol{p}\boldsymbol{q}^{-1} \tag{6.96}$$

四元数 $\boldsymbol{q}$ 转化为旋转矩阵的形式为：

$$\boldsymbol{R} = \begin{bmatrix} 1 - 2q_2^2 - 2q_3^2 & 2q_1q_2 - 2q_0q_3 & 2q_1q_3 + 2q_0q_2 \\ 2q_1q_2 + 2q_0q_3 & 1 - 2q_1^2 - 2q_3^2 & 2q_2q_3 - 2q_0q_1 \\ 2q_1q_3 - 2q_0q_2 & 2q_2q_3 + 2q_0q_1 & 1 - 2q_1^2 - 2q_2^2 \end{bmatrix} \tag{6.97}$$

反之，可以由旋转矩阵得到四元数 $\boldsymbol{q}$ 为：

$$q_0 = \frac{\sqrt{\mathrm{tr}(\boldsymbol{R}) + 1}}{2}, q_1 = \frac{r_{23} - r_{32}}{4q_0}, q_2 = \frac{r_{31} - r_{13}}{4q_0}, q_3 = \frac{r_{12} - r_{21}}{4q_0} \tag{6.98}$$

式中，r_{ij} 代表矩阵 $\boldsymbol{R}$ 的第 i 行 j 列元素。

综合以上三种旋转向量的表达方式，欧拉角的参数个数与旋转量自由度数一致，按理说是最理想的旋转描述方式，但是欧拉角存在严重的万向锁问题，并且由于这种问题的存在导致欧拉角不适于插值和迭代。而由方向余弦表示的旋转矩阵 $\boldsymbol{R}$，描述 3 个自由度需要用 9 个量，具有冗余性。因此本节在姿态位姿求解中采用四元数来描述刚体旋转变换。

假设某时刻测量的惯性导航角速度矢量 $\boldsymbol{\omega}_b = \begin{bmatrix} \omega_x, \omega_y, \omega_z \end{bmatrix}^{\mathrm{T}}$。其中，$\omega_x$、$\omega_y$、$\omega_z$ 分别表示绕 X、Y、Z 轴的角速度，由惯性坐标系到导航坐标系之间的旋转向量用四元数 $\boldsymbol{q}$ 表示。那么由角速度矢量 $\boldsymbol{\omega}$ 转化为四元数的形式为：

$$\omega_n' = 0 + \omega_x \mathrm{i} + \omega_y \mathrm{j} + \omega_z \mathrm{k} \tag{6.99}$$

从而可以知道对应到导航坐标系下的角速度矢量为：

$$\boldsymbol{\omega}_n{}' = \boldsymbol{q}\boldsymbol{\omega}_b\boldsymbol{q}^* = \left(q_0 + q_1\mathrm{i} + q_2\mathrm{j} + q_3\mathrm{k}\right)\left(0 + \omega_x\mathrm{i} + \omega_y\mathrm{j} + \omega_z\mathrm{k}\right)\left(q_0 + q_1\mathrm{i} + q_2\mathrm{j} + q_3\mathrm{k}\right)^*$$

$$= 0 + \left\{\left(q_0^2 + q_1^2 - q_2^2 - q_3^2\right)\omega_x + 2\left(q_1q_2 - q_0q_3\right)\omega_y + 2\left(q_2q_4 + q_0q_3\right)\omega_z\right\}\mathrm{i} +$$
$$\left\{2\left(q_1q_2 + q_0q_3\right)\omega_x + \left(q_0^2 - q_1^2 + q_2^2 - q_3^2\right)\omega_y + 2\left(q_2q_3 - q_0q_1\right)\omega_z\right\}\mathrm{j} + \qquad (6.100)$$
$$\left\{2\left(q_1q_3 - q_0q_2\right)\omega_x + 2\left(q_2q_3 + q_0q_1\right)\omega_y + \left(q_0^2 - q_1^2 - q_2^2 + q_3^2\right)\omega_z\right\}\mathrm{k}$$

且随着时间的推移，载体的姿态将不断地发生改变，那么四元数将按式（6.99）进行递推：

$$\dot{\boldsymbol{q}} = 0.5\boldsymbol{q}\boldsymbol{p}_b^n \qquad (6.101)$$

式中，$\dot{\boldsymbol{q}} = \left[\dot{q}_0, \dot{q}_1, \dot{q}_2, \dot{q}_3\right]^{\mathrm{T}}$，$\boldsymbol{p}_b^n = \left[0, \omega_x{}', \omega_y{}', \omega_z{}'\right]^{\mathrm{T}}$，则式（6.101）可以表示为：

$$\begin{bmatrix} \dot{q}_0 \\ \dot{q}_1 \\ \dot{q}_2 \\ \dot{q}_3 \end{bmatrix} = 0.5 \begin{bmatrix} q_0 & -q_1 & -q_2 & -q_3 \\ q_1 & q_0 & -q_3 & q_2 \\ q_2 & q_3 & q_0 & -q_1 \\ q_3 & -q_2 & q_1 & q_0 \end{bmatrix} \begin{bmatrix} 0 \\ \omega_x{}' \\ \omega_y{}' \\ \omega_z{}' \end{bmatrix} \qquad (6.102)$$

通过解方程（6.102），可获得载体方位的四元数参数，姿态方位的求解是四元数累积解算的过程[39]。因此，若测量的三轴角度有一定的偏差，那么随着时间的推移，姿态误差将会越来越大。

对于载体的速度和位置信息可通过安装于巡视器的加速度计进行积分求解，然而考虑到加速度计测量得到的加速度量 a_x、a_y、a_z 分别表示惯性坐标系 X_a、Y_b、Z_b 三轴的加速度，因此首先需要将测量得到的三轴加速度参数分别转换到全局导航坐标系下，然后进行积分运算。另外，考虑到加速度计测量得到的加速度不仅包含自身的运动加速度而且还有重力加速度在运动方向上的分量，因此在解算表达式中需将两种加速度计量联合考虑。具体的运动方程为：

$$\begin{cases} \dot{\boldsymbol{S}}_n = \boldsymbol{V}_n \\ \dot{\boldsymbol{V}}_n = \boldsymbol{a}_n \\ \boldsymbol{a}_n = \boldsymbol{R}^{-1}\boldsymbol{a}_b - \boldsymbol{a}_g \end{cases} \qquad (6.103)$$

式中，$\boldsymbol{a}_b = \left[a_x, a_y, a_z\right]^{\mathrm{T}}$ 表示测量得到的三轴加速度向量；$\boldsymbol{a}_g = \left[0, 0, g\right]^{\mathrm{T}}$ 表示重力加速度向量；$\boldsymbol{S}_n$ 表示全局导航坐标系下的位置参量；$\boldsymbol{V}_n$ 表示对应的速度参量。

6.5.2　航位推算

通过上一节位置姿态的解算，我们获得了在全局导航坐标系下的轴向加速度和角速度，然后通过积分运算解算出巡视器的具体位置与姿态信息。具体数学解算模型为：

$$\begin{cases} V_n(t) = V_n(t-1) + \int_{t-1}^{t} \left(a_b(t) - a_g \right) \mathrm{d}t \\ S_n(t) = S_n(t-1) + \int_{t-1}^{t} V_n(t) \mathrm{d}t \end{cases} \qquad (6.104)$$

式中，$V_n(t-1)$ 表示 $t-1$ 时刻巡视器在导航坐标系中的速度；$S_n(t-1)$ 表示 $t-1$ 时刻巡视器在导航坐标系下的位置；其他参量与上一节中的表达含义一致。

从式（6.104）中可以观察得到巡视器的位置信息是通过加速度的二次积分得到的，因此若测量得到的加速度值出现一定的偏差，那么随着时间的推移，计算得到的位置信息的漂移将越来越大。另外，考虑在惯性坐标系和导航坐标系的转换中，我们会运用由角速度测量值解算的旋转四元数向量，故角速度的测量误差值同样也会影响到位置信息的求解。

| 6.6　IMU 与双目视觉定位技术的融合 |

6.6.1　ORB-SLAM 系统框架

ORB-SLAM 系统是基于 ORB 特征点实现的定位与地图构建系统，具体求解原理和方法在第 3 章中已经进行了详细的论述。本节主要系统性地介绍 ORB-SLAM 算法的整体运行流程，为下一节 IMU 和 ORB-SLAM 定位技术的融合做铺垫。

本节采用具有较高实时性与定位精度的 ORB-SLAM 算法。该算法主要包含特征点跟踪线程、局部地图构建线程和闭环检测线程。ORB-SLAM 算法执行流程如图 6.16 所示。

（1）特征点跟踪线程

该模块算法执行的操作：首先利用 ORB 特征提取算法对畸变校正过的图像进行特征提取与匹配，估计当前帧的初始位姿，接着在前、后帧间跟踪特征点，进行局部位姿优化，最后根据远、近特征点在当前帧的数量以及其他有效规则来筛选新的关键帧。

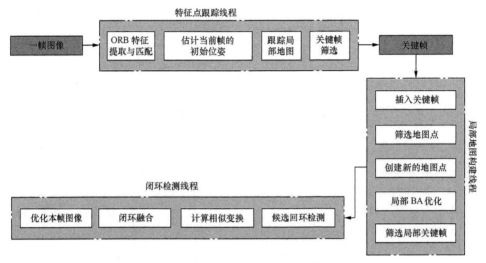

图 6.16　ORB-SLAM 算法执行流程

（2）局部地图构建线程

该模块算法主要执行的操作是局部地图的构建。伴随着巡视器的移动，SLAM 算法处理的图像逐渐增加，为了减少优化问题的复杂性和特征点地图的规模，ORB-SLAM 算法采用关键帧的策略。当跟踪上一个关键帧的特征点数目少于一定阈值后，一个新的普通帧就作为关键帧添加到局部地图里。同时，将当前关键帧与相邻一定数目的关键帧进行匹配，得到局部位姿约束关系，然后通过 BA 对其进行优化，利用优化的结果将新关键帧的特征点固化为地图点，最后筛选新插入的关键帧，将额外的关键帧删除。

局部优化的图模型被称为共视图（covisibility graph），这个图模型的节点是每个关键帧，每条边连接了有相同特征点的关键帧。容易看到，每个节点都与多条边进行连接，为局部优化提供更多的约束，而不仅仅考虑相邻几帧的关系。

（3）闭环检测线程

该模块算法主要执行的操作是闭环检测，并对全局路径进行 BA 优化。在 ORB-SLAM 算法中使用词袋模型（bag-of-word）进行闭环检测，然后利用 sim3 算法计算类似的转换。ORB-SLAM 算法使用训练数据离线建立了一个词典，对每个关键帧，都会将以前的关键帧作为对比选出表达向量比较接近的候选回环帧，然后计算当前关键帧与候选回环帧的相似变换。然后根据相似变换信息，融合地图点和更新共视图中的边，优化本帧图像。

闭环优化的图模型被称为基本图（essential graph），基本图实际上是基于位姿图（pose graph）筛选之后的一个子图，与局部优化的图模型不一样，这张图包含的边的数量远远小于共视图，可以看作是后者的最小生成树。边的减少大大提高了优化的效率，使得系统得以实时运行。

6.6.2　惯性测量单元与视觉定位技术融合

由于月面环境特殊，传感器自身条件受限，如果在巡视器长距离运动过程中只采用单一的技术手段将难以完成既定的探测任务。基于各传感器执行定位功能的优、缺点，本节提出融合多传感器数据进行联合定位，从而提高巡视器在长距离行进过程中的相对定位精度。

在理想状态下，我们希望惯性导航、激光雷达和相机三者一起联合定位，但目前将三者进行紧耦合融合定位的状态还没有实现，主体思路依然是利用惯性测量单元（inertial measurement unit, IMU）和双目相机提供高精度定位，然后把定位结果与雷达数据进行融合实现三维重建。本节着重研究的是 IMU 与视觉融合的 SLAM 系统的导航定位理论，其融合技术框架如图 6.17 所示。

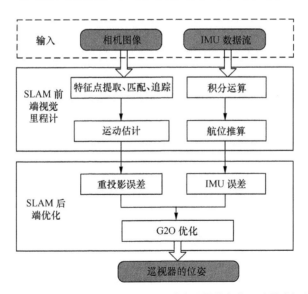

图 6.17　IMU 与视觉融合的 SLAM 系统的导航定位理论技术框架

IMU 与视觉融合的 SLAM 系统以巡视器在运动过程中相机采集的图像和惯性测量单元测量的数据流作为输入。对于视觉定位模型通过追踪图像中的特征在运动过程中的变化来解算导航相机的旋转和平移运动；对于惯性导航系统则是通过对转化后的加速度和角速度进行积分运算解算出巡视器运动过程中的位姿，然后以估计值为初始值，联合重投影误差和 IMU 误差展开非线性优化，得到巡视器精确的运动轨迹。

1. IMU 数学模型构建

在巡视器运动过程中，IMU 按照固定的帧率测量巡视器的加速度和角速度，但由于在实际环境中会受到噪声的影响，必定存在一定的加速度偏差和角速度偏差。此外，由于 IMU 测得的加速度测量值包含有重力加速度，故而估计巡视器的时候需要额外考虑多种因素。本节中的 IMU 模型的实现主要参考了 Forster 等人对 IMU 数据在流型上的预积分[40]。

假设在 k 时刻和 $k+1$ 时刻的时间间隔为 Δt，惯性导航系统的各个参数量有如下关系：

$$R_{\mathrm{w}}^{k+1} = R_{\mathrm{w}}^{k} \exp\left(\left(w^k - b_g^k\right)\Delta t\right) \tag{6.105}$$

$$\begin{aligned} v_{\mathrm{w}}^{k+1} &= v_{\mathrm{w}}^{k} + \left(g_{\mathrm{w}} + R_{\mathrm{w}}^{k}\left(a^k - b_a^k\right)\right)\Delta t \\ &= v_{\mathrm{w}}^{k} + g_{\mathrm{w}}\Delta t + R_{\mathrm{w}}^{k}\left(a^k - b_a^k\right)\Delta t \end{aligned} \tag{6.106}$$

$$\begin{aligned} p_{\mathrm{w}}^{k+1} &= p_{\mathrm{w}}^{k} + v_{\mathrm{w}}^{k}\Delta t + \frac{1}{2}\left(g_{\mathrm{w}} + R_{\mathrm{w}}^{k}\left(a^k - b_a^k\right)\right)\Delta t^2 \\ &= p_{\mathrm{w}}^{k} + v_{\mathrm{w}}^{k}\Delta t + \frac{1}{2}g_{\mathrm{w}}\Delta t^2 + \frac{1}{2}R_{\mathrm{w}}^{k}\left(a^k - b_a^k\right)\Delta t^2 \end{aligned} \tag{6.107}$$

式中，下标 w 是指世界坐标系；a^k 和 w^k 分别对应惯性导航系统测量的加速度和角速度；b_a^k 和 b_g^k 分别对应两者的偏移量；p_{w}^{k}、v_{w}^{k}、R_{w}^{k} 分别代表了 k 时刻的位置、速度和朝向。

对于相邻连续两帧（第 i 帧和第 $i+1$ 帧）的运动量的预积分，参考 Forster 等人的结果，相对的位置、速度和旋转变化表示为

$$R_{\mathrm{w}}^{i+1} = R_{\mathrm{w}}^{i} \Delta R_{i,i+1} \exp\left(J_{\Delta R}^{g} b_g^{i}\right) \tag{6.108}$$

$$v_{\mathrm{w}}^{i+1} = v_{\mathrm{w}}^{i} + g_{\mathrm{w}}\Delta t_{i,i+1} + R_{\mathrm{w}}^{i}\left(\Delta v_{i,i+1} + J_{\Delta v}^{g} b_g^{i} + J_{\Delta v}^{a} b_a^{i}\right) \tag{6.109}$$

$$p_{\mathrm{w}}^{i+1} = p_{\mathrm{w}}^{i} + v_{\mathrm{w}}^{i}\Delta t_{i,i+1} + \frac{1}{2}g_{\mathrm{w}}\Delta t_{i,i+1}^2 + R_{\mathrm{w}}^{i}\left(\Delta p_{i,i+1} + J_{\Delta p}^{g} b_g^{i} + J_{\Delta p}^{a} b_a^{i}\right) \tag{6.110}$$

式中，$J_{(\cdot)}^{g}$ 和 $J_{(\cdot)}^{a}$ 是角速度和加速度在偏移改变时的雅可比矩阵的一阶近似。惯性导航系统数据更新的同时可以有效地计算预积分和雅可比矩阵。此外，安装于巡视器的相机和惯性导航系统元件都可以看作刚体，两者之间的变换矩阵 T 可以通过预先标定得到。

2．双目相机模型

双目相机模型本质上就是两个并行的针孔相机模型，该模型是目前较为通用的几何模型，如图 6.18 所示。

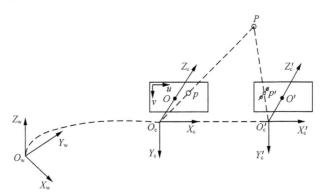

图 6.18　双目相机投影模型

对于双目相机模型而言,我们需要标定的参数为相机内外参数和左右相机之间的旋转、平移参数。这些参数可通过张正友标定法进行求解。由于通常左右相机的型号相同，所以内参数矩阵是一致的。如果在这些参数已知的情况下，可以利用三角测量原理解算出图中已匹配的像素点对应的三维空间点位置。

为了尽可能减小图像的失真，在图像标定之后，需进一步对图像执行校正操作。校正之后的立体图像模型可以看作是两台光轴相互平行的相机成像模型。两相机之间的标定参数只有 X 方向上的平移参量 D ， D 为两相机光心之间的距离，称作基线。图 6.18 中左右图像中对应的像点 p 和 p' 将位于同一水平线上。即无需求解极线方程，可直接对图像进行行扫描来进行特征点匹配，很大程度上提高了特征点的匹配效率和匹配精确度。

通过单目相机的成像模型可知，相机坐标系下的三维空间中的点 $P_c = \begin{bmatrix} x_c, y_c, z_c \end{bmatrix}^T$ 与图像平面中的点 $p = \begin{bmatrix} u, v \end{bmatrix}^T$ 之间的对应关系表示为:

$$P(x_c) = \begin{bmatrix} u \\ v \end{bmatrix} = \begin{bmatrix} f_x \dfrac{x_c}{z_c} + u_0 \\ f_y \dfrac{y_c}{z_c} + v_0 \end{bmatrix} \qquad （6.111）$$

式中， f_x ， f_y 为相机的焦距； $\begin{bmatrix} u_0, v_0 \end{bmatrix}^T$ 为相机光心的坐标。通常在投影变换前先对图像执行去畸变校正。

在理想情况下，对相机执行标定、校正之后，两台相机的 X 轴重合， Y 轴

相互平行，Z 轴与成像平面垂直。双目立体视觉系统以左相机为坐标参考系，那么上述的三维点到二维点的投影扩展为：

$$P\left(x_{\mathrm{c}}\right)=\begin{bmatrix} f_x \dfrac{x_{\mathrm{c}}}{z_{\mathrm{c}}}+u_0 \\[2mm] f_y \dfrac{y_{\mathrm{c}}}{z_{\mathrm{c}}}+v_0 \\[2mm] f_x \dfrac{x_{\mathrm{c}}-D}{z_{\mathrm{c}}}+u_0 \end{bmatrix} \qquad (6.112)$$

式中，D 为相机光心之间的距离，和相机内参一样在这个系统中都作为已知量。

3. IMU 与双目相机融合的 SLAM 系统

本节中 IMU 与视觉融合的 SLAM 系统以 ORB-SLAM 算法为基础，融合 IMU 定位结果，对巡视器进行联合定位。因为 ORB-SLAM 作为一种性能可靠的开源算法，不仅可以供研究者进行算法开发和基于国外公布的数据集开展实验测试，而且还适用于将自己采集的实验数据集应用于改进的算法。除此之外，还有与之对应的评测工具供研究者评价算法性能的好与坏。融合惯性导航系统的视觉 SALM 系统的优化目标函数包含两个误差项分别为重投影误差和 IMU 误差。相比于原始的 ORB-SLAM 技术，该组合导航定位系统可以在复杂的环境下更加可靠地估计载体的位姿。

假设第 i 帧图像待优化的参量为 $\ell=\left\{R_{\mathrm{wb}}^{i},p_{\mathrm{wb}}^{i},v_{\mathrm{wb}}^{i},b_a^{i},b_g^{i}\right\}$，参量中的各元素分别表示为世界坐标系到惯性坐标的旋转矩阵、位移、速度、IMU 的加速度偏置和角速度偏置，w 为世界坐标系的标记，b 为惯性导航系统坐标系。最终的优化目标函数为：

$$\ell^{*}=\arg\min_{\ell}\left(\sum_k E_{\mathrm{proj}}\left(k,i\right)+E_{\mathrm{IMU}}\left(i,j\right)\right) \qquad (6.113)$$

式中，$E_{\mathrm{proj}}\left(k,i\right)$ 表示每个匹配的点 k 在对应第 i 帧图像上的重投影误差，具体的表达式为：

$$E_{\mathrm{proj}}\left(k,i\right)=\rho\left(\left(x^{k}-P\left(X_{\mathrm{c}}^{k}\right)\right)^{\mathrm{T}} \Sigma_k\left(x^{k}-P\left(X_{\mathrm{c}}^{k}\right)\right)\right) \qquad (6.114)$$

$$X_{\mathrm{c}}^{k}=R_{\mathrm{cb}}R_{\mathrm{bw}}^{i}\left(X_{\mathrm{w}}^{k}-p_{\mathrm{wb}}^{i}\right)+p_{\mathrm{cb}} \qquad (6.115)$$

式中，x^{k} 是指图像上特征点的像素坐标；X_{c}^{k} 是指对应的相机坐标系下的三维点坐标；$P\left(X_{\mathrm{c}}^{k}\right)$ 是从三维到二位的映射；$T_{\mathrm{cb}}=\left[R_{\mathrm{cb}}\,|\,p_{\mathrm{cb}}\right]$ 是相机坐标系到惯性导

航坐标系之间的变换矩阵；$\boldsymbol{T}_{\text{bw}} = \left[\boldsymbol{R}_{\text{bw}} \middle| \boldsymbol{p}_{\text{bw}}\right]$ 是惯性导航系统坐标系到世界坐标系的变换矩阵；Σ_k 是与特征点尺度相关的信息矩阵；$\rho(*)$ 是 huber 鲁棒函数。

$E_{\text{IMU}}(i, j)$ 表示从第 i 帧图像到第 j 帧图像的 IMU 误差，IMU 的误差项主要包括两个部分：状态量误差和偏移误差，分别定义为：

$$E_{\text{IMU}}(i, j) = \rho\left(\left[\boldsymbol{e}_R^{\mathrm{T}} \boldsymbol{e}_v^{\mathrm{T}} \boldsymbol{e}_p^{\mathrm{T}}\right] \Sigma_{\text{I}} \left[\boldsymbol{e}_R^{\mathrm{T}} \boldsymbol{e}_v^{\mathrm{T}} \boldsymbol{e}_p^{\mathrm{T}}\right]^{\mathrm{T}}\right) + \rho\left(\boldsymbol{e}_{\text{b}}^{\mathrm{T}} \Sigma_R \boldsymbol{e}_{\text{b}}\right) \tag{6.116}$$

$$\boldsymbol{e}_R = \log\left(\left(\Delta\boldsymbol{R}_{ij} \exp\left(\boldsymbol{J}_{\Delta R}^g \boldsymbol{b}_g^i\right)\right)^{\mathrm{T}} \boldsymbol{R}_{\text{bw}}^i \boldsymbol{R}_{\text{wb}}^i\right) \tag{6.117}$$

$$\boldsymbol{e}_v = \boldsymbol{R}_{\text{bw}}^i \left(\boldsymbol{v}_{\text{w}}^j - \boldsymbol{v}_{\text{w}}^i - \boldsymbol{g}_{\text{w}} \Delta t_{ij}\right) - \left(\Delta\boldsymbol{v}_{ij} + \boldsymbol{J}_{\Delta v}^g \boldsymbol{b}_g^i + \boldsymbol{J}_{\Delta v}^a \boldsymbol{b}_a^j\right) \tag{6.118}$$

$$\boldsymbol{e}_p = \boldsymbol{R}_{\text{bw}}^i \left(\boldsymbol{p}_{\text{w}}^j - \boldsymbol{p}_{\text{w}}^i - \boldsymbol{v}_{\text{w}}^i \Sigma\Delta t_{ij} - \frac{1}{2}\boldsymbol{g}_{\text{w}}\Delta t_{ij}^2\right) - \left(\Delta\boldsymbol{p}_{ij} + \boldsymbol{J}_{\Delta p}^g \boldsymbol{b}_g^j + \boldsymbol{J}_{\Delta p}^a \boldsymbol{b}_a^i\right) \tag{6.119}$$

$$\boldsymbol{e}_{\text{b}} = \boldsymbol{b}^j - \boldsymbol{b}^i \tag{6.120}$$

式中，Σ_{I} 表示惯性导航系统预积分的信息矩阵。状态量包括旋转角度、速度和位置，偏移则是加速度偏移和旋转角速度的偏移。两个误差项的优化可以通过 Gauss-Newton 法求解。

6.6.3　惯性测量单元与视觉定位融合算法实验测试

本节在 EuRoc 数据集上测试融合了惯性测量单元与视觉定位的算法。EuRoc 数据集利用微型飞行器在工业仓库和普通实验室两个场景中进行图像序列和对应惯性测量单元（IMU）的采集，并且采用 Vicon 运动捕捉系统测得相应的运动真值（ground-truth）数据。根据每个场景中不同的光照条件、纹理和运动快慢特征将所有序列划分为三个等级，定义为简单、中等和困难。下面主要基于数据集序列 MH_02_easy、MH_04_difficult、V1_01_easy 和 V1_03_difficult 对本节算法性能进行测试，并与双目相机 SLAM 进行对比。

SLAM 算法定位结果的评价主要依据为利用 Sturm 等人[41]提出的相对位姿误差（relative pose error，RPE）进行评测，其单帧误差的定义为：

$$\boldsymbol{E}_i = \boldsymbol{T}_{i,i+\Delta}^{-1} \hat{\boldsymbol{T}}_{i,i+\Delta} \tag{6.121}$$

从式（6.121）可以看出，单帧之间的误差可以通过计算第 i 时刻和 $i+\Delta$ 时刻之间，相机估计值相对位姿变化和真值（ground-truth）相对位姿变化之间的误差进行描述。在此基础上，计算整个序列的均方根误差：

$$RMSE(\boldsymbol{E}_{i:n}, \Delta) = \left(\frac{1}{m} \sum_{i=1}^{m} \text{trans}(\boldsymbol{E}_i)^2 \right)^{1/2} \quad (6.122)$$

式中，$\text{trans}(\boldsymbol{E}_i)$ 是指相对姿态误差项 $\boldsymbol{E}_i$ 中的平移分量，如果需要，还可以评估旋转误差（但通常我们发现通过平移误差进行比较就足够了，因为旋转误差在相机移动时显示为平移误差）。当帧数间隔为 1 时，式（6.122）计算了每对连续帧之间的偏移误差，若当摄像头每秒传输帧数（frames per second，FPS）为 10Hz，即 $\Delta = 10$ 时，将给出以 10Hz 记录的序列的每秒漂移，选择了计算每隔 1 秒两帧之间的偏移误差量。所以针对不同的帧数间隔，可以取均方根误差的均值进行描述：

$$RMSE(\boldsymbol{E}_{i:n}) = \frac{1}{n} \sum_{\Delta=1}^{n} RMSE(\boldsymbol{E}_{i:n}, \Delta) \quad (6.123)$$

从式（6.123）中可以观察到，计算序列误差的复杂度与序列长度成平方关系，因此可以取固定数量的样本来计算误差。

实验测试比较了 EuRoc 数据集中以下四个序列基于双目视觉的定位结果和双目视觉与 IMU 融合的定位结果，实验对比结果如表 6.4 所示。

表 6.4 两种算法定位结果对比

序列	双目 ORB-SLAM	IMU 与 ORB-SLAM
MH_02_easy	0.046	0.058
MH_04_difficult	0.150	0.081
V1_01_easy	0.087	0.088
V1_03_difficult	0.086	0.064

从表 6.4 所示可以看出，对于容易场景的图像序列，融合惯性导航系统的结果虽然没有双目相机的好，但在困难序列上，融合惯性导航系统的效果有比较明显的提升。

本章小结

对月面巡视器执行精准定位是巡视器安全移动和路径规划的前提和基础，也是确保巡视器逐步接近远距离科学目标、完成科学探测任务的基本保障。然而现有的巡视定位方法主要采用单一测量手段或者简单结合的方式，存在时效性不高、累积误差大、缺少交叉验证等问题，难以用于引导巡视器频繁化开展长距离巡视探测活动，严重制约了巡视器的活动范围。本章研究了融合车载传感数据的长距离相对定位技术，利用 IMU 与视觉融合的 SLAM 导航定位策略，实现了地面模拟巡视器精准的位姿估计。

┃参考文献┃

[1]　SEVERNY A B, TEREZ E I, ZVEREVA A M. The measurements of sky brightness on Lunokhod-2[J]. The Moon, 1975, 14: 123-128.

[2]　BASILEVSKY A T, KRESLAVSKY M A, KARACHEVTSEVA I P, et al. Morphometry of small impact craters in the Lunokhod-1 and Lunokhod-2 study areas[J]. Planetary and Space Science, 2014, 92: 77-87.

[3]　董元元. 火星车同时定位与地图构建方法研究[D]. 哈尔滨: 哈尔滨工业大学, 2015.

[4]　邸凯昌. 勇气号和机遇号火星车定位方法评述[J]. 航天器工程，2009, 18(5): 1-5.

[5]　ARVIDSON R E, MATTHIES L H, DI K C, et al. Rover localization and landing site mapping technology for the 2003 Mars exploration rover mission[J]. Photogrammetric Engineering and Remote Sensing, 2004, 70(1): 77-90.

[6]　CHENG Y, MAIMONE M W, MATTHIES L H. Visual odometry on the Mars exploration rovers[J]. IEEE Robotics and Automation Special Issue(MER), 2006, 13(2): 54-62.

[7]　DI K, XU F, WANG J, et al. Photogrammetric processing of rover imagery of the 2003 Mars exploration rover mission[J]. ISPRS Journal of Photogrammetry and Remote Sensing, 2008, 63: 181-201.

[8]　邸凯昌. 火星车定位与制图技术现状以及对发展中国月球车/火星车定位制图技术的建议[J]. 遥感学报，2009, 13(s1): 101-112.

[9]　LI R X, SQUYRES S W, ARVIDSON R E, et al. Initial results of rover localization and topographic mapping for the 2003 Mars exploration rover mission[J]. Photogrammetric Engineering and Remote Sensing, Special issue on Mapping Mars, 2005, 71(10): 1129-1142.

[10]　邸凯昌，岳宗玉，刘召芹. 基于地面图像和卫星图像集成的火星车定位新方法[J]. 航天器工程，2010, 19(4): 8-16.

[11]　LI R X, MA F, XU F L, et al. Localization of Mars rovers using descent and surface-based

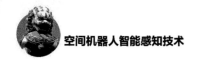
image data[J]. Journal of Geophysical Research: Planets, 2002, 107(E11): 4-8.

[12] MAIMONE M, JOHNSON A, CHENG Y, et al. Autonomous Navigation Results from the Mars Exploration Rover (MER) Mission[C]// The 9th International Symposium on Experimental Robotics. Heidelberg, Berlin: Springer, 2004: 3-13.

[13] 李宇，郭杭，邱凯昌，等. 基于联邦滤波的航迹推算方法研究[J]. 计算机测量与控制，2015, 23(9): 3169-3171.

[14] TREBI-OLLENNU A, HUNTSBERGER T, CHENG Y, et al. Design and analysis of a sun sensor for planetary rover absolute heading detection[J]. IEEE Transactions on Robotics and Automation, 2001, 17(6): 939-947.

[15] 李宇. 基于 IMU/立体相机/里程仪的探测车的联邦滤波组合导航定位研究[D]. 南昌：南昌大学，2015.

[16] MAKI J N, BELL J F, HERKENHOFF K E, et al. Mars exploration rover engineering cameras[J]. Journal of Geophysical Research: Planets, 2003, 108(E12): 1-24.

[17] OLSON C F, MATTHIES L H, SCHOPPERS H, et al. Robust stereo ego-motion for long distance navigation[C]// IEEE Conference on Computer Vision and Pattern Recognition. Piscataway, USA: IEEE, 2000, 2: 453-458.

[18] 马友青，贾永红，刘少创，等. 基于 LM 法的光束法平差巡视器导航定位[J]. 东北大学学报（自然科学版），2014, 35(4): 489-493.

[19] DI K C, LI R, MATTHIES L H, et al. A study on optimal design of image traverse networks for Mars rover localization[C]// 2002 ACSM-ASPRS Annual Conference and FIG XXII Congress. Washington, DC: ACSM-ASPRS, 2002: 1-9.

[20] DI K, XU F, WANG J, et al. Photogrammetric processing of rover imagery of the 2003 Mars exploration rover mission[J]. ISPRS Journal of Photogrammetry and Remote Sensing, 2008, 63(2): 181-201.

[21] SOUVANNAVONG F, LEMARECHAL C, RASTEL L, et al. Vision-based motion estimation for the ExoMars rover[C]// International Symposium on Artificial Intelligence, Robotics and Automation in Space (ISAIRAS), Sapporo, Japan. 2010: 61-68.

[22] 宁晓琳，房建成. 一种基于 UPF 的月球车自主天文导航方法[J]. 宇航学报，2006, 27(4): 648-653, 663.

[23] 李雪，徐勇，王策，等. 利用月面链路的月球车定位体制[J]. 北京航空航天大学学报，2008, 34(2): 183-187.

[24] 岳富占，崔平远，崔祜涛，等. 基于地球敏感器和加速度计的月球车自主定向算法研究[J]. 宇航学报，2005, 26(5): 553-557.

[25] 支敏慧. 月球探测车双目立体视觉系统研究[D]. 哈尔滨：哈尔滨工程大学，2007.

[26] 吴伟仁，王大轶，邢琰，等. 月球车巡视探测的双目视觉里程算法与实验研究[J]. 中国科学：信息科学，2011, 41(12): 1415-1422.

[27] 刘传凯，王保丰，王镓，等. 嫦娥三号巡视器的惯导与视觉组合定姿定位[J]. 飞行器测控学报，2014, 33(3): 250-257.

[28] 王保丰，周建亮，唐歌实. 嫦娥三号巡视器视觉定位方法[J]. 中国科学：信息科学，2014, 44(4): 452-460.

[29] 刘斌，邸凯昌，王保丰，等. 基于 LRO NAC 影像的嫦娥三号着陆点高精度定位与精度验证[J]. 科学通报，2015(28): 2750-2757.

[30] SMITH R C, CHEESEMAN P, On the representation and estimation of spatial uncertainty[M]. London: SAGE Publication, 1986.

[31] 高翔，张涛. 视觉 SLAM 十四讲[M]. 北京：电子工业出版社，2017.

[32] LOWE D G. Distinctive image features from scale-invariant keypoints[J]. International Journal of Computer Vision, 2004, 60(2): 91-110.

[33] BAY H, ESS A, TUYTELAARS T, et al. Speeded-up robust features (SURF) [J]. Computer Vision and Image Understanding, 2008, 110(3): 346-359.

[34] RUBLEE E, RABAUD V, KONOLIGE K, et al. ORB: An efficient alternative to SIFT or SURF[C]//2011 International Conference on Computer Vision. Piscataway, USA: IEEE, 2011: 2564-2571.

[35] FRAUNDORFER F, SCARAMUZZA D. Visual odometry: Part Ⅰ: The first 30 years and fundamentals[J]. IEEE Robotics and Automation Magazine, 2011, 18(4): 80-92.

[36] 李德仁，王树根，周月琴. 摄影测量与遥感概论[M]. 北京：测绘出版社，2008.

[37] FRAUNDORFER F, SCARAMUZZA D. Visual odometry: Part Ⅱ: Matching, robustness, optimization, and applications[J]. IEEE Robotics & Automation Magazine, 2012, 19(2): 78-90.

[38] 王德智. 基于 ROS 的惯性导航和视觉信息融合的移动机器人定位研究[D]. 哈尔滨：哈尔滨工业大学，2007.

[39] TITTERTON D H, WESTON J L. 捷联惯性导航技术[M]. 张天光，王秀萍，王丽霞，等译. 2 版. 北京：国防工业出版社，2007.

[40] FORSTER C, CARLONE L, DELLAERT F, et al. On-manifold preintegration for real-time visual-inertial odometry[J]. IEEE Transactions on Robotics, 2015, 33(1): 1-21.

[41] JURGEN STURM, ENGELHARD N, ENDRES F, et al. A benchmark for the evaluation of RGB-D SLAM systems[C]// 2012 IEEE/RSJ International Conference on Intelligent Robots and Systems. Piscataway, USA: IEEE, 2012: 573-580.

第 7 章
空间非合作目标视觉感知技术

随着人类探索空间和地外星体活动的增加，空间站的建立和维护、航天器的回收和释放等在轨操作任务越来越多。用空间机器人辅助或替代宇航员执行在轨操作任务不仅可以减少恶劣的空间环境给宇航员带来的意外风险，还可以提高空间探索的效率。现有的大部分空间在轨操作任务，如飞行器间的交会对接、失效航天器的抓捕、空间站的建设等，都是通过宇航员或者是地面人员遥操作空间机器人来完成的。对于一些复杂的在轨操作任务，如空间非合作目标的抓捕和太阳能帆板的组装等，传统的作业方式会受到一定的限制，因此，具有环境和任务智能感知能力，具备一定自主完成在轨操作任务能力的空间机器人在支撑下一阶段空间和地外星体的探索任务具有重要的研究意义和应用价值。

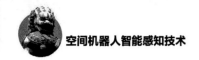
| 7.1 概述 |

空间非合作目标泛指不能提供有效空间信息的目标，主要包括失效或故障航天器、空间碎片等。失效或故障航天器主要指由于执行机构、控制系统、电源或推进系统等失效或发生故障，不能发挥预定任务的航天器。空间碎片是指人类在探索空间活动过程中遗留在空间的废弃物。在轨道高度为 500～2000 km 的近地球轨道中，工作航天器约 600 个，非工作航天器（失效或故障）约 2500 个，轨道间已存在的空间碎片约 15 500 个。失效或故障航天器占据了宝贵的轨道资源，对正常工作的航天器的运行产生了威胁。通过在轨维修航天器失效部位使其重新运行，或回收航天器上的非故障部件，都具有十分重要的经济价值和安全意义。无论是航天器在轨维修还是空间碎片清理任务，均需要利用空间机器人来完成。空间机器人的抓捕技术将在在轨操作任务中发挥重要作用。

空间机器人抓捕技术及系统是目前世界各国航天技术领域研究的重要课题。美国马里兰大学空间系统实验室在美国国家航空航天局（National Aeronautics and Space Administration，NASA）资助下研发了卫星维修机器人 Ranger[1]，Ranger 具有对目标航天器进行抓捕的能力。日本宇航探索局（Japan Aerospace Exploration Agency，JAXA）开展的空间碎片清理计划 [2]（space debris micro-remover，SDMR）的主要目标是利用机械臂接近并抓捕空间碎片，然后将其脱离轨道。

2004 年，DARPA 资助了美国海军空间技术中心（The Naval Center for Space Technology，NCST）开展地球静止轨道（Geostationary Orbit，GEO）通用航天器轨道修正系统（spacecraft for the universal modification of orbits，SUMO）的研究。其目标是为绝大多数没有预先安装智能操控装置、合作标志器或发射器的航天器进行服务，以演示验证机器视觉、空间机器人、交会和抓捕的自主控制等技术。2006 年，SUMO 更名为 FREND（front-end robotics enabling near-term demonstration），旨在开展针对空间机器人自主抓捕空间非合作目标的关键技术演示验证研究[3]。FREND/SUMO 计划中的服务卫星如图 7.1（a）所示，服务卫星由推进舱和含自主交会和抓捕系统的载荷舱组成。载荷舱包括三个七自由度的机械臂，三个含不同终端执行机构的工具箱，用于接近操作的机器视觉系统、远距离探测设备和载荷处理器。FREND 计划的服务卫星通过识别并测量被抓捕目标上的星箭对接环实现对空间目标的捕获，如图 7.1（b）所示。该计划采用基于多目视觉的位姿测量方案，当服务卫星逼近目标航天器至 100 m 处时，位姿测量系统从分布于服务卫星上的 20 多个相机中选择处于最优位置的三个相机对目标航天器成像并且计算其位姿。在服务卫星距离目标航天器 1.5 m 左右时，服务卫星搭载的机械臂上携带的手眼相机识别目标航天器可供抓捕的部位，计算可抓捕部位的位姿并且引导七自由度机械臂完成对目标航天器的抓捕。

2011 年 12 月，DARPA 正式立项了“凤凰计划”。其目的是在轨回收并且重复使用 GEO 通信卫星，以加速低成本空间系统技术的研发。该计划采用三目立体视觉方案对目标航天器的位姿进行测量和跟踪，通过对目标航天器上的星箭对接环进行视觉测量进而获得其位姿参数，如图 7.2 所示。其位姿求解算法具有较高的精度和较好的鲁棒性，基本满足了对空间非合作目标位姿测量和抓捕的需求。

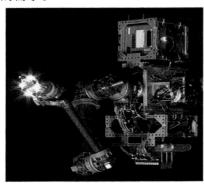

（a）服务卫星　　　　　　　　　　（b）捕获空间目标

图 7.1　FREND/SUMO 计划

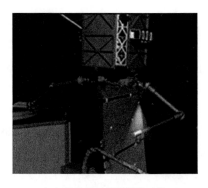

（a）视觉辅助抓捕星箭对接环　　　　　　　（b）视觉系统引导螺栓插入

图7.2　"凤凰计划"在轨回收并且重复使用 GEO 通信卫星

　　欧洲推动的"智能航天器寿命延长系统"（SMART-OLEV）计划在交会对接的逼近阶段（从 1000 m 到 5 m），SMART-OLEV 计划利用远景相机采集目标航天器图像并下传，由地面控制中心进行目标追踪和遥测，计算其位姿信息并上传，引导服务卫星逼近目标航天器。在交会的最后阶段（5 m 以内）采用双目立体相机和辅助照明设备对目标成像，利用基于模型的位姿测量方法测量目标航天器的位姿，引导抓捕锁紧系统完成空间非合作目标的抓捕。

　　德国宇航局在 20 世纪 90 年代初开展的"实验卫星服务"（Experimental Servicing Satellite，ESS）计划[4]，以出现故障的卫星作为服务对象，通过地面实验研究验证对目标卫星的监测、抓捕等任务。2009 年开展的"德国轨道服务任务"（Deutsche Orbitale Servicing Mission，DEOS）[5]（见图 7.3），目标是对

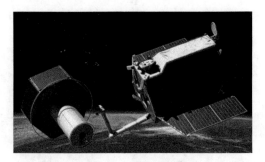

图7.3　DEOS 系统抓捕故障卫星

空作非合作目标的自主捕获等关键技术进行验证。采用的视觉传感器系统主要包括两台激光雷达、两台远距离单色相机、一台中距离立体相机、一台近距离立体相机和一台机械臂腕部单色相机。在远距离时，首先由远距离单色相机提供目标位置的估计；在 700 m 以内时，激光雷达开始启用同时提供目标的位置

和距离信息，并且在更近的距离内提供目标的位姿信息。在这个过程中，中距离立体相机和近距离立体相机用于视觉检测和捕获可行性验证；在捕获目标时，腕部单色相机提供待捕获目标特征的视觉检测。在这个过程中，视觉系统采集到的图像需要下传地面，通过地面站的处理取得目标的位姿参数。

空间机器人在跟踪、接近和抓捕空间非合作目标时，需要测量其与目标之间的相对位姿。空间非合作目标不能利用星间链路来直接传输其位姿信息，因此也不能利用陀螺仪、加速度计等惯性敏感器来直接获取其姿态信息。对于此类目标，由于缺乏目标的运动、表面结构和惯性参数等信息，其相对状态估计问题变得尤为复杂。在没有目标物体状态信息的情况下识别、定位并抓捕目标成为在轨服务需要攻克的一项关键技术。光学测量手段无需接触目标就能获取其位姿信息，是目前测量空间非合作目标位姿的主要手段。空间非合作目标没有安装人工标记、辅助测量的特征光标等，因此在位姿解算之前需要先通过一定的特征识别技术提取目标的颜色特征、纹理特征、形状特征或空间关系特征等信息，然后根据空间机器人的手-眼位置关系，将空间非合作目标的位姿转换到空间机器人的坐标系下。另外，由于位姿测量结果直接用于目标识别、跟踪和捕获的实时控制中，而大多数空间非合作目标位姿测量的前期处理算法复杂度高、计算时间长，再加上数据获取和转换时间，因此要求测量算法要具有更快的运算速度，且能实现完全在线自主处理。

美国在空间操作领域一直走在最前沿，早在之前对哈勃望远镜（HST）的在轨维修与升级任务中，就曾提出若干基于空间非合作目标的视觉测量方法[如 NASA Goddard 太空飞行中心的自然特征图像识别算法（NFIR），OSC 公司设计的 ULTOR® P3E 等]，并在地面上进行了实验验证，作为后续复杂空间任务操作的技术积累。

| 7.2　空间非合作目标的视觉测量 |

空间非合作目标的视觉测量技术主要有单目视觉测量和双目视觉测量两类。单目视觉测量仅利用相机拍摄的单张图片来测量空间非合作目标的位姿。该方法结构简单，相机标定也简单，同时还避免了双目视觉测量中视场小、特征匹配难等问题。双目视觉测量是基于视差原理并由两幅或多幅图像来获取物体三维几何信息的方法。双目视觉测量的方法成本虽然比单目系统要高，但具有精度高、无需识别等优点。

下面将对这两种方法在测量空间非合作目标位姿中的应用做简要介绍。

7.2.1 空间非合作目标位姿单目视觉测量技术

1. 基于可观测特征的单目视觉测量技术

在观测航天器的几何和结构特征参数，以及目标航天器的几何和结构特征参数已知的情况下，可以利用目标航天器自身的结构信息，将目标模型简化为可观测特征的点模型，进而利用基于点特征的单目视觉测量技术实现位姿测量。

基于可观测特征的单目视觉测量可分为以下几个步骤[6]：

（1）获取目标航天器的一幅图像，提取预先定义的特征点，得到特征点像点坐标，并将提取出的特征点与目标航天器已知特征点相匹配。

（2）由提取的特征点和特征匹配结果，选取一定数量的物体参考点三维空间坐标和相应的二维像点坐标。目标航天器特征点三维坐标为预先给定并能反映实际物体的几何特征。

（3）将目标特征点二维像点坐标和物体三维空间坐标输入到位姿确定算法。根据步骤（2）计算得到的相对位姿参数并结合已知的相机内参数，利用小孔成像模型计算特征点的二维像点坐标。

（4）一般情况下，实际提取的特征像点坐标和由步骤（3）计算得到的对应参考点像点坐标之间会有一定的误差，偏差的测量通过计算相机参数的测量像点和对应参考点之间的欧几里得距离表示。

（5）利用 Levenberg-Marquardt 算法迭代得到相对位姿参数。在给定相对距离和姿态参数的情况下，利用透视投影给出的相机模型可以计算特征点在像平面内的位置坐标。因此，假设一组参数，对于目标航天器上所有选定的特征点，因其在目标航天器本体坐标系内的坐标已知，所以在像平面内的位置坐标可以计算得到。通常情况下，在假设的参数与实际参数不一致的情况下，计算得到的特征点像平面坐标与由图像提取的坐标位置有一定的偏差，但如果假设位姿参数与实际位姿参数相差很小，基本上能够表示实际位姿参数时，计算特征像点与实际特征像点也基本相互重合。

提取到的特征点图像坐标为 (u_i, v_i) ，计算得到的特征像点坐标为 $(\overline{u}_i, \overline{v}_i)$ ，则两者之间的偏差表示为

$$e_i = \text{dist}\left\{(u_i, v_i), (\overline{u}_i, \overline{v}_i)\right\} = \sqrt{(u_i - \overline{u}_i)^2 + (v_i - \overline{v}_i)^2} \tag{7.1}$$

当假设的相对位姿参数与实际参数一致时，有 $e_i = 0$ ，因此可定义目标函数为：

$$F(t, \boldsymbol{q}) = \sum_{i=1}^{N} e_i^2 \qquad (7.2)$$

式中，N 为特征点的数量。单位四元数 $\boldsymbol{q}$ 的四参数约束方程 $q_0^2 + q_1^2 + q_2^2 + q_3^2 = 1$ 和式（7.2）构成求取相对位姿参数的非线性方程组。$\boldsymbol{x} = \begin{bmatrix} \boldsymbol{q}, \boldsymbol{t} \end{bmatrix}$ 为优化变量矢量。

式（7.2）和四参数约束方程表示的最小化问题为非线性最优化问题，可以利用许多非线性优化算法求解。算法的性能主要受两个因素影响：第一个因素为目标函数 $F(t, \boldsymbol{q})$ 的 Hessian 矩阵在最小点和最小点附近的条件数；第二个因素为初始点的选取。信赖域方法是一种既具有牛顿法的快速收敛性，又能保证算法总体收敛的方法。它不仅可以用来代替一维搜索，而且也可以解决 Hessian 矩阵不正定和迭代值为鞍点等困难。Levenberg-Marquardt 方法是采用信赖域策略的一种非线性优化算法，求解非线性问题性能优良。利用 Levenberg-Marquardt 迭代算法克服了传统解析算法易受图像量化误差和特征点提取误差影响的缺点，弥补了传统迭代算法收敛慢、收敛到局部最小值以及计算量大的劣势，适合在轨应用。

2．基于 SIFT 特征的单目测量技术

如果目标航天器的几何和结构特征参数未知，无法事先将目标模型转化为点模型时，可以采用 SIFT 特征法来提取目标图像特征。中国科学院光电技术研究所的洪裕珍[7]采用单目相机采集空间非合作目标模型图像，提取图像上的 SIFT 特征，然后利用三维重建技术建立目标模型的三维特征点库。当有空间非合作目标的待测图像时，首先找到待测图像上的特征点与特征库中三维点的 2D-3D 对应关系，然后采用位姿估计算法解算出空间非合作目标的当前位姿参数，如图 7.4 所示。其中，目标模型的三维特征点库是由序列图像通过运动到结构的方法（structure from motion，SFM）建立的。

（a）SIFT 特征匹配关系

图 7.4 基于 SIFT 特征的空间非合作目标位姿测量

（b）基于 SFM 的三维点云重构，构建三维特征点库

（c）位姿测量结果，其中"o"表示参与计算的 SIFT 特征点，
"+"为对应的重投影点，线框为虚拟的目标模型轮廓

图 7.4　基于 SIFT 特征的空间非合作目标位姿测量（续）

　　重建的三维特征点库由 n 个三维特征点 $\{p_1,\cdots,p_n\}$ 来表征，其中的每个三维特征点同时包含该点的三维坐标信息和对应的 SIFT 特征描述符。当需要测量空间非合作目标的实际位姿时，对输入图像进行 SIFT 特征提取，得到 m 个 2D 特征点 $\{u_1,\cdots,u_m\}$，并与已重建的三维点进行特征匹配得到 2D-3D 匹配 $u_i \leftrightarrow p_i$。最后利用位姿估计算法即可解算出目标的当前位姿参数。

3．基于模型匹配的单目测量技术

　　除了特征点，轮廓、边缘等也是图像的重要特征信息。提取空间非合作目标上的典型部件轮廓和边缘信息，也是目前实现目标位姿检测的重要手段。美国科学系统公司（Scientific Systems Company）[8]提出了基于模型的目标追踪算法实时检测航天器位姿技术，通过提取空间非合作目标图像的边缘特征，并将边缘特征与空间非合作目标三维模型在二维平面上的投影边缘进行匹配，然后通过位姿非线性优化算法求解空间非合作目标位姿参数。位姿测量可以分为三个阶段：第一阶段估计初始姿态，在给定目标对象的某些先验模型（如测量基准点，目标结构或外观模型）的条件下，计算待测目标的候选初始相对姿态。第二阶段是姿态优化，给定初始姿态估计值后，使用迭代加权最小二乘法匹配渲染模型与沿着与渲染模型边缘垂直的一组线条图像测量值。第三阶段是姿态跟踪，根据目标的运动模型，利用卡尔曼滤波器跟踪目标位姿，预测姿态误差与协方差。为了优化姿态测量结果，可以采用最小二乘法来减少目标的三维模型轮廓与图像中检测到的边缘之间的相对误差。图 7.5

所示为基于模型的位姿测量技术应用到空间非合作目标位姿检测中的效果。

（a）测量并跟踪目标 1 的位姿

（b）测量并跟踪目标 2 的位姿

图 7.5　基于模型匹配位姿检测及跟踪（左侧的图为先验的目标模型，
右侧的图为检测的结果）

此外，德国宇航中心也对空间非合作目标位姿测量的方法进行了研究，提出了基于模型匹配的位姿测量算法[9]，如图 7.6 所示。与美国科学系统公司的工作相比，该算法对目标追踪的初始位姿估计算法进行了优化，减少了初始化误差。

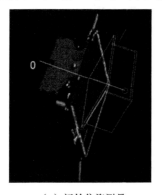
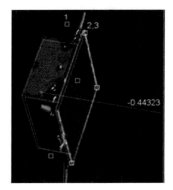

（a）初始位姿测量　　　　　　　　　　（b）模型匹配结果

图 7.6　德国宇航中心的单目视觉测量方法

7.2.2　空间非合作目标位姿双目视觉测量技术

如果没有空间非合作目标（航天器）的模型，则可以通过目标上的一个或多个特征作为识别对象和捕获点。目前航天器主要有以下几类典型的特征（见图 7.7）可用于识别[10]。

① 目标航天器本身：目标航天器的形状通常是立方体，多面体或圆柱形，因而可以通过光学传感器（如 CCD 相机）成像，并利用图像处理算法来识别。然而，如果目标很大，受相机视野的限制，因此无法在近距离内拍摄到整体图像，也难以设计能够抓住大型物体的空间机器人末端执行器。因此，在接近和捕获阶段，通常不把整个目标航天器当做识别对象，而是利用多类传感器信息的融合去定位目标航天器。例如，在 DARPA 的轨道快车（Orbital Express）项目中，自主交会和捕获传感器系统由三个成像传感器（一个窄视场相机，一个宽视场相机和一个红外传感器）和一个精密激光测距仪（由成像传感器提示）组成。

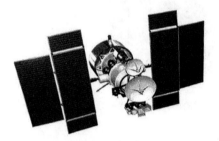

（a）太阳能帆板（1）

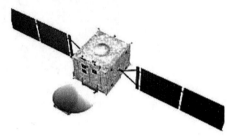

（b）太阳能帆板（2）

（c）有效载荷连接件

（d）远地点发动机喷嘴锥

图 7.7　要识别的卫星上的特征

② 太阳能帆板：大多数航天器都采用太阳能帆板作为供电系统。太阳能帆板通常为方形或三角形，因而可以作为识别目标。但是帆板部件一般比较大，受相机视野的限制，在近距离难以对其完整成像。因此一般会在中远距离（15～200m）情况下，利用帆板上的门形三线特征、外侧角点特征及其在目标航天器上的精确位置解算目标位姿。

③ 有效载荷连接件：在常规航天器的机械设计中，一般会采用有效载荷连接件将航天器固定在运载火箭上。因而有效载荷连接件也是一种典型的识别目标。

④ 远地点发动机喷嘴锥：对地静止卫星通常都配备有远地点发动机，因而远地点发动机喷嘴锥可以作为候选的识别目标。

1. 基于运载火箭接口环的姿态测量

徐文福等人[11]搭建了基于双目立体视觉的空间非合作目标位姿测量仿真系统，根据运载火箭接口环和远地点发动机喷嘴在左右相机中的二维信息（见图 7.8），进行各特征点的三维重构，得到各顶点的三维坐标，再计算火箭位姿。

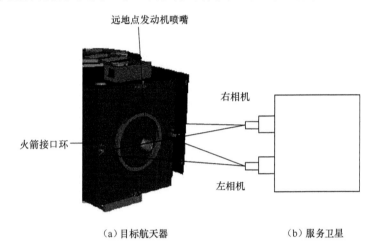

远地点发动机喷嘴

右相机

火箭接口环

左相机

（a）目标航天器　　　　　　　　　　　（b）服务卫星

图 7.8　基于双目立体视觉的空间非合作目标位姿测量

椭圆检测是计算机视觉中的一类典型任务，在工业检测和医学检测等领域有着广泛的应用前景。椭圆检测一般包括对原始图像进行边缘检测预处理，然后对边缘图像进行目标检测，采用基于拟合、基于投票或基于寻弧等方法获得椭圆的参数。椭圆由 5 个自由参数 (x_0, y_0, a, b, θ) 描述。其中，(x_0, y_0) 是椭圆中心的坐标；a 和 b 分别是半长轴和半短轴；θ 是从 x 轴到半长轴的旋转角度。

Hough 变换[12]、随机 Hough 变换（RHT）[13]等方法是目前椭圆检测中常用的方法。Hough 变换的基本思想是对图像上的潜在圆弧采用一种投票机制，最后算法通过检查最高的投票分数来确定具有最高分圆弧的存在。虽然 Hough 变换广泛应用到图形检测上，但它对图像上的每个非零像素在投票过程中会被累加，故要想计算的精度好，就需要定义更高的参数空间，因而计算耗时长、对内存需求大。随机 Hough 变换是 Hough 变换的一个变形。但在实际应用中，如何降低椭圆检测空间维数、加快检测速度等一直是学者们研究的热点。

为降低检测复杂度，Liu 等人[14]提出了一种新的椭圆检测方法。该方法首先对于输入的一幅图像，利用 Sobel 算子等检测和提取边缘。由于噪声干扰，二值化后的边缘曲线会有噪点、连接关系不明显。为了避免利用原始边缘点拟合曲线，可以使用区域生长技术，将有连接关系的像素点组合成一条曲线。通过链式查找运算删除太小的曲线（如小于 100 个像素点的曲线）。然后对提取到的边缘曲线段进行处理，去除曲线上的多余分支。得到整齐的曲线后，利用椭圆拟合算法可拟合出每条曲线对应的椭圆。由于经过了边缘预处理，拟合时的计算量比利用原始边缘点大大减少。直接椭圆拟合方法的计算复杂度相对较小，因此本节使用直接拟合技术拟合曲线对应的椭圆。每条曲线用七维向量 $\left[x, y, a, b, \Phi, \theta_1, \theta_2\right]$ 表示。其中，(x, y) 表示拟合椭圆的中心，a、b 表示椭圆长轴和短轴，Φ 表示椭圆的方位角，θ_1、θ_2 表示曲线段的两个端点相对于坐标系原点的角度。

但是，并非所有的曲线拟合出的椭圆都是有效的，而是需要根据曲线之间的互补关系，如位置、大小、方向等判断这些曲线是否属于同一个椭圆，然后再利用这几条曲线拟合出真实有效的椭圆。

直观地说，与某个椭圆相关的曲线应该作为候选曲线组合在一起。候选曲线一般满足以下条件：

（1）大小相似：两条曲线之间的尺寸相似性主要是通过它们的长轴和短轴来判断。

（2）方向互补：根据曲线的两个端点角度 θ_1、θ_2 来判断。

（3）完整性：当具有相似大小和互补方向的曲线组合在一起时，需要检查该组合是否合格的候选曲线。因此，我们需要计算曲线的完整性，即通过分组曲线所覆盖的有效方向的数目。如果有效方向的数目大于预定义的阈值，则该组被视为合格的候选曲线。

找到候选曲线后，就可以区分属于每个椭圆目标的像素点，然后再次使用直接拟合技术将像素点拟合成最终的椭圆。

获得左右相机中的椭圆参数后，根据双目相机的坐标关系，可以获得远地点发动机喷嘴和运载火箭接口环相对于相机的三维姿态。

2. 基于天线背板的姿态测量

航天器上的天线背板具有长方形特征，如图 7.9 所示。为此，文献[15]将天线背板作为近距离识别的目标。识别的主要步骤包括确定测量坐标系、图像预处理、边缘检测、线条提取、确定特征点、立体匹配和计算目标姿态等。

（1）确定测量坐标系

航天器上的机载照明和光学特性对视觉测量系统提出了重大挑战，图像处理的任务变得更加艰巨。由于物体在空间中的对比度相对较低，因此难以直接提取角点。在这种情况下，可以首先获取矩形的四个边，然后计算出矩形四条边的交点。图 7.10 所示为测量天线背板的双目相机的坐标关系[15]。

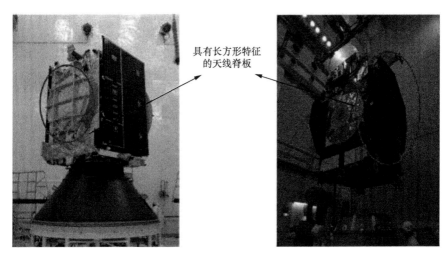

图 7.9　航天器上的天线背板具有矩形特征

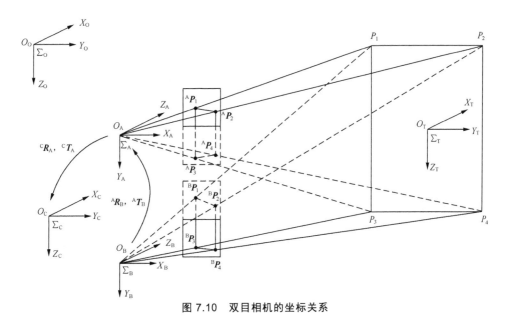

图 7.10　双目相机的坐标关系

Σ_O 表示轨道坐标系，原点位于抓捕航天器的质心。轴 X_O 处于轨道速度矢量的方向，轴 Y_O 与轨道的角动量矢量方向相反，轴 Z_O 是从航天器质心到地球

中心的径向。

Σ_T 表示固定在目标航天器上的坐标系，原点 O_T 位于矩形的中心。轴 Z_T 与矩形的长边平行，而轴 Y_T 与短边平行，轴 X_T 根据右手准则确定。

Σ_C 表示参考坐标系，它固定在抓捕航天器上。原点 O_C 位于相机基线之间的中间位置，轴 X_C 与相机的光轴平行，轴 Z_C 垂直于从相机 A 指向相机 B 的光轴，轴 Y_C 的方向服从右手准则。

Σ_A 和 Σ_B 表示相机坐标系。相机框架是 3D 正交坐标系统，其原点在相机光圈处。轴 Z_A（Z_B）指向相机的观察方向并被称为光轴。图像平面与轴 X_A（X_B）和 Y_A（Y_B）平行，并且位于与原点 O_A（O_B）在 Z_A（Z_B）轴方向上的焦点距离处。

通过校准来获取两个相机坐标系 Σ_A 和 Σ_B 之间的旋转矩阵 $^A\boldsymbol{R}_B$ 和平移矢量 $^A\boldsymbol{T}_B$，可以描述不同相机帧中的特征点的坐标之间的关系为：

$$^A\boldsymbol{P}_i = {}^A\boldsymbol{R}_B{}^B\boldsymbol{P}_i + {}^A\boldsymbol{T}_B \tag{7.3}$$

式中，$^A\boldsymbol{P}_i = \left[{}^AX_i, {}^AY_i, {}^AZ_i \right]$ 为 Σ_A 中的第 i 个特征点的坐标；$^B\boldsymbol{P}_i = \left[{}^BX_i, {}^BY_i, {}^BZ_i \right]$ 为 Σ_B 中的第 i 个特征点的坐标。

类似地，相机 A 和参考坐标系之间的关系可以描述为：

$$^C\boldsymbol{P}_i = {}^C\boldsymbol{R}_A \times {}^A\boldsymbol{P}_i + {}^C\boldsymbol{T}_A \tag{7.4}$$

在式（7-4）中，$^C\boldsymbol{R}_A$ 和 $^C\boldsymbol{T}_A$ 分别是两个坐标系之间的旋转矩阵和平移向量，$^C\boldsymbol{P}_i = \left[{}^CX_i, {}^CY_i, {}^CZ_i \right]$ 是 Σ_C 中特征点的对应坐标。

（2）图像预处理

在进行边缘检测之前，通常需要先对输入图像进行降噪等预处理。中值滤波是图像处理中的一个常用步骤。当执行中值滤波时，每个像素由所选邻域中的所有像素的中值确定。中值滤波根据对邻域内像素按灰度排序的结果决定中心像素的灰度，因而在一定条件下可以克服线性滤波带来的图像的细节模糊问题。中值滤波对于斑点噪声和椒盐噪声来说具有很好的去噪效果。

（3）边缘检测

边缘检测的目的是在保留原有图像属性的情况下，显著减少图像的数据规模。目前有多种算法可以进行边缘检测，其中 Canny 边缘检测算法被称为最优边缘检测器。梯度是灰度变化明显的地方，而边缘也是灰度变化明显的地方。Canny 边缘检测算法利用梯度算子计算图像梯度，得到可能的边缘。通常灰度变化的地方都比较集中，非极大值抑制将局部范围内的梯度方向上灰度变化最大的保留下来，其他的不保留，这样可以剔除掉一大部分点。将有多个像素宽的边缘变成一个单像素宽的边缘。通过非极大值抑制后，仍然有很多的可能边缘点，进一步设置一个双阈值（即低阈值和高阈值）。灰度变化大于高阈值的，设置为强边缘像素，低于低阈值的则剔除。利用 Canny 边缘检测算法获得的天线背板矩形框架边缘如图 7.11 所示。

（4）线条提取

Canny 边缘检测算法处理后获得包含边缘信息的二值图像。为了识别天线背板矩形框架，可以利用 Hough 变换提取二值图像中的直线。Hough 变换利用点与线的对偶性，变换到参数空间中，通过检测参数空间中的极值点，确定出该曲线的描述参数，从而提取图像中的规则曲线。根据 Hough 变换，如果一组点属于图像中的某条直线，那么在直角坐标下属于同一条直线的点便在参数空间形成多条直线并内交于一点，该交点对应着直线 $y = kx + b$ 的参数 (k, b)。

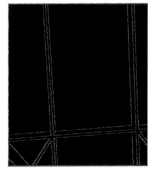

图 7.11 使用 Canny 边缘检测算法获得的天线背板矩形框架边缘

通过 Hough 变换后，可以提取出多条边缘直线。为了去除掉无用的直线，仅留下属于天线背板矩形框架的直线，文献[15]提出的解决方法是选择两个参考点（如图 7.12 所示的点 P_{r_1} 和 P_{r_2}）来辅助识别天线背板矩形框架的直线。点 P_{r_1} 和点 P_{r_2} 是通过手动设置的，然后在航天器运动时，实时估计和跟踪这两个参考点。选择参考点时，要求 P_{r_1} 位于矩形内部，P_{r_2}，P_{r_3} 和 P_{r_4} 位于矩形外以保证它们到 P_{r_1} 的线与矩形的边相交。矩形的下侧的两个点 P_3 和 P_4 由点 P_{r_1} 和 P_{r_2} 确定。另外两条边（即 $P_1 P_3$ 和 $P_2 P_4$）将通过 P_{r_1}、P_{r_3} 和 P_{r_1}、P_{r_4} 去识别。

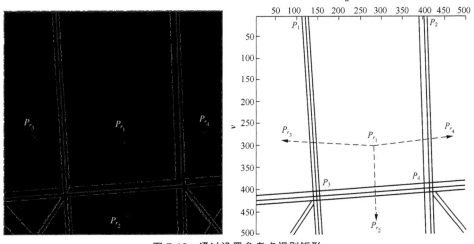

图 7.12 通过设置参考点识别矩形

（5）相对姿态估计

通过图像处理算法，可以提取出矩形的四个顶点的像素坐标为 $(u_i, v_i)(i=1,2,3,4)$，进一步可以将其用于航天器的姿态估计。图像平面中的点在相机坐标系下用图像坐标 (x_i, y_i) 表示。图像坐标 (x_i, y_i) 和像素坐标 (u_i, v_i) 之间的关系为：

$$\begin{cases} u_i = \dfrac{x_i}{d_x} + u_0 \\ v_i = \dfrac{y_i}{d_y} + v_0 \end{cases} \quad (7.5)$$

式中，d_x、d_y 分别是每个像素在 x 方向与 y 方向上的物理尺寸；(u_0, v_0) 为图像中心。

从空间中的点的 3D 坐标到 2D 图像坐标的映射可以用针孔模型表示。图像坐标 (x, y) 与空间点 P_i（$i=1,2,3,4$）的相机坐标系坐标 (X_i, Y_i, Z_i) 的关系为：

$$\begin{cases} x_i = \dfrac{fX_i}{Z_i} \\ y_i = \dfrac{fY_i}{Z_i} \end{cases} \quad (7.6)$$

以 Σ_A 和 Σ_B 表示左右两个相机，Z_A（Z_B）是光轴，图像平面与轴 X_A（X_B）和 Y_A（Y_B）平行，并且位于与原点 O_A（O_B）在 Z_A（Z_B）轴方向上的焦距处。

从式（7.1）和式（7.2），可以获得点 P_1，P_2 在相机坐标系 Σ_A 下的坐标：

$$\begin{bmatrix} ^A X_i \\ ^A Y_i \\ ^A Z_i \end{bmatrix} = \begin{bmatrix} (u_i - u_{AO})dx/f \\ (v_i - v_{AO})dy/f \\ 1 \end{bmatrix} {}^A Z_i = \begin{bmatrix} a_i \\ b_i \\ 1 \end{bmatrix} {}^A Z_i, \quad i=1,2 \quad (7.7)$$

式中，(u_{AO}, v_{AO}) 为相机 A 的图像中心。为方便起见，a_i 和 b_i 用于表示计算中常量。

相应地，可以获得点 P_3，P_4 在相机坐标系 Σ_B 下的坐标：

$$\begin{bmatrix} ^A X_i \\ ^A Y_i \\ ^A Z_i \end{bmatrix} = {}^A R_B \begin{bmatrix} (u_i - u_{BO})dx/f \\ (v_i - v_{BO})dy/f \\ 1 \end{bmatrix} {}^B Z_i + {}^A T_B = \begin{bmatrix} a_i \\ b_i \\ c_i \end{bmatrix} {}^B Z_i + {}^A T_B, \quad i=3,4 \quad (7.8)$$

式中，(u_{BO}, v_{BO}) 为相机 B 的图像中心；a_i 和 b_i 表示计算中常量。

利用矩形的对称性属性，可以获得如下关系式：

$$\begin{bmatrix} -a_1 & a_2 & a_3 & -a_4 \\ -b_1 & b_2 & b_3 & -b_4 \\ -1 & 1 & c_3 & -c_4 \end{bmatrix} \begin{bmatrix} {}^{\mathrm{A}}Z_1 \\ {}^{\mathrm{A}}Z_2 \\ {}^{\mathrm{B}}Z_3 \\ {}^{\mathrm{B}}Z_4 \end{bmatrix} = \mathbf{0} \qquad\qquad (7.9)$$

如果式（7.5）中参数矩阵的秩等于 3，则存在未知量 ${}^{\mathrm{A}}Z_1$、${}^{\mathrm{A}}Z_2$、${}^{\mathrm{B}}Z_3$、${}^{\mathrm{B}}Z_4$ 的解。考虑到矩形相邻两边相互垂直，可以获得：

$$\left(a_1 {}^{\mathrm{A}}Z_1 - a_3 {}^{\mathrm{B}}Z_3 - t_x\right)\left(a_1 {}^{\mathrm{A}}Z_1 - a_2 {}^{\mathrm{B}}Z_2\right) + \left(b_1 {}^{\mathrm{A}}Z_1 - b_3 {}^{\mathrm{B}}Z_3 - t_y\right)\left(b_1 {}^{\mathrm{A}}Z_1 - b_2 {}^{\mathrm{A}}Z_2\right)$$
$$+ \left({}^{\mathrm{A}}Z_1 - c_3 {}^{\mathrm{B}}Z_3 - t_z\right)\left({}^{\mathrm{A}}Z_1 - {}^{\mathrm{A}}Z_2\right) = 0 \qquad (7.10)$$

式中，${}^{\mathrm{A}}\boldsymbol{T} = \left[t_x, t_y, t_z\right]$ 是平移向量。从式（7.5）和式（7.6）可知，矢量 $\left({}^{\mathrm{A}}Z_1, {}^{\mathrm{A}}Z_2, {}^{\mathrm{B}}Z_3, {}^{\mathrm{B}}Z_4\right)$ 存在唯一解。

矩形的四个顶点的坐标为：

$$\begin{cases} {}^{\mathrm{T}}\boldsymbol{P}_1 = \left[{}^{\mathrm{T}}X_1, {}^{\mathrm{T}}Y_1, {}^{\mathrm{T}}Z_1\right]^{\mathrm{T}} = \left[0, -W/2, -L/2\right]^{\mathrm{T}} \\ {}^{\mathrm{T}}\boldsymbol{P}_2 = \left[{}^{\mathrm{T}}X_2, {}^{\mathrm{T}}Y_2, {}^{\mathrm{T}}Z_2\right]^{\mathrm{T}} = \left[0, W/2, -L/2\right]^{\mathrm{T}} \\ {}^{\mathrm{T}}\boldsymbol{P}_3 = \left[{}^{\mathrm{T}}X_3, {}^{\mathrm{T}}Y_3, {}^{\mathrm{T}}Z_3\right]^{\mathrm{T}} = \left[0, -W/2, L/2\right]^{\mathrm{T}} \\ {}^{\mathrm{T}}\boldsymbol{P}_4 = \left[{}^{\mathrm{T}}X_4, {}^{\mathrm{T}}Y_4, {}^{\mathrm{T}}Z_4\right]^{\mathrm{T}} = \left[0, W/2, L/2\right]^{\mathrm{T}} \end{cases} \qquad (7.11)$$

式中，W 为矩形的宽度；L 为矩形的长度。

相机坐标 ${}^{\mathrm{T}}\boldsymbol{P}_i$ 和空间坐标 ${}^{\mathrm{A}}\boldsymbol{P}_i$ 之间的变换关系为

$$^{\mathrm{A}}\boldsymbol{P}_i = {}^{\mathrm{A}}\boldsymbol{R}_{\mathrm{T}} \times {}^{\mathrm{T}}\boldsymbol{P}_i + {}^{\mathrm{A}}\boldsymbol{T}_{\mathrm{T}} \qquad\qquad (7.12)$$

获得矩形的空间坐标后，就可以确定天线背板的空间位姿。

7.3　空间非合作目标抓捕

日本 1997 年发射了工程试验卫星（ETS-Ⅶ）并进行了基于机械臂的航天器交会对接技术在轨演示。在演示中，主航天器（追赶者）接近并成功地与子航天器（目标）对接。但是，目标在某种意义上是合作的，因为它配备了可以对主航天器的接近传感器做出反应的应答器和反射器，以及专用对接装置，可以使得主航天器的末端执行器能轻松而安全地捕获目标。

图 7.13 所示为 ETS-Ⅶ使用的对接机构。抓捕航天器通过机械臂的末端执

行器夹持住目标航天器的可抓握端。

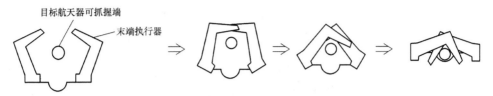

图 7.13　ETS-Ⅶ的对接机构

7.3.1　空间非合作目标的几种典型抓捕方式

　　与 ETS-Ⅶ不同，大多数现有的在轨航天器都没有专用的抓捕装置。维修时的抓捕点取决于每个目标航天器的设计。对空间非合作目标的抓捕位置（见图 7.14）主要有目标航天器的对接机构（target docking mechanism）、目标航天器的有效载荷连接接头（payload attach fitting，PAF）和目标航天器远地点发动机的喷嘴锥。

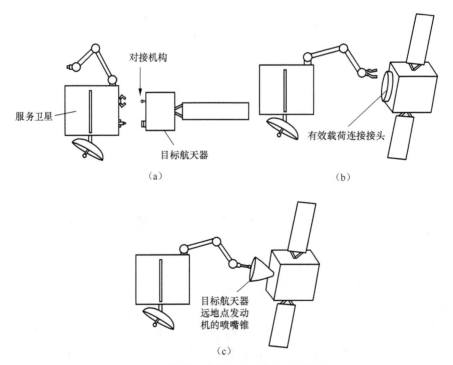

图 7.14　典型的空间非合作目标的抓捕位置

除了飞船、航天飞机以及空间站等外，太空中的航天器大部分都没有对接机构。下面对其他两个位置的抓捕方式进行简要介绍。

　　有效载荷连接接头（PAF）是航天器中的常见机构，用于将航天器连接到运载火箭。PAF 结构强度高的特点使其成为一个很好的候选抓捕位置。图 7.15 所示为抓取 PAF 的过程。

　　对地静止卫星通常配备一个远地点发动机，其安装基座具有很高的结构强度。因此，远地点发动机的喷嘴锥也可以作为候选抓捕点。如图 7.16 所示，抓捕机构先插入喷嘴锥中，并在发动机燃烧室内部扩展，最终实现从发动机喷嘴内部进行抓取。

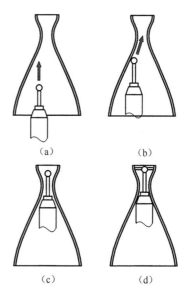

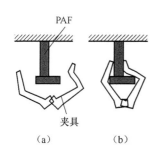

图 7.15　PAF 的抓取过程

图 7.16　用火箭发动机的喷嘴锥进行卫星捕获

7.3.2　抓捕过程接触动力学分析

　　航天器在捕获目标的过程中，不可避免地会与目标发生碰撞，其产生的碰撞力不仅会使空间机器人和目标物体同时发生漂移，而且还可能使空间机器人或者目标物体受损。因此，十分有必要分析空间机器人捕获目标过程中的接触动力学。图 7.17 所示为抓捕过程中两个航天器的接触模型。左侧的抓捕航天器的质量为 m_0，其上有一个机械臂。右侧的航天器是被捕获的目标，质量为 m_t。当机械臂与目标接触时，接触阻抗指两者之间的阻抗。

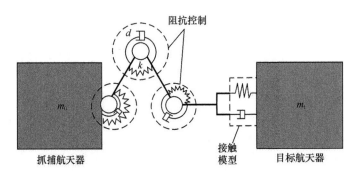

图 7.17　抓捕过程接触模型

自由漂浮状态下，空间机器人的动力学模型为[16]：

$$\begin{bmatrix} \boldsymbol{F}_b \\ \boldsymbol{\tau} \end{bmatrix} = \begin{bmatrix} \boldsymbol{H}_b & \boldsymbol{H}_{bm} \\ \boldsymbol{H}_{bm}^T & \boldsymbol{H}_m \end{bmatrix} \begin{bmatrix} \ddot{\boldsymbol{x}}_b \\ \ddot{\boldsymbol{\phi}} \end{bmatrix} - \begin{bmatrix} \boldsymbol{J}_b^T \\ \boldsymbol{J}_m^T \end{bmatrix} \boldsymbol{F}_e + \begin{bmatrix} \boldsymbol{c}_b \\ \boldsymbol{c}_m \end{bmatrix} \qquad （7.13）$$

式中，$\boldsymbol{H}_b$ 是基座的惯性；$\boldsymbol{H}_m$ 是机械臂的惯性矩阵；$\boldsymbol{H}_{bm}$ 是基座和机械臂的耦合惯性矩阵；$\boldsymbol{\phi}$ 是关节角；$\boldsymbol{\tau}$ 是关节力矩；$\boldsymbol{x}_b$ 是基座位置；$\boldsymbol{F}_b$ 是施加在基座上的外部力；$\boldsymbol{F}_e$ 是施加在机械臂上的外部力；$\boldsymbol{c}_b$ 是和基座相关的非线性速度项；$\boldsymbol{c}_m$ 是和机械臂相关的非线性速度项；$\boldsymbol{J}_b$ 是反映航天器基座速度与机械臂末端速度映射关系的雅可比矩阵；$\boldsymbol{J}_m$ 是反映机械臂关节角速度与机械臂末端速度映射关系的雅可比矩阵。

空间机器人末端执行器速度与关节角速度和基座速度之间的映射关系表示如下：

$$\dot{\boldsymbol{x}}_h = \boldsymbol{J}_b \dot{\boldsymbol{x}}_b + \boldsymbol{J}_m \dot{\boldsymbol{\phi}} \qquad （7.14）$$

式中，$\dot{\boldsymbol{x}}_h$ 为空间机器人末端在惯性系下的速度；$\dot{\boldsymbol{x}}_b$ 为基座在惯性系下的速度。

假定系统的初始动量和角动量为 $\boldsymbol{L}_0$ 和 $\boldsymbol{P}_0$，在自由漂浮无外力/力矩的作用状态下，系统的动量和角动量守恒，因而存在如下关系[17]：

$$\begin{bmatrix} \boldsymbol{P}_0 \\ \boldsymbol{L}_0 \end{bmatrix} = \boldsymbol{H}_b \dot{\boldsymbol{x}}_b + \boldsymbol{H}_{bm} \dot{\boldsymbol{\phi}} \qquad （7.15）$$

由式（7.14）和式（7.15）可得

$$\dot{\boldsymbol{x}}_h = \boldsymbol{J}^* \dot{\boldsymbol{\phi}} + \dot{\boldsymbol{x}}_{gh} \qquad （7.16）$$

式中，$\boldsymbol{J}^* = \boldsymbol{J}_m - \boldsymbol{J}_b \boldsymbol{H}_b^{-1} \boldsymbol{H}_{bm}$ 为机械臂的广义雅可比矩阵；$\dot{\boldsymbol{x}}_{gh} = \boldsymbol{J}_b \boldsymbol{H}_b^{-1} \begin{bmatrix} \boldsymbol{P}_0 \\ \boldsymbol{L}_0 \end{bmatrix}$ 为整个

系统质心的速度在空间机械臂末端的投影。

根据以上建立的空间机器人运动学方程，可以得出系统的总动能为：

$$T = \frac{1}{2} \begin{bmatrix} \boldsymbol{v}_0^{\mathrm{T}} & \boldsymbol{\omega}_0^{\mathrm{T}} & \dot{\boldsymbol{\phi}}^{\mathrm{T}} \end{bmatrix} \begin{bmatrix} \boldsymbol{H}_{\mathrm{b}} & \boldsymbol{H}_{\mathrm{m}} \\ \boldsymbol{H}_{\mathrm{m}}^{\mathrm{T}} & \boldsymbol{H}_{\phi} \end{bmatrix} \begin{bmatrix} \boldsymbol{v}_0 \\ \boldsymbol{\omega}_0 \\ \dot{\boldsymbol{\phi}} \end{bmatrix} = \frac{1}{2} \boldsymbol{q}^{\mathrm{T}} \boldsymbol{H} \boldsymbol{q} \qquad （7.17）$$

式中，$\boldsymbol{q} = \begin{bmatrix} \boldsymbol{v}_0 \\ \boldsymbol{\omega}_0 \\ \dot{\boldsymbol{\phi}} \end{bmatrix}$；$\boldsymbol{H} = \begin{bmatrix} \boldsymbol{H}_{\mathrm{b}} & \boldsymbol{H}_{\mathrm{m}} \\ \boldsymbol{H}_{\mathrm{m}}^{\mathrm{T}} & \boldsymbol{H}_{\phi} \end{bmatrix}$。

当有外力作用时，空间机器人的动力学方程[18] 为：

$$\boldsymbol{\tau} = \boldsymbol{H}^* \ddot{\boldsymbol{\phi}} - \boldsymbol{J}^{*\mathrm{T}} \boldsymbol{F}_{\mathrm{e}} + \boldsymbol{c}^* \qquad （7.18）$$

式中，$\boldsymbol{c}^* = \boldsymbol{c}_{\mathrm{m}} - \boldsymbol{H}_{\mathrm{bm}}^{\mathrm{T}} \boldsymbol{H}_{\mathrm{b}}^{-1} \boldsymbol{c}_{\mathrm{b}}$；$\boldsymbol{H}^* = \boldsymbol{H}_{\mathrm{m}} - \boldsymbol{H}_{\mathrm{bm}}^{\mathrm{T}} \boldsymbol{H}_{\mathrm{b}}^{-1} \boldsymbol{H}_{\mathrm{bm}}$。

7.3.3　抓捕过程的阻抗控制

假设抓捕系统的惯性、阻尼和刚度参数分别为 $\boldsymbol{M}$、$\boldsymbol{D}$ 和 $\boldsymbol{K}$，则阻抗控制关系式可以表示为：

$$\boldsymbol{M} \ddot{\boldsymbol{x}}_{\mathrm{h}} + \boldsymbol{D} \Delta \dot{\boldsymbol{x}}_{\mathrm{h}} + \boldsymbol{K} \Delta \boldsymbol{x}_{\mathrm{h}} = \boldsymbol{F}_{\mathrm{e}} \qquad （7.19）$$

式中，$\Delta \boldsymbol{x}_{\mathrm{h}}$ 表示空间机器人末端位置相对于惯性坐标系参考点的偏移。

将式（7.16）代入式（7.19）中，得到：

$$\boldsymbol{J}^* \ddot{\boldsymbol{\phi}} = \boldsymbol{M}^{-1} \left(\boldsymbol{F}_{\mathrm{e}} - \boldsymbol{D} \Delta \dot{\boldsymbol{x}}_{\mathrm{h}} - \boldsymbol{K} \Delta \boldsymbol{x}_{\mathrm{h}} \right) - \dot{\boldsymbol{J}}^* \dot{\boldsymbol{\phi}} - \ddot{\boldsymbol{x}}_{\mathrm{gh}} \qquad （7.20）$$

因此，可以得到自由漂浮空间机器人的阻抗控制式

$$\boldsymbol{\tau} = \boldsymbol{H}^* \boldsymbol{J}^{*-1} \left(\boldsymbol{M}^{-1} \left(\boldsymbol{F}_{\mathrm{e}} - \boldsymbol{D} \Delta \dot{\boldsymbol{x}}_{\mathrm{h}} - \boldsymbol{K} \Delta \boldsymbol{x}_{\mathrm{h}} \right) - \dot{\boldsymbol{J}}^* \dot{\boldsymbol{\phi}} - \ddot{\boldsymbol{x}}_{\mathrm{gh}} \right) - \boldsymbol{J}^{*\mathrm{T}} \boldsymbol{F}_{\mathrm{e}} + \boldsymbol{c}^* \qquad （7.21）$$

式（7.21）表示了自由漂浮的空间机器人末端执行器只需在关节处输入力矩 $\boldsymbol{\tau}$，其特性可等价为固定在惯性坐标系下的质量-阻尼-弹簧系统。

| 本章小结 |

空间非合作目标的位姿测量，是对其进行捕获的基本条件之一。本章主要介绍了空间非合作目标的位姿的单目视觉测量技术和双目视觉测量技术。单目

视觉测量技术方面主要介绍了基于可观测特征、基于 SIFT 特征和基于模型匹配三类测量方法。双目视觉测量技术主要介绍了基于运载火箭接口环和基于天线背板的姿态测量方法。最后，本章还介绍了利用空间机器人抓捕空间非合作目标的动力学建模和阻抗控制方法。

|参考文献|

[1] PARRISH J C. Ranger telerobotic flight experiment: a teleservicing system for on-orbit spacecraft[C]// Telemanipulator and Telepresence Technologies III. Bellingham, WA: SPIE, 1996: 177-185.

[2] NISHIDA S, KAWAMOTO S, OKAWA Y, et al. Space debris removal system using a small satellite[J]. Acta Astronautica, 2009, 65(1): 95-102, 2009.

[3] DEBUS T J, DOUGHERTY S P. Overview and performance of the front-end robotics enabling near-term demonstration (FREND) robotic arm[C]// AIAA Infotech@Aerospace Conference. Reston, VA: AIAA, 2009: 1-12.

[4] HIRZINGER G, LANDZETTEL K, BRUNNER B, et al, DLR's robotics technologies for on-orbit servicing [J]. Advanced Robotics, 2004, 18(2): 139-174.

[5] RUPP T, BOGE T, KIEHLING R, et al. Flight dynamics challenges of the german on-orbit servicing mission DEOS[C]// 21st International Symposium on Space Flight Dynamics. Toulouse, Frankreich: DLR, 2009: 1-13.

[6] 张世杰, 曹喜滨, 陈闽. 非合作航天器间相对位姿的单目视觉确定算法[J].南京理工大学学报(自然科学版), 2006, 30(5): 564-568.

[7] 洪裕珍. 空间非合作目标的单目视觉姿态测量技术研究[D]. 北京：中国科学院大学，2017.

[8] KELSEY J M, BYRNE J, COSGROVE M, et al. Vision-based relative pose estimation for autonomous rendezvous and docking[C]// 2006 IEEE Aerospace Conference. Piscataway, USA: IEEE, 2006: 1-20.

[9] KAISERA C, SJOBERG F, DELCURA J M, et al. SMART-OLEV—an orbital life extension vehicle for servicing commercial spacecrafts in GEO[J]. Acta Astronautica, 2008, 63(1): 400-410.

[10] XU W F, LIANG B, LI C, et al. Autonomous rendezvous and robotic capturing of non-cooperative target in space[J]. Robotica, 2010, 28(5): 705-718.

[11] 徐文福，梁斌，李成，等. 空间机器人捕获非合作目标的测量与规划方法[J]. 机器人，2010, 32(1): 61-69.

[12] BALLARD D H. Generalizing the hough transform to detect arbitrary shapes[J]. Pattern Recognition, 1981, 13(2): 111-122.

[13] XU L, OJA E, KULTANAN P. A new curve detection method: randomized hough transform (RHT)[J]. Pattern Recognition Letters, 1990, 11(5): 331-338.

[14] LIU Z Y, QIAO H. Multiple ellipses detection in noisy environments: a hierarchical approach[J]. Pattern Recognition, 2009, 42(11): 2421-2433.

[15] DU X D, LIANG B, XU W F, et al. Pose measurement of large non-cooperative satellite based on collaborative cameras[J]. Acta Astronautica, 2011, 68(11): 2047-2065.

[16] NAKANISHI H, YOSHIDA K. Impedance control for free-flying space robots-basic equations and applications[C]// IEEE/RSJ International Conference on Intelligent Robots & Systems. Piscataway, USA: IEEE, 2006: 3137-3142

[17] YOSHIDA K, NAKANISHI H, UENO H, et al. Dynamics, control and impedance matching for robotic capture of a non-cooperative satellite[J]. Advanced Robotics, 2004, 18(2): 175-198.

[18] 陈钢，贾庆轩，孙汉旭，等. 空间机器人目标捕获过程中碰撞运动分析[J]. 机器人，2010, 32(3): 432-438.